에너지 민주주의와 디지털 혁신

미래를 위한
친환경에너지와
탄소중립 실현

이호근 지음

에너지
민주주의와
디지털 혁신

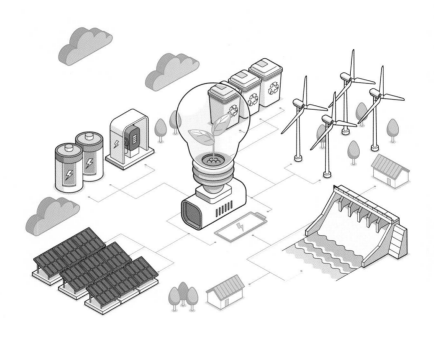

휴엔스토리

CONTENTS

이 책을 접한 많은 독자가 다음과 같은 질문을 던질 것 같다. '그동안 정치 관련해서 민주주의는 많이 들어 보았지만, 에너지 민주주의라니, 에너지에도 민주주의가 있나?' 사전에서 민주주의는 '국가의 주권이 국민에게 있고 민중이 권력을 가지고 그 권력을 스스로 행사하며 국민을 위해 정치를 행하는 제도 또는 사상'이라고 정의하고 있다. 그리스어인 Demos(민중)와 Cratos(지배)라는 두 단어의 합성어인 'Democratia'가 민주주의Democracy의 어원이다. 민주주의는 국가의 주요 의사결정과정에 선거나 국민투표를 통해 시민을 직접 참여시킴으로써 민중의 의사를 정치에 반영하는 체제다. 민주주의를 상징하는 두 개의 키워드는 '권력의 분권화'와 '시민의 정치참여'다. 이와 유사하게 에너지 민주주의도 에너지산업에서 전력을 생산하는 중앙집중형 체계가 분권화되고, 일반 시민(전력소비자)이 에너지생산에 적극적으로 참여하는 새로운 체제를 뜻한다.

온실가스가 지구온도를 상승시켜 기후재앙을 일으키는 지구온난화 문제를 해결하기 위해서는 화석연료를 태양광이나 풍력과 같은 탈脫탄소 에너지원으로 대체하는 에너지 전환Energy Transition이 필요하다. 화석연료와 원자력을 사용하는 기존의 에너지 산업구조는 중앙집중형 체계다. 도시에서 멀리 떨어진 원거리에 설치된 대용량 화력발전소와 원자력발전소에서 생산된 전기를 장거리 전송로를 통해 수요지로 보내는 중앙집중식 발전방식이다. 반면, 태양광과 풍력이 대표하는 재생에너지원은 분산화된 소규모 전원이므로, 에너지 구조가 분권화된다. 이뿐만 아니라 재생에너지는 가정이나 공장, 빌딩과 같은 소비자 그룹이 자가설비로 전력을 직접 생산하는 프로슈머Prosumer[1]로 바뀐다. 일반시민이 에너지 소비뿐 아니라 생산에도 적극적으로 참여하는 체제로 에너지 생태계가 완전히 달라진다.

기존의 중앙집중형 에너지는 정부 주도로 운영되며, 일반시민은 에너지가 어떻게 생산되어 분배되는지에 대해 알 수 없다. 시민은 중앙집중형 위계 시스템의 말단에 존재하는 일개 소비자에 불과했다. 반면 재생에너지로 이루어진 분산전원은 사회구성원이 직접 에너지 생산에 참여하고 그 편익을 나누어 갖는 체제다. 소비자가 객체가 아닌 에너지 생산의 주체가 되고 에너지 생태계에 직접 참여한다. 이전에는 에너지 정책 결정 과정에서 중앙정부가 독점적 지위를 누렸다면, 분산전원하에서는 소비자와 지역사회의 역할이 커진다. 탄소중립을 위해 재생에너지원이 늘어나면 에너지 민주주의가 확대되는 이유다.

----

1 프로슈머(Prosumer)는 생산자(**Pro**ducer)와 소비자(Con**sumer**)의 합성어로, 소비자가 생산활동에도 참여하는 생산소비자를 의미한다.

하지만 에너지 민주주의는 전력망Grid의 안정성과 경제성 저하라는 새로운 문제를 야기한다. 태양광이나 풍력발전은 에너지원이 고갈되지 않고 온실가스 배출도 없지만, 미래 예측이 불가능한 햇빛과 바람 등을 이용하기에 출력이 불안정하다. 지난 한 세기 동안 수많은 시행착오를 거치며 이제는 안정화된 화력발전과 원자력발전을 중심으로 운영하는 중앙집중형 에너지를, 출력의 가변성이 큰 다수의 분산전원으로 대체할 경우 전력네트워크의 안정성이 위협을 받게 된다. 에너지 안정성의 저해는 곧바로 대규모 정전으로 연결될 가능성이 크다. 분산된 소규모 재생에너지원 위주의 전력체계는 기존의 중앙집중형 에너지에 비해 규모의 경제를 실현하기도 어렵다. 대형 중앙집중형 발전소가 다수의 소규모 분산전원으로 바뀌기 때문이다.

에너지의 안정성과 경제성 문제를 해결하기 위해서는 에너지산업과 디지털 기술을 접목해야 한다. 디지털 기술은 분권화와 프로슈머를 확대하는 힘이 있다. 소셜네트워크는 시민의 정보소통과 지식 공유에 혁명을 일으키며 권력의 분권화와 민주주의를 확대했다. 디지털 플랫폼은 서비스를 소비만 하던 이용자를 서비스 제공주체로 바꾸고 있다. 온라인 백과사전인 위키피디아에서는 백과사전 소비자가 직접 콘텐츠를 제작해서 공급하는 지식생산자로 변한다. 유튜브는 1인 미디어 시대를 열며, 수많은 동영상 시청자를 크리에이터라 불리는 프로슈머로 만들었다. 공유경제의 대표모델인 우버는 일반승객(소비자)을 운전자로 전환하고, 에어비앤비는 여행객(소비자)을 호스트(생산자)로 탈바꿈시킨다. 분권화와 에너지 프로슈머가 확대되는 에너지산업이 4차산업혁명을 대표하는 디지털 기술과 융합해야 하는 이유다.

오늘날 우리는 어느 곳으로 여행을 가든 스위치만 누르면 바로 전기를 사용할 수 있는 마법 같은 시대에 살고 있다. 이처럼 편리한 특성 때문에 대부분의 사람은 전기가 어떻게 생산되고 배분되는지에 관심을 두지 않는다. 하지만 지구온난화의 해법으로 등장한 '탄소경제'에 대응하기 위해서는 일반 소비자와 기업도 에너지가 어떻게 만들어지고 소비되는지를 알아야 한다. 이제는 자가설비로 전력을 생산하는 소비자가 에너지 생태계를 알고 직접 참여해야만 기후재앙에 적극적으로 대응할 수 있고 새로운 기회도 살릴 수 있기 때문이다. 이 책은 미래의 '에너지 프로슈머'가 될 기업과 일반 소비자가 에너지 생태계의 변화가 가져오는 새로운 기회와 위협을 이해하는 데 도움을 주기 위해 쓰인 것이다.

본서는 크게 세 개의 Part로 나뉘어 있다. Part I 「기후변화와 탄소경제」는 지구온난화가 가져올 기후재앙을 분석하고 온실가스 배출량을 줄이기 위해 어떠한 노력이 필요한지를 다룬다. 기후위기가 불러온 새로운 경제패러다임인 탄소경제에 대해서도 알아본다. Part II 「재생에너지와 에너지 민주주의」는 온실가스 배출이 없는 '깨끗한 전기'를 만들려는 방안들을 논의하고, 에너지 체계가 재생에너지 위주로 재편되면서 늘어나는 분산전원이 어떻게 에너지 민주주의를 확산시키는지를 설명한다. Part III 「에너지와 디지털의 만남」은 에너지 생태계와 디지털 혁신의 만남을 주제로 하고 있다. 디지털 기술이 시민의 정보공유와 소통에 혁신을 일으키며 디지털 민주주의를 확대하고, 플랫폼 기업들이 소비자를 프로슈머로 탈바꿈시키는 다양한 사례들을 소개한다. 에너지산업의 가치사슬에서 인공지능, 사물인터넷, 빅데이터와 같은 디지털 기술들이 어떻게 적용될 수 있는지를 구체적으로 살펴본다.

이 책을 저술하면서 에너지산업이나 재생에너지, 그리고 디지털 기술에 대해 깊은 배경이 없는 독자도 쉽게 이해할 수 있도록 서술하기 위해 노력했다. 어려운 기술용어나 에너지 관련 단어는 주석을 달아 설명을 추가한 것도 이러한 노력의 일환이다. 에너지산업과 디지털 기술에 대하여 더욱 자세한 설명이 필요하다고 판단될 때는 '그린박스'를 통해 설명을 추가했다. 그런데도 에너지산업과 디지털 분야는 복잡하고 다양한 기술적 용어들을 피해 가기 어려운 영역이다. 이론적인 학술 서적을 읽을 때보다는 어깨에 힘을 더 빼고, 소설을 대할 때보다는 눈에 힘을 더 준다고 생각하며 읽어주기를 바란다.

캠퍼스가 내려다보이는
신촌의 연구실에서

ENERGY
DEMOCRACY
AND
DIGITAL
TRANSFORMATION

"우리는 변할 수 있다. 아직 갖추어야 할 기술도 많지만, 우리는 혁신을 일으킬 수 있는 능력을 가지고 있다. 빠르게 대처할 수만 있다면 기후변화가 초래할 재앙을 피하는 게 가능하다. 이것이 내가 기후변화와 대응기술을 공부하면서 느낀 점이다."

_빌 게이츠, 『기후재앙을 피하는 법』에서, 2021.

PART 1

기후변화와
탄소경제

- ✅ 지구온난화가 일으키는 기후재앙의 원인은 무엇이며 인류가 제대로 대응하지 않으면 어떠한 결과를 초래할까?

- ✅ 온실가스 배출량을 줄이기 위해 국제사회가 걸어온 여정은 무엇이며, 앞으로 인류는 어떠한 노력을 기울여야 할까?

- ✅ 기후재앙의 '티핑 포인트'가 섭씨 2.0도 상승이 아니라 섭씨 1.5도인 이유는 무엇인가? 불과 섭씨 0.5도의 차이가 가져올 변화가 그렇게도 클까?

CHAPTER 1

지구온난화와 탄소중립

뜨거워지는 지구

2021년 노벨물리학상은 1975년 미국 기상학회지에 기념비적인 논문을 게재한 슈쿠로 마나베Syukuro Manabe 박사가 수상했다. 정통 기상학을 전공한 학자가 노벨물리학상을 받은 것은 노벨상이 제정된 지 120년 만에 처음 있는 일이었다. 슈쿠로 박사는 3차원 기후모형을 이용해 최초로 지구온난화 현상을 예측한 공로를 인정받았다. 기후모형은 대기와 해양의 물리과정을 표현한 일종의 컴퓨터 프로그램이다. 기후모형을 사용한 시뮬레이션 결과는 아주 흥미로웠다. 대기 중 이산화탄소가 두 배로 증가하면 지표부터 대류권 전반에 걸쳐 기온이 상승하고, 북극은 빠르게 따뜻해진다는 사실을 보여주었다. 3차원 기후모형은 놀랍게도 지난 50년간 지구의 기후변화를 그대로 대변하고 있다. 이산화탄소가 지구온난화를 가져올 수 있음을 경고한 최초의 연구 결과였다.

대부분의 독자는 지구온난화 때문에 일어나는 폭염과 홍수, 가뭄에 대해 수없이 많은 언론보도를 접했을 것이다. 지구온난화로 기상이변이 '뉴 노멀New Normal'이 되어버린 지역이 지속해서 늘어나고 있기 때문이다. 2022년 여름 영국의 런던에서는 최고기온이 섭씨 40도를 넘으며 철도

운행이 제한을 받았다. 폭염으로 인해 강철 선로가 뜨거워져 휘거나 전력케이블이 녹는 등 각종 문제가 발생했기 때문이다. 영국 철도청은 폭염으로 철도의 길이가 1㎞당 약 30㎝씩 늘어나 30,000㎞였던 철도가 9㎞나 길어졌다고 밝혔다. 영국에서 기상관측을 시작한 1659년 이후 런던의 기온이 섭씨 40도를 넘은 건 363년 만에 처음 있는 일이었다.

같은 시기 일본 도쿄 도심의 최고기온도 섭씨 40도를 기록했다. 일본 전역에서 1만 4천여 명이 열사병으로 쓰러져 구급차에 실려 병원으로 이송되었고, 도쿄에서만 열사병 사망자가 50명을 넘었다. 이탈리아 알프스의 돌로미티산맥 최고봉인 마르몰라다산 정상에서 눈사태가 발생하여 20명이 넘는 사망자와 실종자가 발생하였다. 이탈리아 전역에서 지속된 폭염으로 만년설과 빙하가 녹아서 발생한 사고였다. 당시 이탈리아에서는 로마(39℃), 피렌체(41℃), 나폴리(37.5℃)가 최고기온을 갱신했다. 중국도 산둥, 안후이, 허난을 포함한 8개 성에서 지상관측 이래 최고온도를 기록했는데, 특히 허난성과 허베이성은 온도가 섭씨 44도까지 치솟았다. 호주와 인도도 섭씨 51도와 49도에 달하는 역대급 폭염이 몰아치며 최고기온 기록을 경신했다.

과거에는 거의 불가능했거나 100년에 한 번 일어날까 말까 하는 폭염이 이제는 거의 매년 발생할 정도로 빈번해지면서 폭염도 태풍이나 허리케인과 같은 기후 재난으로 취급해 미리 예보하는 나라와 도시가 늘어나고 있다. 스페인 남부도시 세비야는 2022년 여름부터 세계 최초로 폭염경보 시스템인 '프로메테오 세비야' 프로젝트를 시작했다. 극심한 폭염이 발생하면 폭염에 이름을 붙이고 최대 5일 전 주민들에게 이를 경고하는 시스템을 구축하는 프로젝트다. 폭염의 정도에 따라 1~3 등급으로 나누는데, 실제로 2022년 여름 최고기온이 27년 만에 가장 높은 섭씨 44도까지 치솟자 이 폭염에 최고등급인 3등급을 부여하고 '조에$_{Zoe}$'라는 이름을 붙였다. 세비야뿐만 아니라 미국 로스앤젤레스, 호주 멜버른, 그리스 아테네 등 전 세계 7개 도시가 폭염에 이름을 붙이거나 새롭게 분류하는 작업에 착수했다. 세계기상기구$_{WMO}$[2]도 폭염을 포함하는 조기 기후경보시스템을 구축해 전 인류가 사용할 수 있도록 준비하고 있다.

만성화된 폭염은 산불을 동반한다. 폭염으로 기온이 오르면 토양수분이 더 많이 증발하고, 상대적으로 습도가 낮아지면서 나무들이 바짝말라 산불위험이 커지기 때문이다. 2022년 여름 미국 캘리포니아의 국립공원인 요세미티 공원은 폭염으로 인한 산불로 여의도의 25배가 넘는 면적이 불타는 피해를 입었다. 프랑스의 와인 생산지인 보르도 인근 지역도 폭염으로 인한 산불로 파리 면적의 두 배에 달하는 산림을 잃었고, 4만 명이 넘는 주민이 산불을 피해 대피해야 했다. 기온이 섭씨 47도까지 올라간 스페인의 30개 지역에서 크고 작은 산불이 발생해 수많은 이재민이 발생했다. 유엔환경계획$_{UNEP}$[3]은 '2022 프론티어 보고서'에서 지난 15년간 전 세계적으로 남한 면적의 42배에 해당하는 숲이 산불로 소

---

[2] 세계기상기구(WMO, World Meteorological Organization)는 유엔이 기상관측을 위한 글로벌 협력을 목적으로 1950년에 설립한 전문기구로 본부는 스위스 제네바에 있다.

[3] 유엔환경계획(UNEP, United Nations Environment Program)은 유엔이 환경분야에 대한 국제적인 협력을 도모하기 위해 1972년에 설립한 기구로 유네프(UNEP)라고 부른다.

실되었다고 밝히면서, 앞으로는 폭염 때문에 과거엔 산불이 발생하지 않던 지역에서도 폭염으로 인한 산불이 빈번하게 발생할 거라고 경고했다. 지구온난화로 산불이 일어날 수 있는 화재 취약 계절이 더 길어지고 있고, 숲에는 쉽게 불에 탈 수 있는 마른 나무가 빠르게 증가하고 있기 때문이다.

지구촌의 기상재해는 폭염과 산불에만 국한되지 않는다. 한쪽에서는 극심한 가뭄에 시달리는데, 다른 쪽에서는 엄청난 홍수피해를 입는 경우가 다반사로 일어나고 있다. 뜨거운 공기는 더 많은 수분을 머금고, 따뜻해질수록 더 갈증을 느껴 땅에서 더 많은 물을 필요로 한다. 즉 토양의 수분이 감소하면서 가뭄의 위험이 점점 커지는 것이다. 미국의 네바다주 남부와 애리조나주 북부에 위치한 미드호는 로스앤젤레스 등에 거주하는 2천만 명의 미국인들에게 식수를 공급하는 미국 내 가장 큰 저수지다. 2022년 여름 극심한 가뭄으로 미드호 수위가 역대 최저로 낮아져 수력발전이 제한을 받았고 농부들과 목장주를 위한 물 할당도 대폭 줄일 수밖에 없었다. 이 기간 중 인근에 위치한 캘리포니아주의 데스밸리 국립공원[4]에서는 천 년에 한 번 있을까 말까 한 홍수가 발생했다. 1년 치 강우량의 75%인 40㎖의 비가 3시간 만에 쏟아지면서 차량과 호텔이 물에 잠기고 도로 곳곳이 파손됐다. 8월 평균 강우량이 2.8㎖에 불과한 데스밸리에 이 같은 폭우가 쏟아질 확률은 0.1%도 안 된다.

....

4 데스밸리(Death Valley)는 미국 그레이트 베이스 사막과 인접한 모하비 사막 북구, 캘리포니아 동부에 있는 사막 계곡이다. 여름에 이곳은 중동, 사하라 사막과 함께 지구 상에서 가장 더운 곳 중의 하나로 알려져 있다.

유럽도 500년 만에 강타한 가뭄으로 2022년 여름에 큰 고통을 받았다. 세르비아 인근의 다뉴브강이 말라버려 2차 세계대전 당시 침몰해 강바닥에 있던 독일 군함이 모습을 드러냈고, 스페인에서는 물에 잠겼던 고인돌 유적이 수면 위로 솟아나왔다. 독일에서는 라인강 수위가 40㎝ 이하로 낮아져 한때 해상물류가 마비되기도 했다. 불과 1년 전에 100년 만의 대홍수로 수백 명의 목숨을 앗아간 라인강이 가뭄으로 바닥을 드러낸 것이다. 섭씨 40도가 넘는 기록적인 폭염과 가뭄으로 고통을 겪던 프랑스와 영국은 곧 이은 폭우로 지하철이 잠기고 교통이 마비되는 물난리를 겪었다. 폭우는 프랑스 남부까지 이어져 지중해에 면한 제3의 도시 마르세유의 항구와 해변이 폐쇄되기도 했다. 1961년 이래로 가장 덥고 건조한 7월이 이어지면서 땅이 굳어버려, 갑자기 내린 비를 제대로 흡수하지 못했기 때문에 일어난 홍수피해였다.

인위적으로 상승한 기온은 태풍도 더 파괴적으로 만든다. 지구온난화로 해수면 온도가 올라가면 따뜻한 바다에서 증발하는 수증기가 늘어나고 이것이 상공의 찬 공기와 만나 응결하는 과정에서 방출하는 에너지가 태풍의 에너지원이다. 따라서 바다가 따뜻해질수록 태풍은 더 강해진다. 2022년 9월 초에 우리나라를 강타한 태풍 힌남노는 인명피해와 수많은 이재민을 발생시켰다. 해수면 온도상승으로 초속 50m 이상의 강풍을 동반하는 초강력 태풍이 점점 늘어나는 추세다. 태풍은 불과 며칠간 지속될 뿐이지만 경제에 미치는 영향은 수년에 걸쳐 계속된다. 폭풍으로 붕괴된 빌딩과 도로, 다리 등을 재건하는 데 오랜 시간이 걸리기 때문이다.

지구온난화의 또 다른 영향은 해수면 상승이다. 해수면이 상승하는 이유는 북극의 빙하가 녹고 수온이 높아져 바닷물이 팽창하기 때문이다. 독자 가운데는 해수면 상승에 대해 별다른 심각성을 느끼지 못하는 사람도 많을 것이다. 넓은 바다의 수면이 몇십 ㎝ 정도 상승하는 것이 그리 위협적으로 보이지 않기 때문이다. 하지만 해수면 상승이 조수간만의 차이, 해일이나 태풍과 겹치면 해수면이 최대 10m까지 상승해 해안지역의 주민들은 삶의 터전을 버리고 이주할 수밖에 없다.

2020년 네이처 저널에 게재된 연구[5]에 따르면 해수면 상승으로 2060년에 인구 천만 명 이상이 이주해야 하는 나라가 6개나 된다. 중국의 경우 2060년에 대한민국 전체 인구의 두 배에 가까운 1억 명이 넘는 해안가 주민이 해수면 상승의 직격탄을 맞아 집을 옮겨야 하는 운명에 처하게 된다. 해수면 상승은 세계에서 가장 가난한 사람들에게 더 심각한 위협이 된다. 최근 경제발전을 빠르게 이루고 있는 방글라데시가 대표적인 예다. 수백 ㎞에 달하는 방글라데시의 해안선은 뱅골만에 인접해 있으며, 국토 대부분은 홍수에 취약한 저지대 삼각주에 있다. 폭풍 해일과 홍수 때문에 매년 20~30%의 국토가 침수되고 농작물과 집이 물에 잠겨 수많은 사람이 목숨을 잃고 있는 방글라데시에 해수면 상승은 엄청나게 심각한 위협이 될 수밖에 없다.

....

5 네이처에 게재된 논문은 '해수면 상승과 인간 이주(Sea-level Rise and Human Migration)'로 2060년에 해수면 상승으로 인구 천만 명 이상이 이주해야 하는 국가와 피해 이주민 수는 중국(1억 300만 명), 인도(6,300만 명), 베트남(5,000만 명), 이집트(2,000만 명), 인도네시아(1,400만 명), 그리고 방글라데시(1,200만 명)다.

에너지 민주주의와 디지털 혁신

지구촌에서 발생하고 있는 이러한 기상이변은 기후변화 탓이다. 지구의 평균온도가 상승하면서 국지적으로 온도 차이가 더 벌어져 극단적인 날씨 패턴이 나타나고 있다. '기후변화에 관한 정부 간 협의체(이하 IPCC라고 함)'[6]는 2021년 8월에 발표한 제6차 보고서에서 산업혁명 이전보다 지구의 평균온도가 이미 섭씨 1.1도 상승했다고 발표했다. 섭씨 1도 정도 상승한 것을 두고 너무 민감하게 반응하는 게 아닌가 생각하는 독자도 있을 것이다. 하지만 기후학에서 평균 1~2도의 기온변화는 엄청난 변화를 초래할 수 있는 심각한 문제다. 가장 최근의 빙하기 때 지구 온도는 지금보다 겨우 섭씨 6도 낮았을 뿐이지만 얼음이 모든 것을 삼켜 버렸다. 공룡이 지구를 지배하던 시절 지구의 평균온도는 지금보다 섭씨 4도 높았을 뿐인데, 이 당시 북극권 북쪽에는 악어가 살 정도로 따뜻했다. 지구온난화로 인한 기상이변은 산업화 이전보다 평균 1도 정도 상승하면서 나타나는 현상들이다. 지구의 평균온도가 이처럼 점점 상승하는 이유는 무엇일까? 인간이 배출한 온실가스 때문이다.

온실가스와 지구온난화

지구온난화는 온실효과Greenhouse Effect 때문에 지구의 평균기온이 상승해서 일어나는 현상이다. 온실효과는 태양의 열이 지구로 들어와서 나가지 못하고 갇히는 현상을 뜻한다([그림 1-1] 참조). 태양에서 방출된 빛

....

6 '기후변화에 관한 정부 간 협의체(IPCC, International Panel on Climate Change)'는 기후변화의 과학적 규명을 위해 세계기상기구(WMO)와 유엔환경계획(UNEP)이 1988년 공동으로 설립한 국제협의체다. 기후변화에 관한 가장 포괄적인 최신 정보를 제공한다. IPCC 보고서는 1990년에 처음 나온 후 5~7년 간격으로 발간되고 있으며, 기후변화 관련 표준 참고자료로 각국 정부의 기후변화 정책수립에 과학적 근거를 제공한다. 제6차 IPCC 보고서는 2021년 8월에 발표되었다.

에너지가 지구 대기층에 도달하면 약 50% 정도는 대기에 반사되어 우주로 빠져나간다. 대기층을 통과한 나머지 50%의 빛 에너지는 지표면에 도달한 후 흡수되거나 반사되어 지구 밖으로 방출된다. 이 과정에서 온실가스Greenhouse Gas라 불리는 기체들이 지구를 싸고 있다가 지표면에서 반사되어 방출되는 열에너지들이 우주 밖으로 나가지 못하도록 가두어 둠으로써 지구를 따뜻하게 유지하는 것이 온실효과다. 햇빛이 잘 드는 곳에 차를 주차해 본 사람은 이미 작은 규모의 온실효과를 경험한 셈이다. 자동차 앞유리가 햇빛을 받아들이고 자동차 내부에 열을 가둔다. 그래서 자동차 내부의 온도가 외부 온도보다 훨씬 뜨거워지는 것과 유사하다.

[그림 1-1] 지구온난화를 일으키는 온실효과 (출처: KPMG)

　　　　　　　　　　　　　　　　　　에너지 민주주의와 디지털 혁신

온실효과는 지구를 항상 일정한 온도로 유지해주는 중요한 기능을 담당한다. 만약 온실효과가 없다면 지표면은 햇빛이 비치는 낮에는 너무 뜨거워 살 수 없고, 태양이 없는 밤에는 극한의 추위가 찾아와 생활할 수 없는 환경으로 변한다. 따라서 온실효과는 인간이 지구에서 삶을 영위하기 위해 반드시 필요하며 그 자체가 문제가 되는 것은 아니다. 최근 온실효과가 문제가 되는 것은 온실가스가 과다하게 늘어나 지구의 평균기온이 빠르게 상승하는 현상 때문이다.

지구온난화를 초래하는 온실가스의 종류에는 여섯 가지[7]가 있다. 이 가운데 이산화탄소가 규제 대상 온실가스의 89%를 차지하고 있어, 지구온난화를 방지하기 위한 정책은 주로 탄소감축에 초점을 맞추고 있다. 탄소중립은 탄소제로Carbon Zero, 또는 넷 제로Net Zero라고도 하는데, 인간 활동에 의한 이산화탄소 배출량을 최대한 줄이고, 이미 발생한 이산화탄소는 산림 등으로 흡수하거나 포집해[8] 실질적인 이산화탄소 배출량을 제로Zero로 만든다는 의미다. 즉, 최종적으로 배출하는 양과 흡수하는 이산화탄소량을 같게 해서 대기 중에 탄소의 비중이 늘어나지 않게 하는 것이 탄소중립이다. 반면에 온실가스 중립은 이산화탄소를 포함한 6대 온실가스의 모든 배출량을 제로로 한다는 의미로 기후중립Climate Neutral이라고 한다. 따라서 온실가스중립이 탄소중립보다 더 실현하기 어려운

....

7 1997년에 채택된 교토의정서에서는 6대 온실가스로 이산화탄소(CO_2), 메탄(CH_4), 아산화질소(N_2O), 수소화탄소(HFCs), 과불화탄소(PFCs), 육불화황(SF6)을 지정하고 이들 가스를 규제대상으로 결정했다. 이 가운데 이산화탄소의 양이 가장 많아 지구온난화에 가장 큰 위협이 되고 있다.

8 공기 중에 배출된 이산화탄소를 포집해서 응용하는 기술을 CCUS(Carbon Capture Utilization and Storage)라고 한다.

목표다.

20세기에 들어와 인류는 석탄, 석유 등 화석연료를 활용한 산업혁명기를 거쳐 오늘과 같은 번영을 이루었다. 문제는 현재 인류가 누리고 있는 번영의 이면에 막대한 화석연료와 도시화, 토지개발 등에 따른 산림파괴가 자리 잡고 있으며, 그로 인해 지구온난화라는 기후 위기가 진행되고 있다는 것이다. 화석연료에 의존하는 생산활동이 급격히 늘어나면서 땅속의 고체(석탄), 액체(석유), 기체(천연가스) 형태로 갇혀있던 대량의 탄소 물질이 대기로 유출되었다. 자동차 연료와 냉난방수단, 전기발전과 산업생산을 위한 재료로 화석연료가 사용되면서 대기 중 이산화탄소의 비중이 급격하게 늘어났다. 현재 지구의 대기 속에 존재하는 이산화탄소 대부분은 산업혁명 이후에 땅속의 화석연료로부터 배출된 것이다. 이렇게 늘어난 이산화탄소가 온실효과를 일으키며 지구 기온을 상승시켰다.

IPCC는 산업화 이전에 비해 지구의 평균온도가 이미 섭씨 1.1도 상승했으며, 온실가스에 대한 규제 없이 지금처럼 기온이 지속적으로 상승하면 금세기가 끝나는 2100년에는 지구의 평균기온이 섭씨 4도까지 증가할 수 있다고 경고하고 있다. IPCC는 향후 평균온도가 섭씨 2도와 4도가 상승할 경우 우리가 사는 지구환경이 어떻게 변할지를 시나리오로 보여주고 있다([표 1-1] 참조). 인류에 의한 기후변화가 나타나기 전인 19세기 후반 50년(1850년~1900년) 동안 한 번 정도 나타났던 극단적인 폭염이 기온이 섭씨 1.1도 상승한 현재는 10년에 한 번꼴로 나타나고 있다(4.8배 증가). 기온이 섭씨 2도 상승하면 같은 수준의 극단적 폭염

지구 평균기온	현재(+1.1℃)	2℃ 상승	4℃ 상승
최고기온	1.2℃ 상승	2.6℃ 상승	5.1℃ 상승
극한기온 발생빈도	4.8 배	13.9 배	39.2 배
가뭄	2 배	3.1 배	5.1 배
강수량	1.3 배	1.8 배	2.8 배
강설량	−1%	−9%	−25%
태풍 강도	−	13 % 증가	30 % 증가

의 발생빈도가 산업화 이전보다 13.9배, 섭씨 4도 상승했을 때는 39.2
배로 높아진다. 평균기온이 섭씨 4도 상승하면 모든 지역에서 폭염은
더 늘어나고, 영구 동토층이나 빙하, 북극 얼음이 극단적으로 감소한
다. 가장 더운 날의 최고기온은 섭씨 5.1도 이상 상승하고, 가뭄 발생빈
도와 강수량은 각각 5.1배, 2.8배씩 증가한다. 지구 상의 눈 덮인 면적
은 25% 줄어드는 반면 태풍 강도는 30% 더 강렬해진다.

　과거 역사를 보면 기후변화는 식량, 보건, 인구이동, 정치에 큰 영향
을 미쳤다. 온실가스를 줄이지 못해 21세기 말 섭씨 4도 정도 평균온도
가 상승하면 인류가 먹을 식량과 물을 확보하기가 더욱 어려워지는 것
은 물론, 해안 근처의 대도시가 침수될 위험에 직면하게 된다. 지구가
뜨거워지면 육상생태계에서 멸종위기에 처하는 종이 늘어나고, 먹거리
를 생산하기에 부적합한 기후대로 변해 버리는 지역이 증가해 작물생
산이나 축산 및 수산자원이 줄어들기 때문이다. IPCC 보고서는 지구의

평균온도가 섭씨 2도까지 상승하면 물 부족을 겪는 인구가 4억 1,000만 명이나 증가할 것으로 예상하고 있다. 기후변화는 코로나19와 같은 팬데믹 현상도 증가시킨다. 온실효과에 제대로 대응하지 못하면 금세기 후반에는 25억 명이 수인성 감염병이나 매개감염, 전염병 등에 노출될 수 있다. 지구온난화로 인한 기후위기를 극복할 혁신과 대전환이 필요한 이유다.

탄소중립을 위한 국제사회의 여정

인류가 지구환경 문제를 인식하기 시작한 것은 1960년대였지만 본격적으로 이 문제를 논의한 최초의 국제회의는 1972년 스톡홀름에서 열린 '유엔인간환경회의'였다. 이 회의에서 '인간환경선언'을 채택한 것을 계기로 전 세계적으로 지구환경에 관심이 커지게 되었고, 국가 간 환경문제를 전문으로 하는 기구인 유엔환경계획$_{UNEP}$을 설립해 환경문제에 대한 지구차원의 대책을 마련하기 시작했다. 다양한 국제활동 가운데 지구온난화 문제 해결을 위한 글로벌 규제의 기반을 마련한 것은 교토의정서(1997년)와 파리기후협약(2015년)이다.

교토의정서와 파리기후협약은 둘 다 '유엔기후변화협약$_{UNFCCC}$'[9]의 최고 의사결정기구인 당사국총회$_{COP}$에서 결정된 협약이다. 1997년 일본 교토에서 채택된 교토의정서는 주요 선진국 38개국을 대상으로 2020년

---

9 유엔기후변화협약(UNFCCC, United Nations Framework Convention on Climate Change)은 1992년 UN이 온실가스의 인위적인 방출을 규제하기 위해 만든 국제협약이다. UNFCCC는 195개국이 참여하는 초국가적 기후협약으로 1995년부터 매년 1회 개최되는 당사국총회(COP, Conference of Parties)가 협약의 최고의사결정기구 역할을 하고 있다.

에너지 민주주의와 디지털 혁신

[표 1-2] 교토의정서와 파리기후협약 비교

교토의정서	구분	파리기후협약
주요 선진국 37개국	감축대상	195개 모든 당사국
온실가스 감축에 초점	범위	감축뿐만 아니라 적응 및 이행수단 (재원, 기술이전, 역량배양) 포함
온실가스 배출 감축량 (1차 5.2%, 2차 18%)	목표	온도목표 (섭씨 2도 이하, 섭씨 1.5도 추구)
하향식 (Top-down)	목표설정	상향식(자발적 공약, Bottom-up)
징벌적 (미달성량의 1.3배 페널티 부과)	의무준수	비징벌적 (비구속적, 동료압력 활용)
특별한 언급 없음	의무강화	진전원칙(후퇴금지원칙) 전 지구적 이행점검(매5년)
매 공약기간 대상 협상 필요	지속성	종료시점 없이 주기적으로 이행상황 점검

까지의 기후변화 대응방식을 규정하고 있다. 교토의정서에서는 기후변화의 주범인 6대 온실가스를 정의한 후, 1차 공약기간(2008~2012년) 동안 선진국의 온실가스 배출량을 1990년 대비 평균 5.2% 감축하고, 제2차 공약 기간인 2020년까지는 1차 기간의 감축목표보다 높은 수준(18%)을 이행하기로 결의했다. 또한, 감축목표의 효율적인 달성을 위해 시장경제체제를 도입했다. 온실가스 감축의무가 있는 국가마다 배출할 수 있는 양을 각각 부여한 후 기업들이 온실가스 배출권을 거래할 수 있도록 해주는 '배출권 거래제'[10]를 시작한 것이다.

하지만 2005년 교토의정서가 발효되기 전인 2001년 미국이 교토의정서를 탈퇴했다. 당시 온실가스 배출량 1위와 3위를 기록하고 있던 중국과 인도가 선진국이 아니라는 이유로 감축 대상에서 제외되자, 1990년 대비 온실가스를 7%나 줄여야 했던 미국정부가 탈퇴했던 것이다. 미국에 주어진 감축목표를 달성하기 위해 매년 4천억 달러를 투자해야 했을 뿐 아니라 미국기업들의 경제적 부담도 컸기 때문이다. 온실가스 배출량 상위 3개국(중국, 미국, 인도)이 모두 협약에서 제외되자 2011년 캐나다가, 2012년에는 일본과 러시아가 탈퇴하면서 교토의정서는 전 세계 온실가스 배출량의 합이 15% 정도에 그치는 나라들만 참여하는 불완전한 국제협약이 되어버렸다.

파리기후협약은 2015년 12월 프랑스 파리에서 개최된 유엔기후변화협약UNFCCC 총회에서 채택되었다. 이 협약은 2020년에 만료될 예정이었던 교토의정서를 대체할 새로운 기후변화체제 수립을 위한 합의문이라고 할 수 있다. 선진국만 온실가스 감축의무가 있었던 교토의정서와는 달리 파리기후협약은 195개 당사국 모두가 참가하는 보편적인 첫 기후합의라는 점에서 역사적 의미가 있다. 파리기후협약에서는 지구 평균온도의 상승 폭을 산업화 이전과 비교해 섭씨 2도 이하로 유지하고, 섭씨 1.5도까지 제한하도록 노력한다는 목표를 세웠다.

기후변화 협상에서 법적 구속력이 있는 문서에 목표온도가 명시된

....

10 온실가스 배출권 거래제(ETS, Emission Trading Scheme)란 정부가 온실가스를 배출하는 사업장을 대상으로 매년 배출량을 할당해 배정한 뒤, 할당 범위 내에서 배출행위를 할 수 있도록 한 것이다. 할당된 사업장의 실질적 온실가스 배출량을 평가한 후, 여분 또는 부족분의 배출권에 대해서는 사업장 간 거래를 허가하는 제도다.

에너지 민주주의와 디지털 혁신

것은 파리기후협약이 처음이었다. 또한, 단순한 온실가스 감축을 넘어서 적응, 재원, 기술이전, 투명성 분야에 대한 포괄적인 목표를 함께 제시했다. 교토의정서는 개별 국가에게 온실가스 감축목표를 할당하는 방식(Top-down 방식)이었던 반면, 파리기후협약은 각 당사국이 스스로 온실가스 감축목표를 설정(Bottom-up 방식)하도록 규정했다. 개별 국가가 자발적으로 결정한 기후변화 대응목표를 '국가결정기여NDC, Nationally Determined Contribution'라고 하는데, 참여국은 5년에 한 번씩 NDC 목표대비 수행결과를 제출하게 되어 있다. 한편 교토의정서를 탈퇴했던 미국은 파리기후협약에는 참여했지만, 트럼프 대통령이 집권하면서 또다시 탈퇴했다가, 2020년 11월 조 바이든 대통령의 임기 시작과 함께 복귀하는 우여곡절을 겪었다.

기후재앙의 티핑 포인트 섭씨 1.5도

티핑 포인트Tipping Point란 '갑자기 뒤집히는 점'이라는 의미를 지니고 있는데, 어떤 현상이 서서히 진행되다가 작은 요인에 의해 한순간 폭발하는 지점을 뜻한다. 즉, 균형을 이루던 것이 무너지며 급속도로 특정한 현상이 커지면서, 작은 변화로도 돌이킬 수 없는 피해를 주는 상태다. 지구온난화로 빙하가 녹고, 가뭄이 심해지며 해수면이 상승해 지구환경이 더 이상 회복될 수 없는 상태로 내몰리는 지점이 지구온난화의 티핑 포인트인 셈이다. 2015년에 체결된 파리기후협약에서 산업화 이전과 비교해 지구의 평균온도 상승을 섭씨 2도 이하로 유지한다는 목표를 세운 것도 당시에는 '섭씨 2도'가 지구온난화의 티핑 포인트라고 보았기 때문이다.

하지만 파리기후협약이 시행(2020년 시작)되기도 전인 2018년 IPCC 가 '지구온난화 섭씨 1.5도 특별보고서'[11]를 발표했는데, 이 보고서는 지구온난화로 인한 재앙을 막기 위해서는 산업화 이전보다 지구의 평균온도 상승 폭을 섭씨 2도가 아니라 섭씨 1.5도 이내로 유지해야 한다고 주장했다. 즉, 지구온난화의 티핑 포인트를 파리기후협약의 목표치인 섭씨 2도보다 0.5도 낮추어 설정해야 한다고 경고한 것이다.

표면상 평균기온 상승 폭 1.5도와 2도의 차이는 그렇게 커 보이지 않는다. 하지만 기후과학자들이 두 시나리오를 상정하고 시뮬레이션을 진행한 결과는 엄청난 차이를 보여준다. 2도 상승은 1.5도 상승보다 단순히 33% 더 나빠지는 것에 그치지 않고, 두 배 이상 나빠질 뿐 아니라, 기후재앙의 티핑 포인트를 넘기게 된다. [표 1-3]은 IPCC의 특별보고서에 나와 있는 내용을 요약한 것인데, 목표로 설정한 상승치를 불과 섭씨 0.5도 낮추는 것이지만 그 차이는 생태계의 존폐를 가를 만큼 크다는 것을 알 수 있다.

해수면 높이는 2도 상승에 비해 1.5도 상승의 경우 10㎝ 정도 낮아지지만, 인구 천만 명 이상이 수몰의 위험에서 벗어나게 된다. 앞에서 설명한 것처럼 단지 몇십 ㎝의 해수면 상승은 큰 변화가 아닌 것처럼 보이지만, 조수간만의 차이나 해일, 태풍과 겹치면 해안지역 주민들이 이주해야 할 정도로 큰 영향을 받는다. 2도 상승에 비해 1.5도 상승의 경

---

11 '지구온난화 섭씨 1.5도 특별보고서'는 2018년 10월 한국의 인천 송도에서 개최된 IPCC 회의에서 채택되었다.

우 빙하가 녹는 속도가 느려지면서 해수면 상승속도가 늦춰져 군소 도서 지역, 연안 저지대 사람들과 동식물들이 해수면 상승에 적응할 기회를 더 많이 얻을 수 있게 된다. 북극해의 해빙이 여름에 모두 녹아 없어질 확률은 1.5도 상승 시 100년에 한 번 정도지만, 상승 폭이 2도로 늘어나면 10년에 한 번꼴로 빙하가 사라질 위험이 커지고 복원도 불가능

[표1-3] 지구온난화 1.5℃와 2.0℃의 영향차이 (출처 IPCC)

구분	1.5℃ 상승	2℃ 상승	비고
생태계 및 인간계	높은 위험	매우 높은 위험	
중위도 폭염온도	3℃ 상승	4℃ 상승	
고위도 극한온도	4.5℃ 상승	6℃ 상승	
소멸되는 산호비율	70~90%	99% 이상	
기후영향·빈곤 취약인구	2℃ 상승 시 2050년까지 최대 수억 명 증가		
물부족 인구	2℃ 상승 시 최대 50% 증가		
육상 생태계	중간 위험	높은 위험	
멸종위기 생물의 비율	곤충 6%, 식물 8%, 척추동물 4%	곤충 18%, 식물 16%, 척추동물 8%	2℃ 상승 시 두배 증가
생태계 유형이 달라지는 면적비율	6.50%	13.00%	2℃ 상승 시 두배 증가
대규모 특이 현상	중간 위험	중간-높은 위험	
해수면 상승	26~77cm	30~93cm	1.5℃ 상승 시 인구 천만 명이 수몰 위험에서 벗어남
북극빙하 완전 소멸 빈도	100년에 한번 (복원 가능)	10년에 한번 (복원 어려움)	2℃ 상승 시 남극 빙하 및 그린란드 빙하 손실

해진다.

평균온도 섭씨 2도 상승 시 육지 생물종의 감소와 멸종이 늘어나 생물 다양성과 생태계도 크게 영향을 받는다. 서식지 변화로 멸종위기에 놓이는 곤충, 식물, 척추동물의 수는 1.5도 상승보다 2도가 넘어가면 두 배 이상 늘어난다. 완전히 다른 유형의 생태계로 변하는 지구의 육지 면적도 배로 늘어난다. 해양 생태계도 예외가 아니다. 전 세계 바다 밑 산호도 1.5도 상승 시(70~90% 소멸)에 비해 상승 폭이 2도가 되면 산호가 거의 멸종(99% 소멸)하는 상황에 이른다.

생태환경 변화는 지역 간 불균형을 한층 더 심화시킬 것으로 보인다. 농업이나 어업 의존도가 높은 개발도상국, 건조지역 및 군소 도서에 거주하는 사회 취약계층이 더 큰 영향을 받기 때문이다. 온도상승을 섭씨 1.5도 이내로 제한하면 2050년까지 기후 관련 위험에 노출되는 빈곤취약 인구를 수억 명 감소시키고, 물 부족 현상을 겪는 인구비율도 50%까지 줄일 수 있다. IPCC는 특별보고서에서 기온 상승 폭을 섭씨 1.5도 이하로 제한하기 위해서는 2050년까지 탄소 순 배출량을 제로$_{net-zero}$로 만들어야 한다고 강조했다.

- 온실가스를 가장 많이 배출하는 산업은 어떤 분야일까? 이들 산업에서 온실가스 배출량을 줄일 방안은 없는 것일까?

- 자동차 산업보다 농업이나 축산분야가 온실가스를 더 많이 배출하는 이유는 무엇일까?

- 탄소중립Net-zero을 실현하기 위해 2050년 인류의 에너지원은 어떻게 구성되어야 할까? 그리고 이러한 계획은 정말 실현이 가능할까?

CHAPTER 2

온실가스 감축과 에너지 전환

우리에게 재앙을 가져올 지구온난화 현상을 극복하기 위해 무엇을 해야 할까? 당연히 온실가스를 줄이는 것이 정답이다. [그림 2-1]은 1970년부터 최근까지의 전 세계 탄소배출량의 추이와 함께 IPCC가 요구하는 탄소배출량의 감축경로(시나리오)를 보여주고 있다. 2020년 기준으로 이산화탄소 배출 총량은 370억 톤인데, 2050년까지 순 배출량을 제로net-Zero로 만들기 위해서는 2020년 대비 탄소배출량을 2030년까지 최소한 45% 이상 감축해야 하며, 이후 2031년부터 20년간 나머지 55%를 추가로 줄여야만 한다.

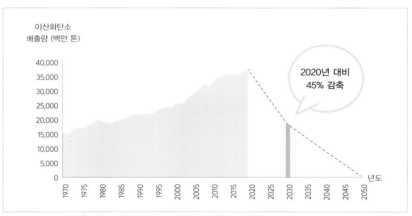

[그림 2-1] 전 세계 탄소배출량 추이와 IPCC 감축 경로 (출처: IPCC)

온실가스 배출량을 줄이기 위해서는 먼저 어떤 분야에서 어느 정도의 온실가스가 배출되고 있는지를 이해해야 한다. 온실가스의 주요 배출원을 알면, 어떠한 방법이 이들의 배출량을 줄이거나 제거하는데 가장 효율적인지를 파악할 수 있기 때문이다. 여기서는 분야별 온실가스 배출원에 대한 분석자료로 빌 게이츠Bill Gates가 최근 출간한 『기후재앙을 피하는 법』[12]에 나오는 내용을 참고했다. 마이크로소프트를 창업해 한때 세상에서 가장 부유한 사람으로 기록되었던 빌 게이츠는 1996년부터 '게이츠 재단'을 설립해 그의 아내였던 멜린다 게이츠Melinda Gates와 함께 세계공중보건과 미국의 교육문제 등을 위한 자선사업을 수행해왔다. 그러다 우연한 기회에 온실가스가 기후재앙을 불러올 수 있음을 인식한 후 스스로 공부와 연구를 무수히 수행했고 수많은 전문가도 만났다. 그 결과 지구온난화 문제 해결을 위한 전문가가 되었고, 그가 생각하는 과학적인 해결방안을 책으로 정리해 출간했다.

빌 게이츠는 영역별로 온실가스 배출원을 분석하기 위해 '이산화탄소 환산톤Carbon Dioxide Equivalents'이라는 개념을 사용했다. 앞에서 이미 언급한 것처럼 온실가스는 이산화탄소를 포함한 6개 기체로 이루어져 있다. 이 가운데 이산화탄소가 지구온난화에 가장 큰 영향을 미치지만, 지구온난화 문제 해결을 위해서는 이산화탄소뿐만 아니라 다른 온실가스도 동시에 줄여나가야 한다. 이들 온실가스는 배출된 이후 대기권에 머무르는 시간과 지구온난화에 미치는 영향이 모두 다르다. 예를 들어 메탄

---

12 『기후재앙을 피하는 법』, 빌 게이츠 (김민주, 이엽 역), 김영사, 2021.

은 대기권에 진입하는 순간 이산화탄소보다 120배나 더 심한 온난화를 초래하지만, 이산화탄소만큼 대기에 오래 머물지 않는다. 어떤 가스는 더 많은 열을 가두지만 대기권에 머무는 시간이 짧다는 과학적 사실에 근거해 '이산화탄소 환산톤'이라는 개념을 사용한 것이다. 이 개념을 사용해 2020년 기준 연간 온실가스 배출량을 계산하면 510억 톤이 된다. [그림 2-1]에서 IPCC가 제시한 370억 톤은 이산화탄소만 고려한 배출량이다. 따라서 이산화탄소를 제외한 나머지 5개 온실가스가 이산화탄소 140억 톤 분량만큼 배출된다고 가정하면 된다.

빌 게이츠는 온실가스 배출원을 5개의 영역으로 나누어 설명하고 있다. [그림2-2]는 연간 배출되는 510억 톤의 온실가스(이산화탄소 환산톤)가 이들 5개 영역별로 어떻게 분포되어 있는지를 보여주고 있다. 온실

[그림 2-2] 분야별 온실가스 배출 비중

가스가 가장 많이 배출되는 분야는 제조분야(31%)이며, 그다음이 전력생산분야(27%)다. 농업과 축산분야(19%)가 그 뒤를 잇고 있고, 자동차와 비행기 등 수송분야(16%)와 냉난방분야(7%)가 나머지 부분을 차지하고 있다.

전력생산보다 제조분야가 더 많은 온실가스를 배출한다는 사실에 놀라는 독자가 있을지도 모르겠다. 또한, 수많은 이산화탄소를 배출하는 수송분야가 농업이나 축산업보다 적은 온실가스를 배출한다는 사실에 의아해 할 수도 있을 것 같다. 이는 단순히 이산화탄소만 고려한 것이 아니라 6개의 온실가스를 모두 고려한 '이산화탄소 환산톤'을 사용한 결과이기 때문이다. 분야별 온실가스 배출비중을 제시한 [그림 2-2]에서 고려해야 할 사항이 하나 더 있다. 예를 들면 수송분야에서 필요한 화석연료(휘발유)를 제조하는 과정에서 배출되는 온실가스는 제조분야에 포함되어 있다. 반면 이미 만들어진 화석연료를 사용하는 과정에서 자동차나 비행기가 배출하는 온실가스는 수송분야에 합산되어 있다.

제조분야 : 510억 톤의 31%

제조업 위주의 에너지 다소비 산업구조를 가진 우리나라는 주력산업인 철강, 석유화학, 시멘트 산업에서 많은 탄소를 배출한다. 온실가스를 가장 많이 배출하는 분야는 철강산업이다. 땅에서 캐내는 금속은 산소와 결합된 철광석이다. 강철을 만들려면 철광석에 환원제(탄소)를 첨가해 산소를 제거해야 한다. 섭씨 1,700도 이상의 매우 높은 온도에서 철광석과 코크스(석탄의 일종)를 함께 녹이면 된다. 그러면 코크스에서 배출되는 탄소(C)가 철광석 중의 산소(O)와 결합해 이산화탄소(CO_2)

가 만들어지면서 산소를 제거한다. 이런 과정을 거치면서 우리가 원하는 강철을 얻게 되지만 이산화탄소라는 원하지 않는 부산물을 함께 얻게 된다. 1톤의 강철이 만들어질 때마다 1.8톤의 이산화탄소가 배출될 정도로 많은 양의 이산화탄소가 만들어진다.

철강산업에서는 제철 과정에서 배출되는 이산화탄소를 최소화하기 위해 '수소환원제철'이라는 새로운 제철공정기술을 개발하고 있다. 수소환원제철은 철강석에서 산소를 제거하기 위한 환원제로 탄소(코크스)가 아닌 수소를 사용한다. 철광석에 포함된 산소는 탄소뿐 아니라 수소와도 친화적이다. 산소(O)와 고농도의 수소(H)가 결합하면 물(H_2O)만 만들어지고 이산화탄소는 배출되지 않는다.

수소환원제철공법이 도입되면 제철소에서 볼 수 있는 기존의 용광로는 사라진다. 대신 수소환원제철을 위해 외부에서 대규모의 전력이 공급되어야 한다. 즉, 기존의 용광로를 사용하는 방식보다 수소환원제철은 훨씬 많은 전기에너지가 필요하다. 따라서 수소환원제철공정에 투입되는 에너지를 재생에너지로 만든 '깨끗한 전기'로 대체하면 이산화탄소를 감축할 수 있다. 수소환원제철에 사용되는 수소도 '그린수소'가 되어야 한다. 수소를 제작하는 방식에는 여러 가지가 있는데, 수소를 만드는 과정에서 태양광이나 풍력 같은 재생에너지를 사용해 이산화탄소 배출 없이 만든 것이 '그린수소'다. 물론 수소환원제철공정으로 전환하는 데에는 비용이 많이 들기 때문에 기술혁신과 함께 시간과 투자가 필요하다.

철강산업 다음으로 많은 탄소를 배출하는 업종은 석유화학 분야다. 석유화학은 옷과 신발, 가구, 각종 용기제품 등 생활 전반에 쓰이는 필수 소비재를 만들면서 인류의 삶 전반에 큰 영향을 끼쳐왔다. 특히 코로나19 여파로 비대면 기조가 확산되면서 음식배달을 위한 포장재, 위생장갑, 주사기의 수요가 늘어나 석유화학산업은 팬데믹으로 수혜를 입은 업종 가운데 하나로 간주 될 정도다. 석유화학 공정은 제품을 만들기 위해 원유를 분리·정제하는 과정에서 열에너지를 많이 사용한다. 이때 필요한 열에너지를 얻기 위해 화석연료를 태우는 과정에서 온실가스를 다량 배출한다. 따라서 석유화학 공정에서 필요로 하는 열에너지를 기존의 화석연료가 아닌 '깨끗한 전기'로 대체하는 것이 시급하다. 석유정제 과정에서 가열과 냉각이 반복되면서 열에너지의 손실이 많이 일어나는데, 이때 대기 중으로 방출되는 열을 재활용해 다시 전기를 만들거나 공정에 재활용함으로써 탄소배출을 줄이는 것도 중요한 과제다.

수많은 빌딩, 두 지역을 연결해 주는 다리, 도로, 항만, 댐 등 우리 주변에서 가장 쉽게 볼 수 있는 것 중 하나가 바로 콘크리트 구조물이다. 우리 생활에 없어서는 안 될 콘크리트를 만드는 데 필요한 재료를 생산하는 시멘트 산업은 철강과 석유화학 다음으로 많은 탄소를 배출하는 업종이다. 콘크리트는 인류에게 개발의 기적을 안겨준 자재다. 녹슬지도 않고 썩지도 않으며 불에 타지도 않는다. 현대 건물을 지을 때 콘크리트를 가장 많이 쓰는 이유다. 특히 콘크리트는 강철과 환상의 파트너십을 자랑한다. 강철 막대가 삽입된 콘크리트 블록은 엄청난 무게를 견딜 수 있고, 비틀어도 부서지지 않는 마치 마법과도 같은 건축자재다. 많은 빌딩과 다리에 철근 콘크리트가 주로 사용되는 이유다.

콘크리트를 만들려면 자갈, 모래, 물, 그리고 시멘트를 섞어야 한다. 자갈과 모래, 물은 문제가 되지 않지만, 지구기후에 말썽을 일으키는 것은 시멘트다. 시멘트를 만드는 데에는 탄산칼슘이 필요한데, 탄산칼슘을 얻기 위해서는 석회암을 용광로에서 태워야 한다. 석회암을 태우면 우리가 원하는 시멘트를 만드는 데 필요한 탄산칼슘을 얻을 수 있지만, 반면 원하지 않는 것, 즉 이산화탄소도 함께 배출된다. 이렇게 만들어진 시멘트는 1:1의 비율로 이산화탄소를 만든다. 즉, 1톤의 시멘트를 만들면 1톤의 이산화탄소가 배출되는 셈이다.

시멘트를 만드는 과정에서 석회암에 열을 가하면 탄산칼슘과 이산화탄소가 만들어진다는 화학반응을 우회할 방법은 없다. 하지만 석회암을 용광로에서 태우기 위해 초고온 상태를 만드는 연료로 유연탄(석탄)을 사용하기 때문에 그 과정에서 엄청난 양의 이산화탄소가 배출된다. 따라서 열에너지를 얻는 과정에서 온실가스 배출이 없는 대체연료나 '깨끗한 전기'를 사용해 용광로를 가열할 수 있다면 배출은 어느 정도 줄일 수 있다.

철강, 석유화학, 시멘트 외에도 유리, 종이, 알루미늄과 같은 제품들을 생산하는 과정에서도 온실가스가 배출된다. 다만 그 양이 상대적으로 적을 뿐이다. 우리는 이들 제품을 제조하면서 매년 510억 톤의 1/3(31%)에 가까운 엄청난 양의 온실가스를 배출하고 있는 것이다. 제조단계에서 온실가스를 줄이기 위해서는 무엇을 해야 할까? 이에 대한 해답을 얻기 위해서는 제조과정의 어떤 단계에서 온실가스가 배출되는지를 이해해야 한다. 제조산업에서는 세 단계에서 온실가스가 배출된다. 첫째, 화석연료를 사용해 공장운영에 필요한 전기를 생산할 때, 둘째, 철광석을 녹여 강철을 만들듯이 제조에 필요한 고온의 열을 얻기 위해 화석연료를 태울 때, 그리고 마지막으로 제철을 만들거나 시멘트를 생산하는 과정에서 필요한 화학반응공정 과정에서 이산화탄소가 배출된다.

첫 단계의 해결책은 전기를 친환경적으로 생산하는 것이다. 즉, 화석연료를 사용하는 화력발전이 아니라 재생에너지원으로 전력을 생산하면 온실가스 배출량을 줄일 수 있다. 이 부분은 전력생산 영역에서 우리가 다룰 주제다. 두 번째 단계에서 화석연료를 태우지 않고 열을 만들수 있을까? 아주 높은 온도가 필요한 것이 아니라면 전기를 사용해 열에너지를 얻을 수 있다. 하지만 수천 도에 달하는 높은 온도를 얻는데 전기는 경제적인 선택지가 아닐 수도 있다. 이 경우에는 다른 대체연료를 이용하거나, 화석연료를 태우되 이 과정에서 배출되는 탄소를 포집해서 제거하는 기술[13]을 사용하는 것이 대안이 될 수 있다.

마지막 단계에서 화학반응으로 배출되는 온실가스도 줄일 수 있을까? 철강산업에서는 철광석에서 산소를 떼어 내는 환원제로 기존의 코크스(석탄)가 아닌 수소를 사용하는 수소환원제철 기술이 개발되고 있다.[14] 하지만 시멘트를 만드는 과정에서 화학반응의 결과로 만들어지는 이산화탄소 배출을 막을 수 있는 기술은 아직 존재하지 않는다. 시멘트

---

13 탄소포집기술(CCUS, Carbon Capture Utilization and Storage)이라고 불리는 것으로 탄소를 포집한 다음 지하에 저장하거나 다른 용도로 사용하는 기술이다.

의 생산을 위한 세 번째 단계에서 배출되는 이산화탄소는 탄소포집기술 CCUS을 사용해 대기 중에 온실가스가 섞이지 않도록 막는 방법을 사용할 수밖에 없다. 물론 탄소포집기술을 사용하는 데에는 추가적인 비용이 소요된다.

전력분야 : 510억 톤의 27%

전기는 우리 곁에서 가로등과 에어컨, 컴퓨터, TV가 제대로 작동하게 해준다. 산업시설이 정상적으로 작동할 수 있는 것도 전기의 힘이다. 어느 정도 인프라가 구축된 나라를 여행할 때 우리는 어디에서나 스위치만 누르면 전기를 사용할 수 있는데, 이는 실로 마법과 같은 일이다. 이처럼 편리한 전기는 오늘날 대부분 화석연료를 사용해 생산한다. 석탄, 석유, 천연가스를 땅에서 꺼낸 다음 멀리 떨어진 발전소로 옮긴 뒤 태워서 불을 끓이는 데 사용하고, 여기서 나오는 증기로 터빈을 작동시켜 전기를 만든다. 화석연료는 제2차 세계대전 이후 증가하는 전기수요를 충족하는 발전원료로 자리 잡기 시작했고, 그 결과 시간이 흐를수록 전기는 엄청나게 저렴해졌다. 한 연구결과에 따르면 2000년도 전기료는 100년 전인 1900년도 전기료 대비 약 1/200 수준에 불과하다.[15] 한 세기 만에 전기료가 0.5% 수준으로 저렴해진 셈이다.

....

14 기존의 용광로를 사용하는 방식을 수소환원제철공정으로 전환하는 데에는 엄청난 투자가
    필요하다. 포스코의 경우 고로(용광로) 매몰비용이 5~10조 원, 신규 투자에 20~30조 원이 필요해
    수소환원제철로 전환하는데 총 30~40조 원 정도의 신규투자가 소요되는 것으로 알려져 있다.

15 Vaclav Smil, 『Energy and Civilization: A History』, (Cambridge, Massachusetts: The MIT Press,
    2017), p. 406.

전기가 이처럼 싼 이유는 화석연료가 저렴하기 때문이다. 화석연료는 광범위한 지역에 매장되어 있으며, 이를 시추해서 쉽고 효율적으로 전기를 만들 수 있다. 많은 국가가 화석연료를 더 많이 생산해 그 값을 낮게 유지하려 노력해 왔고, 그 결과 화석연료가 안정적인 전기공급을 위한 가장 주요한 자원이 되었다. 현재 석탄을 태워 얻는 에너지는 전 세계 전기사용량의 40%로 지난 30년 동안 거의 변화가 없다. 여기에 석유와 천연가스를 사용해 만드는 전기가 26%를 차지하므로 화석연료(석탄, 석유, 천연가스)가 전 세계 전기의 2/3를 만드는 셈이다. 반면 태양광과 풍력발전이 전체 전기생산에서 차지하는 비율은 7% 정도에 불과하다.

전력생산 분야의 탄소감축을 위해서는 화석연료를 온실가스 배출이 없는 에너지원으로 대체하는 '에너지 전환'을 달성해야 한다. '깨끗한 전기'를 만드는 방법은 원자력발전, 수소연료전지, 태양광이나 풍력발전 등 다양하다. 핵융합발전처럼 아직 상용화되지는 않았지만, '깨끗한 전기'를 위한 꿈의 에너지원으로 부상하는 기술도 있다. 이들 가운데 탄소중립을 위한 미래 전력시스템에서 가장 중요한 역할을 할 것으로 보이는 대안은 태양광과 풍력발전과 같은 재생에너지원이다. 전력분야의 온실가스 배출을 감축하는 것은 본서의 주요 내용이므로 이 부분에 대해서는 제4장 「재생에너지 혁명」에서 구체적으로 살펴보고자 한다.

농축산 분야 : 510억 톤의 19%

농축산 분야에서는 동물을 사육하고 농작물을 재배하는 과정에서 다량의 온실가스가 배출된다. 이 분야에서 가장 많이 배출되는 온실가스는 메탄과 아산화질소다. 메탄은 이산화탄소보다 28배나 더 심한 온난화를 일으킨다. 아산화질소는 이산화탄소보다 265배나 더 심각한 지구온난화를 유발한다. '이산화탄소 환산톤'으로 계산한 탄소배출에서 농축산 분야가 주로 이산화탄소를 배출하는 수송분야보다 온실가스 배출 비중이 큰 이유다.

식용으로 동물을 기르는 것은 온실가스 배출의 주요 원인이다. 2100년이 되면 세계 인구는 100억 명까지 증가한다. 그리고 이 많은 인구를 먹여 살리려면 더 많은 식량과 고기가 필요하다. 세기말이 되면 인구가 지금보다 약 40% 증가하기 때문에, 필요한 고기 역시 40% 정도 증가할 것으로 예상하기 쉽다. 하지만 인류는 이보다 더 많은 고기를 필요로 한다. 고기 소비량의 세계적 추세를 보면 미국, 유럽, 브라질, 멕시코 등에서는 고기 소비량이 정체되고 있지만, 중국을 비롯한 개발도상국에서는 경제환경이 나아지면서 고기 소비량이 급격하게 증가하고 있기 때문이다.

사람의 배 속에는 음식 소화기관인 위가 하나밖에 없다. 하지만 소의 배 속에는 위가 무려 네 개나 있다. 소화기관이 많아서 풀을 포함하여 사람들이 소화하지 못하는 다른 식물들도 먹을 수 있다. 소의 위장에 있는 박테리아는 장내발효라고 불리는 과정을 통해 음식물을 분해하고 발효시키는데, 이 과정에서 메탄이 생성된다. 이 메탄가스는 트림이나 방귀 형태로 배출된다. 전 세계에서 약 10억 마리의 식용 소를 키우고 있는데, 이들이 트림과 방귀로 내뿜는 메탄은 이산화탄소 20억 톤과 동일한 지구온난화 효과를 일으킨다. 전 세계 온실가스 배출량의 약 4%에 해당하는 규모다. 천연가스를 트림과 방귀로 배출하는 문제는 소를 비롯해 양, 염소, 사슴, 낙타와 같은 반추동물[16]들의 공통적인 문제다.

　가축이 만들어내는 분뇨도 온실가스 배출원이다. 분뇨는 분해되면서 강력한 온실가스를 배출하는데, 대부분 아산화질소의 형태로 대기에 섞인다. 분뇨와 관련된 온실가스의 절반은 돼지의 분뇨이며, 나머지 절반은 소의 분뇨에서 나온다. 동물의 분뇨는 농업에서 장내발효에 이어서 두 번째로 큰 온실가스 배출원 역할을 하고 있다.

　탄소중립을 실현하기 위해서는 동물을 기르면서 배출되는 온실가스를 줄이고 궁극적으로는 완전히 제거하는 방법을 터득해야 한다. 하지만 이는 결코 쉬운 과제가 아니다. 과학자들은 장내발효와 관련해 소의 위 속에서 기생하면서 메탄을 만드는 미생물을 죽이는 백신 개발, 그리고 소여물에 특별한 사료나 약을 주입하는 등 다양한 아이디어를 시도했지만 아직은 해결책을 찾지 못하고 있어 더 많은 기술혁신이 필요한 분야로 남아있다.

　농산물의 생산량을 늘리기 위해 사용하는 합성비료도 온실가스의 주요 배출원이 되고 있다. 농업생산성을 위해 비료는 무척 중요하다. 특히 가난한 나라의 농부는 비료가 있어야 생산량을 늘려 필요한 음식과 영양소를 얻을 수 있다. 비료가 농산물의 생산량을 늘리는 이유는 질소를 제공하기 때문이다. 질소는 모든 식물의 광합성을 가능하게 한

16　반추동물(反芻動物)은 한번 삼킨 먹이를 다시 게워 내어 씹는 특징을 가지고 있어 '되새김 동물'이라고도 불린다.

다. 식물은 질소를 먹으면서 자라고 질소가 떨어지면 성장을 멈춘다. 질소가 있어서 옥수수가 3m 높이로 자라고 엄청난 양의 씨앗을 만들 수 있다. 대부분의 식물은 스스로 질소를 만들지 못하기 때문에 토양 속의 암모니아로부터 질소를 얻는다. 합성비료는 질소와 수소로 만든 암모니아 형태로 토양에 뿌려져 식물이 질소를 흡수할 수 있도록 돕는 역할을 한다.

토양에 뿌려진 비료에 함유된 질소 대부분은 식물에 흡수되지 않는다. 실제로 농작물은 밭에 뿌려지는 질소의 절반 이하만 흡수한다. 나머지는 땅속으로 흡수되거나 물에 스며들어 환경을 오염하거나 아산화질소 형태로 대기 중으로 빠져나간다. 앞에서 이미 언급한 대로 아산화질소는 이산화탄소보다 256배나 더 심각한 지구온난화 효과를 일으킨다. 질소는 농작물 생산이라는 측면에서는 축복이지만, 지구온난화 관점에서는 재앙인 셈이다.

농부들이 토양에 있는 질소의 수준을 매우 면밀하게 모니터링하고 농작물의 성장기간에 적합한 양의 비료만 사용하는 기술을 채택한다면 농작물이 지금보다 더 효율적으로 질소를 흡수하게 만들어 토양에서 배출되는 질소의 양을 줄일 수 있다. 하지만 이는 비싸고 시간이 많이 소요되는 작업이다. 게다가 비료는 저렴하면서 농작물의 성장을 극대화하기 때문에 필요한 것보다 더 많은 양을 사용하는 게 더 경제적이다. 지하수로 흘러들어 가거나 대기로 증발하는 질소를 줄이기 위해 일부 기업은 식물이 더 많은 질소를 흡수하도록 돕는 첨가물을 개발했다. 그러나 이 첨가물은 세계 비료의 2%에만 사용되고 있어 큰 효과를 보지 못

하고 있다. 농축산 분야도 새로운 기술혁신을 통해 온실가스 배출량을
줄이는 대안을 찾아야 하는 영역으로 남아있다.

수송 분야 : 510억 톤의 16%

산업혁명 이전의 인류는 화석연료를 전혀 쓰지 않고 다녔다. 인류는
걷거나 동물을 타고, 바람으로 항해했다. 그러다 1800년대 초반 석탄을
이용해 기관차와 증기선을 움직이는 방법을 터득했다. 그로부터 한 세
기도 지나지 않아 기차는 대륙을 가로질러 달리기 시작했고, 배는 대양
을 가로질러 사람과 제품을 옮겼다. 휘발유로 움직이는 자동차는 19세
기 말에 태동했고, 글로벌화 된 현대 경제에서 없어서는 안 될 항공산업
은 20세기 초에 등장했다. 운송을 목적으로 화석연료를 태우기 시작한
지 200년밖에 안 되었지만, 수송분야는 거의 모든 영역에서 화석연료에
의존하고 있다.

더 많은 사람과 더 많은 제품이 이동한다는 것은 경제적인 관점에
서 바람직한 일이다. 시골과 해외도시를 여행할 수 있다는 것은 개인의
삶을 풍족하게 하고 행복하게 만든다. 가난한 나라의 농부들은 농작물
을 시장에 내다 팔기 위해 이동해야 하므로 이들에게 수송수단은 생존
을 위해 필요하다. 다른 나라의 사람을 만날 수 있다는 것은 인류 공통
의 문제가 무엇인지 파악하는 데에도 도움을 준다. 현대식 교통수단이
없었을 때는 우리가 먹는 음식도 상당히 제한적이었다. 우리가 해외에
서 생산한 바나나를 저렴하게 먹을 수 있는 것도 연료로 움직이는 컨테
이너선이 해외에서 바나나를 싣고 오기 때문이다.

그렇다면 기후를 더 이상 악화시키지 않으면서 교통(여행)과 운송의 혜택을 계속 누릴 방법은 없을까? [그림 2-3]은 수송분야의 온실가스 배출량에서 자동차, 트럭, 비행기, 그리고 선박이 차지하는 비중이 어느 정도인지 보여주고 있다. 승용차와 SUV 같은 개인 교통수단이 전체의 절반 정도를 차지하고 있다. 쓰레기차나 대형화물차와 같은 중대형 트럭은 30%를 점유한다. 비행기와 컨테이너선 및 유람선과 같은 선박은 각각 10%를 차지하고 있으며 기차의 비중은 이보다 작은 3% 미만이다. 우리의 목표는 이들을 순 제로net-Zero로 줄이는 것이다.

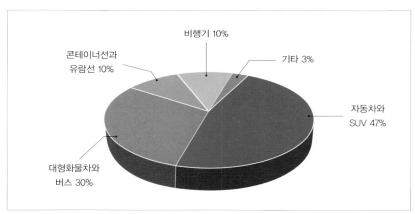

비행기 10%
콘테이너선과
유람선 10%
기타 3%
자동차와
SUV 47%
대형화물차와
버스 30%

[그림 2-3] 수송수단에 따른 온실가스 배출량 비중[17]

2022년 현재 약 10억대의 자동차가 전 세계 도로를 달리고 있다. 이

17 Dale Hall, Nikita Pavlenko and Nic Lutsey, "Beyond Road Vehicles: Survey of zero-emission technology options across the transport sector," Working Paper, July 2018.

가운데 자동차와 SUV와 같은 개인용 자동차는 빠른 속도로 휘발유 자동차에서 전기자동차로 교체될 것으로 보인다. 예전에는 전기자동차가 휘발유 자동차보다 비쌌다. 하지만 지난 10년간 85% 이상 하락한 배터리 가격 하락에 힘입어 휘발유 자동차보다 전기자동차가 가격 경쟁력을 가지기 시작했다. 게다가 각국 정부가 온실가스 배출량을 줄이기 위해 전기자동차에 다양한 세금혜택을 제공하면서 전기자동차의 가격 경쟁력은 더욱 좋아졌다. 전기자동차로 전환하는데 또 다른 장애요인은 배터리 충전에 걸리는 시간이다. 휘발유 자동차는 연료를 채우는데 5분이 채 걸리지 않지만, 이전에는 전기자동차 배터리를 충전하는데 한 시간 이상 걸린다는 문제가 있었다. 하지만 기술발전으로 전기자동차 배터리를 충전하는 데 걸리는 시간이 점점 짧아지고 있고, 배터리를 충전할 수 있는 장소도 빠르게 늘어나고 있다.

최근 테슬라의 전기자동차가 인기를 끌면서 대부분의 완성차 업체들은 미래에는 내연기관차의 생산을 중단하고 전기자동차만 생산하겠다는 계획을 발표[18]하고 있어 전기자동차로의 전환은 더욱 빨라질 것으로 보인다. 일부 전문가들은 2030년에는 전체 자동차의 60%가 전기자동차로 바뀌고, 2050년에는 도로 위를 달리는 대부분의 자동차가 전기자동차가 될 것으로 전망하고 있다.

---

18 벤츠와 볼보는 2030년부터 전 차종을 전기자동차로 전환해서 출시한다고 밝혔고, GM은 2035년부터 휘발유와 디젤 엔진차의 생산과 판매를 중단한다는 계획을 발표했다. 포드는 2030년부터, 폭스바겐과 현대자동차는 2035년부터 유럽에서 전기자동차만 판매한다는 계획을 공표했다. 혼다도 2040년까지 전기차와 수소연료전기차만 판매한다는 계획을 밝혔다.

개인 자동차와 달리 장거리 버스와 트럭의 경우 배터리를 사용하는 전기자동차가 아직은 현실적인 선택지가 아니다. 차가 클수록, 그리고 주행거리가 길수록 배터리로 차를 움직이기가 어렵다. 배터리는 무겁고 저장할 수 있는 에너지양이 제한되어 있으며, 한 번에 엔진으로 전달할 수 있는 에너지 역시 제한적이기 때문이다. 일반적으로 쓰레기차와 시내버스 같은 중형차량은 전기로도 움직일 수 있을 것으로 전망한다. 이런 차들은 상대적으로 주행거리가 짧고 매일 동일한 위치에 주차하기 때문에 배터리 충전을 상대적으로 쉽게 할 수 있다. 하지만 주행거리가 멀거나 차가 훨씬 더 무거우면(예를 들면 바퀴가 18개 달린 화물차로 전국을 횡단할 때) 전기로 차량을 움직이는 게 쉽지 않다. 차량이 무거우면 더 많은 배터리가 필요한데, 배터리가 하나씩 추가될 때마다 자동차의 무게 역시 크게 증가하기 때문이다.

현재 1kg의 휘발유는 성능이 가장 좋은 리튬이온 배터리보다 35배나 에너지 밀도가 높다. 즉 1kg의 휘발유와 같은 양의 에너지를 얻으려면 휘발유보다 35배 무거운 배터리가 필요하다는 의미다. 미국 카네기멜론 대학교의 수학과 교수 두 사람이 발표한 연구결과[19]에 따르면, 한 번 충전으로 1,500km를 갈 수 있는 전기 화물트럭은 너무 많은 배터리를 필요로 하며, 탑재되는 배터리의 무게 때문에 그 어떤 화물도 추가로 실을 수 없게 된다. 일반적인 디젤 트럭은 한 번 주유하면 1,600km 이상 운전

19 Shashank Sripad and Venkatasubramanian Viswanathan, "Performance Metrics Required of Next-Generation Batteries to Make a Practical Electric Semi Truck," ACS Energy Letters, June 27, 2017.

할 수 있다. 따라서 대형 화물트럭들을 완전히 전기화하려면 적은 화물만 옮길 수 있는 전기 화물차로 더 자주 충전소에 들러 몇 시간씩 충전하면서 끝없이 펼쳐진 고속도로를 무사히 지날 수 있어야 한다. 물론 이런 일은 가까운 시일 내에 이루어질 것 같지 않다. 단거리 주행에는 전기자동차가 좋은 선택지가 될 수 있겠지만, 무거운 트럭이나 장거리용 화물차의 경우에는 현실적인 대안이 되기 어렵다.

비행기와 선박도 마찬가지다. 비행기가 이륙할 때 연료가 전체 비행기 무게의 20~40%를 차지한다. 전기로 동일한 에너지를 얻기 위해서는 제트연료보다 35배나 무거운 배터리가 필요하다. 전기 배터리를 사용하면 더 많은 동력을 얻기 위해 비행기가 더 무거워져야 하는데, 그러다 보면 어느 순간 이륙을 할 수 없을 만큼 비행기 무게가 커져 버린다.[20] 최고성능의 휘발유 컨테이너선은 현재 운영되는 전기 컨테이너선보다 200배나 더 많은 화물을 운반할 수 있으며 400배나 더 긴 거리를 항해할 수 있다. 대양을 건너는데 화석연료 컨테이너선을 사용하는 이유다.

대형 화물트럭이나 비행기, 컨테이너선처럼 일반 승용차보다 훨씬 무거운 운송수단을 재충전 없이 더 멀리 운전해야 할 때 아직은 전기가 화석연료의 대안이 되기 어렵다. 배터리의 성능이 개선되고 있지만, 휘

---

20 시중에서 판매되는 최고의 전기 비행기(드론 택시)는 탑승객 2명을 태우고, 최대 시속 340km로 재충전 없이 세 시간 동안 비행할 수 있다. 반면 중형급 비행기인 보잉787은 재충전 없이 296명의 탑승객을 태우고 시속 약 1,050km로 20시간 가까이 비행할 수 있다.

에너지 민주주의와 디지털 혁신

발유와의 에너지 밀도차이를 극복하기 쉽지 않기 때문이다. 기술발달로 배터리의 에너지 밀도가 지금보다 세 배 정도 증가한다고 가정해도 휘발유나 제트연료의 에너지 밀도에 비하면 아직은 1/12 수준에 그친다 (즉 1㎞의 휘발유와 같은 에너지를 얻는 배터리의 무게가 12㎏이 된다는 의미다). 이들 대형 수송분야는 수소연료전지나 바이오연료와 같은 대체연료를 고려할 수밖에 없다. 예를 들면 컨테이너선은 수소를 연료로 사용하는 수소연료전지 방식을 채택할 것으로 보인다. 물론 대체연료의 전환은 비용이 많이 소요되고 큰 투자가 필요하다.

결론적으로 수송분야에서 온실가스 배출량을 줄이는 방안은 크게 두 가지다. 먼저 승용차와 소형·중형 트럭, 그리고 버스처럼 배터리로 이동 가능한 수송수단은 전기자동차로 전환해서 탄소배출을 줄여야 한다. 그 외에 장거리용 트럭, 기차, 비행기, 컨테이너선과 같이 배터리를 사용하기 어려운 수송수단을 위해서는 수소연료전지나 대체연료 개발이 필요하다. 즉 우리가 원하는 만큼의 전기자동차를 실제로 도로 위에서 달릴 수 있게 하려면 상당한 양의 깨끗한 전기를 생산하고, 이를 사용해 배터리를 충전할 수 있는 인프라를 구축해야 한다. 대체연료가 필요한 수송수단을 위해서는 화석연료에 비해 여전히 비싼 대체연료의 가격을 더 낮출 수 있도록 기술혁신을 추진해야 한다.

냉난방 분야 : 510억 톤의 7%

더위를 극복하기 위해 만들어진 에어컨은 1902년 미국의 윌리스 캐리어Willis Carrier가 발명했다. 에어컨이 처음 개발된 건, 사람을 위해서가 아니라 인쇄물을 위한 것이었다. 당시 미국 뉴욕에 있는 한 인쇄소에서 캐리어가 일하던 회사에 '습도를 조절할 수 있는 장치' 개발을 의뢰했다. 뉴욕은 허드슨강과 바다를 끼고 있어 습기가 많은 지역인데, 여름만 되면 엄청난 습도 때문에 잉크가 번져 인쇄물이 엉망이 되는 일이 자주 일어났기 때문이다. 이로 인해서 손해가 막심했던 인쇄소는 공기 중의 습기를 조절할 수 있는 기계제작을 의뢰했고, 캐리어는 무덥고 습한 공기를 끌어들여 습기를 제거한 후 다시 내보내는 장치를 고안해 냈다. 세계 최초로 공기를 인위적으로 변화시키는 에어컨은 이렇게 세상에 태어났으며, 이 때문에 캐리어는 에어컨의 아버지라 불린다.

최초의 에어컨이 개인 주택에 설치된 지 한 세기 정도밖에 지나지 않은 지금 우리나라 가정의 98%가 에어컨을 사용하고 있다. 우리에게 에어컨은 더 이상 여름을 견디게 해주는 사치품이 아니며, 현대생활에 없어서는 안 될 필수품이 되었다. 오늘날 컴퓨팅 기술을 발전할 수 있게 한 서버 팜_{Server Farm}에는 수천 대의 컴퓨터가 밀집되어 있어 엄청난 열기를 내뿜는다. 우리가 매일 즐기는 음악과 사진을 저장하는 클라우드 컴퓨팅 기술도 서버 팜이 있기에 가능하다. 만약 에어컨이 없어 열을 식힐 수 없다면 서버가 다 녹아버려 서버 팜 운영은 불가능할 것이다.

2022년 현재 전 세계에는 약 16억 대의 에어컨이 사용되고 있다. 선진국에서는 90%가 넘는 가정이 냉방시설을 보유하고 있지만, 가장 덥고 습한 나라들은 아직도 전체 가정의 10% 이하만이 에어컨을 갖추고 있다. 앞으로 인구가 증가하고 이들 가난한 나라들이 경제적으로 좀 더 부유해지면 에어컨 사용은 더 늘어날 것이다. 2050년이 되면 전 세계적으로 50억 대 이상의 에어컨이 사용될 것으로 전망되는 이유다. 에어컨

에너지 민주주의와 디지털 혁신

이 늘어날수록 더 많은 전기가 필요하다. 국제에너지기구[21]에 따르면 2050년까지 냉방장치를 운영하는데 필요한 전기수요는 지금보다 세 배로 증가할 것이라고 분석하고 있다. 그때가 되면 전 세계 에어컨이 소비하는 전기량은 현재 중국과 인도가 소비하는 전체 전기량과 동일한 규모가 될 전망이다. 온난화로 점점 더워지는 지구에서 살아남기 위해 에어컨을 틀수록 기후변화가 악화된다는 사실은 아이러니가 아닐 수 없다.

일반적으로 에어컨은 전등, 냉장고, 컴퓨터를 합한 것보다 더 많은 전기를 사용한다. 하지만 가정이나 건물에 설치된 보일러와 온수기는 에어컨보다 더 많은 에너지를 소비한다는 사실을 알아야 한다. 열은 공기를 따뜻하게 하는 데에만 쓰이는 것이 아니다. 샤워, 설거지, 심지어 산업물을 처리할 때도 물을 데워야 한다. 지구 기온이 전반적으로 올라간다고 해도 겨울이 있는 지역은 여전히 춥고 눈이 내린다. 특히 재생에너지를 사용하는 사람들에게 겨울은 여전히 견디기 어려운 계절이 될 수 있다. 예를 들어 독일은 겨울에 얻을 수 있는 태양광 에너지가 여름의 1/9 수준으로 줄어들고 바람이 불지 않을 때도 많다.

보일러와 온수기의 온실가스 배출량을 합하면 전 세계 건물에서 배출되는 온실가스의 1/3을 차지한다. 그리고 전등이나 에어컨과는 달리

....

21 국제에너지기구(IEA, International Energy Agency)는 제1차 석유파동(1974년 1월) 직후 세계석유 시장의 안정을 도모하고 석유공급위기에 공동으로 대응하기 위해 OECD 회원국을 중심으로 1974년 11월에 설립한 에너지 관련 독립기구다. 현재 29개 국가가 회원국으로 참여하고 있다.

이들 대부분은 전기가 아니라 천연가스, 난방유, 프로판 가스 같은 화석연료로 작동되고 있다. 탄소중립으로 가기 위해서는 이들 보일러와 온수기를 최대한 전기화해야 한다. 이들 전기화된 보일러와 온수기에 제공되는 전력은 온실가스를 배출하지 않는 '깨끗한 전기'가 되어야 함은 물론이다.

에너지 전환 : 전력생산의 탈탄소화Decarbonization

우리는 앞에서 온실가스를 많이 배출하는 영역을 따져본 후, 이들 분야에서 온실가스 배출량을 줄이기 위해 무엇을 해야 하는지를 살펴보았다. 철강, 석유화학, 시멘트와 같은 제조산업에서는 제품생산을 위해 고온의 열처리를 하는데 여기서 다량의 온실가스가 배출된다. 따라서 고온의 열을 얻기 위해 사용하는 화석연료를 전기로 바꿀 수 있다면 온실가스 배출을 크게 줄일 수 있다. 수송분야에서는 자동차나 버스 등을 전기자동차로 전환하면 전기 배터리가 휘발유나 디젤과 같은 화석연료를 대체하게 되므로 자연히 온실가스 배출은 감소할 것이다. 가정이나 건물에서 사용하는 난방시스템도 석탄, 석유, 도시가스 등과 같은 화석연료를 연소시켜 에너지를 얻는 과정에서 온실가스가 다량 배출되므로 화석연료가 아닌 전기를 사용하는 난방시스템으로 교체하는 것이 필요하다. 기존의 화석연료를 전기로 대체하는 전기화Electrification가 탄소중립을 위해 얼마나 중요한지 이해할 수 있을 것이다. 물론 화석연료를 대체하는 전기는 생산과정에서 온실가스를 배출하지 않는 '깨끗한 전기'여야 한다.

탄소중립을 위해 다양한 분야에서 전기화가 진행되면 전력수요는 크게 늘어난다. 현재 전 세계 에너지 소비에서 전력이 차지하는 비중은 20%에 불과하다. 하지만 지구 평균온도 상승을 1.5도 이하로 유지하기 위해 화석연료를 전기로 대체하는 전기화를 추진할 경우 2050년에는 전 세계 에너지 수요에서 전력이 차지하는 비중이 66%까지 늘어난다.[22] 전체 에너지에서 전력의 비중이 현재 1/5 수준에서 2/3까지 증가하는 셈이다. 따라서 탄소중립의 실현을 위해서는 전기화Electrification 과정에서 수요가 급증하는 전력을 온실가스 배출 없이 만들어내는 것이 무엇보다도 중요하다. 화석연료를 사용해 전기를 생산하는 현재의 전력시스템을 재생에너지 위주의 전력시스템으로 전환Energy Transition해야 하는 이유다.

전력생산을 위한 에너지원들을 어떻게 바꾸어야 할까? 국제에너지기구IEA는 2050년 탄소중립(넷제로)을 달성하기 위한 글로벌 전력믹스(전기생산에 사용되는 전력원별 구성비) 목표치를 제시하고 있다([그림 2-4] 참조). IEA 시나리오에 따르면 2020년 현재 전력생산에서 화석연료(석탄, 천연가스, 석유)가 차지하는 비중은 60%를 넘지만, 2050년에는 3% 이하로 줄어든다. 화석연료의 비중이 급격히 줄어들 뿐만 아니라, 그마저도 탄소포집기술이 적용될 것으로 보인다. 반면 전체 전력믹스에서 태양광발전과 풍력발전의 비율은 7%에서 2/3 수준으로 증가한다. 즉 2050년에는 태양광과 풍력을 포함한 모든 재생에너지원과 수력발전처럼 '깨끗한 전기'를 만들어내는 에너지원의 비율이 90%에 달해야만 탄소중립의 실현이 가능하다는 의미다.

....

22 Gunner Luderer et. al, "Impact of Declining Renewable Energy Costs on Electrification in Low-emission Scenarios," Vol. 7, Nature Energy, January 2022, pp. 32~42.

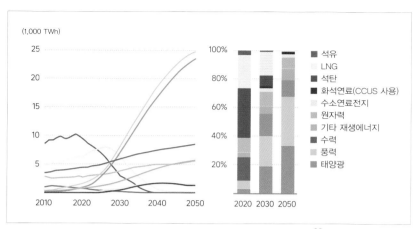

[그림 2-4] 넷제로 달성을 위한 글로벌 전력믹스 시나리오[23]

　국내 상황도 유사하다. 2021년 12월 우리나라 정부가 발표한 '2050 탄소중립 시나리오 최종안'은 2050년 탄소중립을 실현하기 위해 향후 전력생산을 위한 에너지원 구성(전력믹스)을 어떻게 변화시켜 나갈지에 대한 청사진을 제시하고 있다 ([그림 2-5] 참조). 2021년 현재 국내 전력 믹스는 석탄과 천연가스와 같은 화석연료의 비중이 67%(석탄 40.3%, 천연가스 26.6%)로 주종을 이루고 있고, 그다음 원자력발전이 24.7%, 재생에너지의 비율은 7% 정도다. 탄소중립 달성을 위한 두 가지 시나리오(A안과 B안)에 따르면 2050년에는 전체 전력믹스에서 재생에너지의 비중이 60~70%까지 늘어난다. 석탄을 사용하는 화력발전소는 완전히 없어

23　"Net Zero by 2050: A Roadmap for the Global Energy Sector," International Energy Agency, May 2021.

지며, A 안에서는 천연가스가 사용되지 않지만, B 안에서는 천연가스가 일부(5% 정도) 포함된다. 원자력의 비중은 많이 줄어들어 6~7% 정도를 차지할 것으로 전망된다. 이외에 연료전지(수소연료전지), 무탄소 가스터빈, 부생가스 발전 등 에너지원이 다양화[24]되는 것으로 계획되어 있다.

[그림 2-5] 2050년 탄소중립 시나리오[25] (출처: 탄소중립위원회)

글로벌 전력믹스 시나리오와 국내 탄소중립 로드맵의 공통점은 현

....

24 연료전지(수소연료전지)는 수소와 산소의 화학적 반응을 통해 전력을 생산하는 방식이며, 무탄소 가스터빈은 터빈을 돌리기 위해 천연가스(LNG)를 수소나 암모니아로 100% 전환해서 사용해 탄소를 배출하지 않는다. 부생가스 발전은 철강과 같은 제품생산 과정에서 부산물로 발생하는 부생가스를 발전에 이용하는 방식이다.

25 탄소중립 시나리오에서 '동북아 그리드'는 한국, 중국, 일본, 러시아, 몽골을 잇는 국가 간 전력망을 통해 전력을 상호 거래하는 대안을 의미한다. 재생에너지와 천연자원에 한계가 있는 우리와는 달리 시베리아는 천연가스가, 몽골 고비사막은 태양광과 풍력이 풍부해 청정에너지를 공급받을 수 있다는 점을 전제로 계획에 포함시킨 것이다.

재 전력생산의 2/3를 차지하고 있는 화석연료를 대폭 줄이고, 2050년에는 태양광이나 풍력발전과 같은 재생에너지의 비중을 2/3 이상으로 늘린다는 점이다. 이처럼 재생에너지 위주의 '에너지 전환'을 달성하기 위해서는 몇 가지 장애요인을 극복해야 한다.

첫째, 선진국과 달리 개발도상국들이 단기간에 재생에너지로 전환하기가 쉽지 않다. 석탄과 천연가스는 지난 수십 년 동안 전력수요가 급증한 개발도상국이 선택한 연료다.[26] 선진국들이 과거에 그랬던 것처럼 중국을 비롯한 신흥개발국들이 경제성장을 위해 계속해서 화력발전소를 선택할 가능성이 높다. 소규모 태양광은 휴대폰을 충전하고 밤에 가로등을 켜야 하는 가난한 사람들에게는 선택지가 될 수 있지만, 재생에너지만으로 경제발전에 필요한 값싸고 안정적인 엄청난 양의 전기를 얻기란 아직은 쉽지 않다. 제조업을 유지하고 키우면서 경제를 성장시키기 위해서는 소규모의 재생에너지가 제공할 수 있는 것보다 훨씬 더 많고 훨씬 더 안정적인 전력이 필요하다. 중국을 비롯한 신흥개발국들이 지속해서 석탄발전소를 선택한다면 기후변화에는 재앙이 될 것이다.

둘째, 태양광이나 풍력발전과 같은 재생에너지의 발전단가가 화력발전보다 낮아져야 한다. 우리는 이미 수십 년 동안 땅에서 화석연료를 시추해 에너지를 생산하고, 그렇게 생산된 에너지를 매우 저렴하게 공급할 수 있는 시스템을 구축해 왔다. 화석연료가 저렴해서 아직은 재생

---

26 2000년에서 2018년 사이 중국의 석탄 사용량은 거의 세 배나 증가했다. 그리고 이는 미국, 멕시코, 캐나다의 석탄 사용량의 총합보다 많은 양이다.

에너지 민주주의와 디지털 혁신

에너지 발전보다 화력발전이 더 경제적이다. 에너지원에 따른 발전비용을 비교하기 위해 '균등화발전비용$_{LCOE}$'[27]이라는 개념을 사용한다. 태양광이나 풍력을 사용하는 재생에너지의 LCOE는 기술발전과 생산증가에 힘입어 꾸준히 감소하고 있는 반면, 화력발전은 배출하는 탄소의 사회적 비용 때문에 LCOE가 늘어나는 추세다. 재생에너지의 발전단가와 화력발전의 발전단가가 같아지는 지점을 '그리드 패리티$_{Grid\ Parity}$'라고 하는데, 지금의 기술발전 추세라면 우리나라의 경우 2027년 정도면 재생에너지가 화력발전보다 경제성이 좋아지는 그리드 패리티에 도달할 것으로 보인다. 즉, 재생에너지가 가지는 경제성 문제는 조만간 해결될 전망이다.

마지막으로 재생에너지가 가지는 가장 심각한 문제는 전력공급의 불안정성이다. 햇빛과 바람은 간헐적으로 이용할 수 있기에 이것만으로는 하루 24시간, 365일 내내 전기를 생산하지 못한다. 해가 저문 다음에는 태양광 전기공급이 끊긴다는 것이 간헐성의 가장 대표적인 예다. 여름과 겨울의 계절적 차이는 더 큰 장애물이다. 태양광에 크게 의존하는 경우 여름에는 전기를 과잉생산하고 겨울에는 과소생산하는 문제가 발생한다. 지구의 자전축이 기울어져 있어 지구의 특정 부분에 내리쬐는 햇볕의 양과 강도가 계절별로 다르기 때문이다. 이 편차가 얼마나 큰지는 적도로부터 얼마나 떨어져 있는지에 따라 달라진다. 캐나다와 러시

---

27 균등화발전비용(LCOE, Levelized Cost of Energy)은 발전설비 건설부터 폐기까지 발생하는 모든 비용을 운영기간 동안 생산한 총발전량으로 나눈 값으로 발전원별 경제성을 비교하는 데 사용되는 지표다.

아의 일부 지역에서는 낮이 가장 긴 날과 짧은 날의 일조량이 열두 배나 차이가 난다. 풍력발전도 바람이 세게 부는 날에는 과도할 정도로 많은 전력을 생산하지만, 바람이 불지 않으면 전기생산이 제로로 떨어진다.

　　재생에너지원이 가지는 전력공급의 불안정성은 에너지 전환을 실현하는데 가장 큰 장애요인이다. 전력시스템은 전기의 공급과 수요가 일치해야 안정적으로 운영될 수 있다. 전기공급과 수요 간 불균형은 대정전의 위험을 높인다. '깨끗한 전기'를 만드는 미래 전력시스템의 불안정성을 해결해야만 에너지 전환은 성공할 수 있다.

- 탄소경제라는 새로운 경제 패러다임은 기존의 경제와 어떠한 차이가 있을까?

- 전 세계 개별 국가들이 도입하고 있는 탄소 가격제도에는 어떠한 종류가 있는가?

- ESG 경영과 RE100이 경영의 새로운 화두로 등장한 이유는 무엇일까?

- 기업이나 소비자가 미래에 에너지 분야에서 새로운 수익을 창출할 기회에는 어떤 것들이 있을까?

CHAPTER 3 **탄소경제로의 전환**

왜 탄소경제인가

2021년 다보스포럼[28]은 지구의 기후위기를 인류가 직면한 가장 큰 위험 가운데 하나로 꼽았다. 극단적인 기상이변, 북극의 해빙과 그로 인한 해수면 상승, 생물 다양성 상실과 같은 징후가 과학자들의 비관적인 전망보다 더 심각한 상황으로 전개되고 있어서 인류의 대응도 '탄소중립' 외에는 대안이 없다는 결론을 내렸다. 다보스에서 발표된 '2070년 미래보고서'는 온실가스 배출이 현재와 같은 수준으로 지속될 경우 2070년까지 세계 경제 피해는 178조 달러에 이를 것으로 분석했다. 현재 지구에 존재하는 부의 합이 대략 500조 달러이므로, 넷제로(탄소중립)를 실현하지 못하면 향후 50년 이내에 지구 전체 부의 1/3 이상이 사라지는 셈이다. 반면 2050년 탄소중립을 달성하면 동일한 기간 동안 경제 규모가 43조 달러 늘어날 것으로 보고 있다.

....

28 다보스포럼 또는 세계경제포럼은 1971년 제네바 대학의 교수였던 클라우스 슈밥(Klaus Schwab)이 창립한 민간 포럼이다. 전 세계 각국의 정계, 관계, 재계 유력인사와 언론인, 경제학자 등이 세계 경제의 현안과 문제에 대한 각종 해법을 논의하는 모임이다. 매년 1월 스위스에 위치한 휴양지인 다보스에서 연차회의를 개최하므로 개최지 이름을 따서 다보스포럼이라고 부른다.

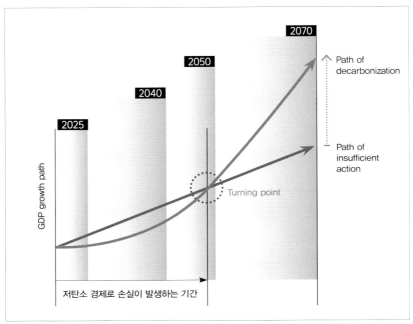

[그림 3-1] 기후대응에 따른 세계 경제 손실과 이익의 전환점 (출처: 딜로이트)

탄소배출을 줄이지 못할 경우 왜 경제성장이 지장을 받을까? 각 국가들이 새로운 혁신에 투자하는 대신 기후변화로 인한 피해를 복구하는데 자원을 써야 하고, 이로 인해 경제적 기회가 줄어들기 때문이다. 실제로 2021년 한 해 동안 미국의 경우 허리케인 아이다로 750억 달러, 서부 산불로 100억 달러, 가뭄으로 89억 달러의 손해를 입었고, 독일과 중국은 홍수로 각각 400억 달러와 170억 달러의 피해를 보았다. 경제성장을 위해 사용되어야 할 귀중한 재원이 기후재앙을 일으킨 피해를 복구하는데 투입되어야만 했다.

다보스 연구팀은 전 세계 국가들이 화석연료를 빨리 퇴출시키고 온난화를 섭씨 1.5도 이내로 제한하면 30년 안에 산업혁명과 맞먹는 수준의 변화가 세계 경제에 엄청난 부양효과를 가져올 것으로 분석했다. [그림 3-1]에 보이는 것처럼 인류가 탄소중립을 위해 노력한다면, 당분간은 탄소경제로 인해 비용과 손실부담이 늘어나겠지만, 금세기 중간지점에서 전환점Turning Point을 지나면 기후대응으로 발생하는 경제적 이익이 비용보다 커진다. 단기적인 경제비용의 발생에도 불구하고 탄소배출을 줄이는 경제체제로 전환해야만 하는 이유다.

탄소중립은 새로운 경제체제의 시작이다. 온실가스 배출량이 세계 경제와 사회를 움직이는 새로운 기준이 되는 셈이다. 1972년 스톡홀름에서 '인간환경선언'이 채택된 이후 반세기 만에 기후위기 대응이 주류 경제체제로 진입한 것이다. 이제는 기업이 제품생산의 모든 과정에서 발생한 탄소발자국을 측정하고, 투명하게 검증받는 체제로 전환되고 있다. 탄소경제에서는 '이 제품에 포함된 탄소는 몇 g인가요?'를 묻고 따진다. 지금까지는 상품의 질과 가격이 중요했다면, 이제는 상품을 만드는 과정에서 배출된 온실가스가 새로운 요소로 추가되는 것이다.

글로벌 경제에서 '탄소'라는 새로운 기준이 등장하면서, 온실가스 배출권 거래제, 탄소세, 탄소국경세와 같은 탄소 가격 정책이 시행되기 시작했고, 내연기관차의 판매금지, 선박의 연비규제, 건물의 친환경 설계 의무화와 같은 새로운 규제들도 속속 도입되고 있다. 이러한 탄소경제 체제는 'ESG 경영'이라고 불리는 새로운 경영 키워드와 'RE100'과 같은 민간기업의 자율적인 재생에너지 사용확대라는 트렌드를 함께 만들어

내고 있다. 탄소경제하에서는 기존의 에너지 소비자에게도 새로운 기회가 제공된다. 소비자가 직접 생산한 재생에너지를 시장에서 판매해 수익을 올리거나, 에너지 수요를 줄이고 이에 대한 경제적인 보상을 받는 것도 가능해지기 때문이다.

탄소경제 시대가 도래함에 따라 전 세계 국가들은 탄소배출을 효과적으로 줄이기 위해 탄소 가격제Carbon Pricing라는 카드를 꺼내 들고 있다. 생산자가 제품을 만드는 과정에서 탄소를 배출하면 대기오염과 기온상승, 그리고 이상기후에 따른 의료비용, 재산손실, 농작물 피해와 같은 공공이 부담하는 사회적 비용이 발생한다. 탄소 가격은 탄소배출량 증가로 발생하는 현재와 미래의 사회·경제적 비용을 현재 시점으로 환산한 현재 가치에 근거해 결정한다. 이를 통해 소비자에게는 어떤 상품과 서비스가 탄소함량이 높은지에 대한 신호를 주면서, 보다 적은 탄소함량의 상품과 서비스를 이용하도록 유도하는 것이 목적이다. 생산자 입장에서는 탄소를 적게 쓰거나 전혀 사용하지 않으면 비용을 낮추고 수익을 높일 기회가 생긴다. 탄소를 배출하는 주체에게 비용을 부담하게 하는 탄소 가격제에는 배출권 거래제도, 탄소세, 탄소국경세가 있다.

배출권 거래제도ETS, Emissions Trading Scheme

배출권 거래제도란 정부가 온실가스를 배출하는 기업을 대상으로 적정 온실가스배출량을 할당한 뒤, 실제 배출량을 계산해 남는 배출권은 판매하고 부족한 배출권은 구매하도록 하는 제도다. 탄소배출권 거래제도는 정부가 탄소 가격을 설정하는 탄소세와는 달리 시장의 수요와 공급에 따라 탄소 가격이 결정된다. 기업들은 이 제도를 잘 활용하면 배출량을 줄일 수 있을 뿐 아니라 배출권 판매로 추가적인 이익을 창출할 수도 있다.

[그림 3-2]에서 A 기업처럼 정부가 할당한 양보다 더 많은 탄소를 줄인 기업은 초과해서 감축한 탄소량을 시장에 판매해 수익을 올릴 수 있고, 감축 여력이 낮은 B 기업은 직접적인 감축 대신 배출권을 살 수 있어 비용을 절감할 수 있다. 온실가스를 배출하는 기업들이 자신의 감축 여력에 따라 탄소 감축 또는 배출권 매입을 자율적으로 결정해 탄소 배출 할당량을 준수할 수 있도록 한 제도다. 예를 들어, 전기자동차 제조사인 테슬라는 2020년 7억 2,100만 달러의 흑자를 기록했는데, 그해에 탄소배출권을 판매해 올린 수익 규모가 16억 달러였다. 탄소배출권 판매 덕분에 실제로는 적자를 기록했던 테슬라가 흑자로 전환할 수 있

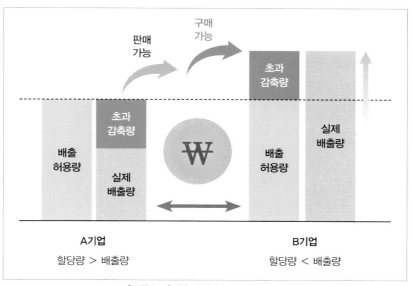

[그림 3-2] 배출권 거래제도 (출처: 환경부)

었던 것이다.

배출권 거래제도를 시행하면 탄소감축을 많이 할 경우 배출권 판매가 가능하므로 기업이 자발적으로 온실가스 감축시설에 투자하도록 유인할 수 있다. 할당된 만큼의 탄소감축이 현실적으로 어려운 경우에는 배출권 구매를 통해 상대적으로 적은 비용으로 기준을 충족할 수 있다는 장점도 있다. 하지만 탄소배출권 가격이 저렴할 경우, 기업은 온실가스 감축을 위한 직접 투자보다는 배출권을 구매해 할당량을 채움으로써, 적극적인 탄소감축 노력을 하지 않을 수도 있다. 배출권 할당량 적용에서 제외된 기업들에 대해서는 탄소배출량 조절이 어렵다는 것도 단점으로 지적된다.

2002년 영국이 최초로 탄소배출권 거래제를 도입한 이후 2005년부터 EU 전체로 의무할당 방식의 배출권 거래제가 확대되었고, 이후 EU가 온실가스 배출권 거래시장을 주도하고 있다. EU는 시행 초기에 회원국들이 온실가스 배출량을 각자 제출하게 한 후 이를 단순히 합한 총량으로 배출권을 관리했다. 하지만 이러한 방식에 대한 투명성과 공정성 이슈가 제기되면서 2013년부터는 유럽연합 집행위원회European Commission가 배출허용 총량을 일괄적으로 결정한 후 회원국별로 배출량을 할당하고 있다. EU는 2050년 탄소중립 목표를 달성하기 위해 배출허용 총량을 점진적으로 엄격하게 설정하는 중이다.

EU 외에 배출권 거래제를 전국단위로 시행하고 있는 국가는 한국을 포함한 9개 국가가 있으며, 지역 단위로 운영되고 있는 곳은 일본 도쿄,

미국 캘리포니아를 포함해 19곳이 있다. 2013년 1월부터 배출권 거래 제를 의무화한 미국 캘리포니아주는 온실가스 배출량의 약 80%를 배출권 거래제를 통해 거래하고 있다. 일본은 일부 지역에서 배출권 거래제를 시행하고 있는데, 조만간 2050년 탄소중립을 실현하기 위해 전국으로 거래제를 확대할 계획이다. 중국은 선전, 상하이, 베이징, 광둥, 텐진, 후베이, 충칭 등 7개 지역에서 배출권 거래제 시범사업을 성공적으로 마쳤고, 이 경험을 바탕으로 2021년부터 국가 단위의 배출권 거래제를 시행하고 있다.

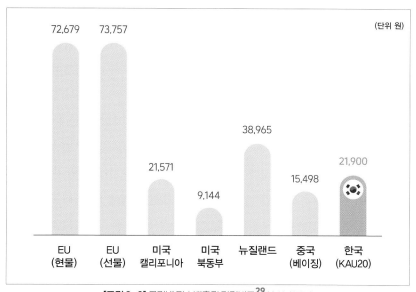

[그림 3-3] 국가별 탄소배출권 가격비교[29] (출처: 환경부)

----

29 환경부가 발표한 2021년 7월 31일 기준 각국의 탄소거래권 가격으로, 환율은 해당일 한국은행의 경제통계 시스템의 자료를 사용했다.

배출권 거래제는 배출 총량을 정부가 계획하고 배정하지만, 탄소배출권 가격은 시장에서 수요와 공급에 따라 결정된다. [그림 3-3]은 주요 국가별 탄소배출권 가격을 비교하고 있다. 2021년 7월 말 기준으로 보면 EU의 탄소배출권 가격이 가장 높고, 우리나라는 EU의 1/3 수준이다. 미국은 지역별로 달라 캘리포니아와 북동부 지역의 배출권 가격이 2배 이상 차이가 난다. 탄소배출권 가격은 시장에서 수요와 공급에 의해 결정되므로 아직은 변동성이 큰 편이다. 예를 들어 우리나라의 경우 2019년 12월에서 다음 해 4월에 이르는 5개월 동안 탄소배출권 가격이 1/3 가까이 떨어진 적도 있다. 이와 달리 탄소세는 탄소배출에 대한 가격(세금)을 정부가 미리 정해서 시행하기 때문에 가격이 고정되어 있지만, 기업들이 탄소세 절세를 위해 자발적으로 배출량을 줄이기 때문에 탄소의 총 감축량이 얼마나 될지 정확하게 예측하기 어렵다는 단점이 있다.

탄소배출권 가격이 높고 거래가 활발할수록 좋은 걸까? 꼭 그렇게만 볼 수 없으며 여기에는 장단점이 동시에 존재한다. 탄소배출권 거래가 활발하고 가격이 올라가면 기업들이 탄소배출 감축에 더 적극적으로 참여하고 있다는 뜻이므로 탄소배출 감소 효과는 크다. 반면에 탄소배출권 가격이 올라간 만큼 기업들의 비용부담이 커진다. 물론 탄소배출권 거래가 부진하고 가격이 지나치게 낮게 책정되면 탄소감축을 위한 배출권 거래제의 효과는 떨어질 수밖에 없다. 거래가 작고 탄소배출권 가격이 저렴하면 기업들은 온실가스 감축을 위해 많은 돈을 투자하기보다는 시장에서 저렴한 잉여배출권을 구매하는 데 집중할 가능성이 크기 때문이다.

탄소세 Carbon Tax

탄소세는 석탄, 석유, 천연가스 등의 화석연료를 사용하는 기업에 탄소배출량만큼 부과하는 일종의 세금이다. 기후변화에 가장 큰 영향을 주는 탄소를 배출하는 행위에 대해 일정한 세금을 부과함으로써 탄소배출을 줄이도록 유도하는 데 목적이 있다. 탄소세를 화석연료 사용업체에 부과하면 이것이 순차적으로 제품과 서비스 등의 가격에 반영되는 방식으로 세금부담이 전가된다. 따라서 제품생산에 저탄소 연료를 사용하거나 탄소를 배출하는 에너지 사용을 줄이는 효과를 기대할 수 있다. 탄소배출로 인한 기후변화가 불특정 다수에게 큰 영향을 미치므로, 탄소배출 행위에 일정한 책임을 부과하는 한편, 경제상황에 따라 과세 범위와 세율 등을 유동적으로 조정할 수 있다는 장점도 있다.

우리나라를 비롯한 많은 국가가 아직 탄소세를 도입하지 않고 있는데, 그 이유는 탄소세를 부과할 경우 기업과 소비자에게 큰 부담이 되기 때문이다. 기온상승을 산업화 이전보다 섭씨 1.5도로 제한하기 위해서는 탄소 가격을 대폭 올려야 한다는 국제사회의 목소리가 높다. 국제통화기금IMF은 지난 2019년 발간한 보고서에서 지구 기온상승을 섭씨 2도 이내로 제한하기 위해서는 전 세계 평균 탄소세를 1톤당 75달러 규모로 설정해야 한다고 주장했다. 2019년 말 기준 전 세계 평균 탄소배출권 가격이 1톤당 2달러였던 점을 고려하면 상당히 충격적인 제안이다.

탄소세는 1990년 핀란드가 최초로 도입했다. 2021년 현재 전국 단위로 탄소세를 실행하고 있는 나라는 27개국이 있는데, 이 가운데 19개 국가가 유럽에 있다. 국가 내 지역 단위로 실시하고 있는 곳은 8개 지역

(미국 하와이, 스페인 카탈루냐 등)이 있는데 지역과 국가에 따라 1톤당 탄소세율의 편차가 큰 편이다. 예를 들어 스웨덴과 스위스는 1톤당 100달러가 넘는 반면, 폴란드, 우크라이나, 일본은 5달러를 넘지 않는 수준이다.

우리나라에서는 2030년까지 톤당 약 8만 원의 탄소세를 부과한다는 탄소세 법안이 국회에 발의(2021년 3월)되면서 탄소세 논의가 시작되었다. 톤당 8만 원의 탄소세는 IMF가 제안한 톤당 75달러에 맞춘 것이다. 톤당 8만 원의 탄소세를 부과하면 포스코는 6조 원이 넘는 탄소세를 정부에 납부해야 한다. 상대적으로 탄소배출이 많은 제조업 중심의 한국에서는 탄소세액이 영업이익을 초과하는 기업도 다수 생길 가능성이 크다. 대내적으로는 탄소세가 국가 경제에 불러올 부담을 분석해 기업의 비용을 최소화하면서, 대외적으로는 국제사회에 약속한 탄소배출 감축 목표를 감안해 탄소세를 설정해야 하는 이유가 여기에 있다.

탄소국경세Carbon Border Adjustment Tax

수출기업들은 앞서 언급한 탄소세와 배출권 거래제뿐만 아니라, 앞으로 탄소국경세에 대해서도 대비해야 한다. 탄소국경세는 수입품에 생산기업의 탄소배출량과 비례하는 관세를 부과하는 국경세다. 탄소국경세가 최근 쟁점으로 부상한 배경은 EU의 정책 때문이다. EU는 2019년 12월 기후변화 대응을 위해 '유럽 그린 딜European Green Deal'을 발표했다. 그린 딜은 2050년까지 탄소중립을 달성한다는 목표를 골자로 하고 있는데, 대표적인 전략이 바로 EU 배출권 거래제의 적용확대와 탄소국경세의 도입이다.

현재 각 국가 혹은 지역마다 탄소감축 목표가 달라 서로 다른 탄소가격제를 실행하고 있다. 이 때문에 탄소배출 규제가 엄격한 국가의 기업들은 생산비용이 늘어나므로 비교적 온실가스 규제가 약한 국가로 사업장을 이전하거나 해외생산을 증가시키려는 경향이 뚜렷해지고 있다. 이러한 현상을 '탄소누출Carbon Leakage'이라고 한다. 탄소누출이 늘어나면 탄소배출이 다른 국가에서 이루어져 결과적으로 글로벌 탄소배출 총량은 감소하지 않기 때문에 탄소세나 배출권 거래제 등을 도입한 본래의 취지가 무색해진다. 따라서 탄소국경세는 온실가스 배출에 대한 국가 간 감축의욕 차이를 보정하는 제도라고 할 수 있다.

탄소국경세는 기후재앙을 피하는 방안이기도 하지만, EU 내 기업과 산업을 보호하기 위한 '통상규제'의 성격도 강하다. 탄소세와 배출권 거래제 등을 EU 역내에서 시행하게 되면 저탄소 생산방식을 위한 설비투자 등으로 EU 역내 기업들의 생산비용이 늘어나게 되고, 이에 따라 제품가격이 오르게 되어 가격경쟁력이 떨어지게 된다. 탄소국경세를 도입하게 되면 기후대응 관련 국제규범을 지키지 않는 국가의 상품에 추가로 관세(탄소국경세)가 부과되어 가격경쟁력을 잃게 되므로 EU 역내 기업과 산업을 보호할 수 있는 것이다.

앞으로 탄소배출 규제가 안정기에 들어서는 나라일수록 자국산업을 보호하고 실질적인 글로벌 탄소배출량을 줄이고자 탄소국경세를 도입할 가능성이 크다. EU뿐만 아니라 미국도 탄소국경세 도입계획을 밝히고 있다. 미국은 도널드 트럼프 전임 대통령 당시 기후위기 대응이 미국 기업과 경제에 부정적인 영향을 준다며 파리기후협약을 탈퇴했지만, 친환경을 내세우는 조 바이든 대통령이 당선되면서 파리기후협약에 재가입했고, 2025년부터 미국도 탄소국경세를 추진하겠다고 밝혔다.

유럽연합EU은 탄소국경세를 2023년부터 시범 적용한 뒤, 2026년부터 전면 실시할 계획이다. 탄소국경세가 처음으로 적용되는 분야는 철강과 시멘트, 그리고 알루미늄과 비료산업이 될 것으로 보인다. 이러한 탄소 집약적인 상품의 대 EU 수출규모가 큰 러시아, 중국, 튀르키예(터키) 등이 큰 영향을 받을 것으로 분석되고 있다. 결국, 탄소국경세의 실시는 개발도상국에는 새로운 무역장벽이 될 가능성이 크다. EU는 탄소국경세를 통해 그동안 세계무역기구WTO 체제하에서 개발도상국들이 문턱 없이 선진국 시장을 자유롭게 공략하던 시대를 끝내고, '녹색경제'라는 화두를 선점하면서 신흥국 중심으로 재편되었던 제조업 헤게모니를 바꾸고 무역시장에서 '게임의 룰'을 바꾸려는 의도를 가지고 있다.

EU가 제안한 탄소국경세는 탄소경제하에서 기후 관련 정책이 단시간 내에 어떻게 무역정책으로 변모하는지를 보여준다. 에너지 집약적 상품수출국들은 새로운 관세부과로 단기적으로는 가격 인상, 장기적으로 수요둔화와 씨름해야 할 가능성이 커졌다. 반면 자국산업의 탄소배출량을 효과적으로 감축하고 최첨단 그린 테크놀로지를 발전시킨 국가들에 수출기회가 커진다는 것을 보여주고 있다.

ESG 경영

ESG는 환경Environment, 사회Social, 그리고 지배구조Governance의 약자다. '환경(E)'은 기업의 경영활동이 환경에 미치는 영향을 뜻한다. 경영과정에서 사용하는 자원이나 에너지, 발생시키는 쓰레기나 폐기물의 양이 환경에 속한다. 기후변화의 주범인 온실가스 배출량은 물론 자원의 재활용이나 처리건전성도 함께 고려한다. '사회(S)'는 기업으로서 사회적 책임을 제대로 수행하는지를 평가한다. 주로 인권이나 지역사회기여 등과 연결되는데, 노동자에 대한 처우나 직장 내 다양성의 존중, 기업이 관계 맺고 있는 지역사회나 기관 등에 대한 영향 등을 포함한다. 마지막으로 '지배구조(G)'는 경영의 투명성을 평가한다. 의사결정 과정이나 기업구조, 인사 또는 경영정책이 민주적으로 책임성 있게 운영되고 있는지를 판단하는 요소다.

기업가치 평가의 전통적 기준은 재무제표였다. 매출이나 영업이익, 현금흐름과 같은 '실적'이 기업가치를 좌우했다. ESG는 기업가치 평가를 위한 절대기준이었던 재무적 요소를 고려하지 않는다. 아무리 재무적 실적이 좋아도 환경영향, 사회적 책임, 지배구조의 건전성을 인정받지 못하면 그 기업은 지속가능성이 적다고 판단하기 때문이다. 재무적인 이익을 내기 위해서라도 환경과 사회, 지배구조 같은 비재무적 요소를 함께 고려해야 하는 새로운 경영 트렌드가 ESG다.

ESG는 최근에 만들어진 용어가 아니다. 2006년 4월 UN 사무총장이었던 코피 아난Kofi Annan의 주도로 세계 주요기업들이 투자 원칙으로 제시한 개념이 ESG다. 그렇다면 ESG가 15년이나 지난 최근에 와서 경영의 중요한 화두로 등장한 이유는 무엇일까? 바로 코로나19가 촉발한 팬데믹과 기후변화로 대표되는 심각한 환경파괴 때문이다. 코로나19는 동물에게서 인간으로 감염되는 인수공통 감염병이다. 영국 케임브리지대 연구진은 코로나19의 최초 보균원으로 중국 남부 및 라오스, 미얀마 지역의 박쥐를 지목했다. 하지만 문제는 박쥐가 아니라 기후변화가 생물종의 다양성을 파괴했다는 점이다. 생물종 생태계의 다양성은 그 자체가 전염병에 대한 완충 역할을 수행한다. 생물의 다양성 때문에 숙주 생물의 개체 수가 희석되기 때문이다.[30]

인류는 20세기에 들어와 지난 100년 동안 500종 이상의 육지 척추동물이 사라지는 '여섯 번째 대멸종'[31]을 겪고 있다. 기후변화로 인한 환경파괴로 수많은 동물이 멸종하거나 삶의 터전에서 내몰리고 있는 것이다. 그 결과 박쥐 같은 바이러스 숙주동물의 서식에 유리한 환경이 조성되었을 뿐 아니라 환경파괴로 이들의 터전이 줄어들면서 사람과의 접촉 가능성도 늘어났다. 기후변화가 일으킨 생물 생태계의 다양성 파괴는 코로나 팬데믹이라는 물리적 결과를 가져왔다. 지구온난화가 홍수나

---

30 과학자들의 연구결과에 따르면 질병 감염의 완충장치가 잘된 생물종은 생물 다양성이 감소하면 먼저 죽는 경향이 있는데, 그 이유는 번식률이 낮고 면역체계에 큰 노력을 기울이지 않기 때문이다. 반면 번식률이 높거나 면역체계에 큰 투자를 하는 생물종은 오래 생존하는데 이들이 감염병 숙주가 될 가능성이 높다. 즉 생물의 다양성이 감소하면, 감염병의 숙주가 될 생물종만 살아남아 팬데믹과 같은 감염병의 위험이 더 커지게 된다.

31 『여섯 번째 대멸종(The Sixth Extinction)』은 엘리자베스 콜버트(Elizabeth Kolbert)의 대표작이다. 지난 50억 년간 지구는 다섯 번의 대멸종을 겪었고 그로 인해 생물 다양성이 빠르게 감소했다. 지금은 여섯 번째 대멸종이 진행되고 있는데, 이전에 발생한 다섯 번의 대멸종이 천재지변 등에 의해 일어난 반면 여섯 번째 대멸종은 인간의 지구생태계 파괴 때문에 발생하고 있다는 내용이다.

산불과 같은 대규모 자연재해만 늘리는 것이 아니라 팬테믹과 같은 전염병 확산에도 기여하고 있는 셈이다. 기후변화가 가져온 세계적 재난은 환경문제와 사회의 지속가능성에 대한 유례없는 공감대를 형성하면서 이들 분야에 영향력이 큰 기업의 사회적 책임이 중요하게 인식되기 시작했다. 최근 ESG라는 비재무적 요소가 시장경제라는 재무영역을 장악하게 된 배경이 여기에 있다.

기후변화가 탈석탄, 재생에너지, 전기자동차 등 에너지 산업의 패러다임 전환을 요구하면서 글로벌 금융기관과 자산운용사들이 투자의사 결정 시 ESG를 주요 요소로 고려하고 있는 것도 기업경영 관점에서 보면 중요한 변화다. 친환경이나 ESG와 대척점에 있는 사업이나 기업에는 투자가 줄어들고 있고, 반대로 그린Green 또는 ESG 연계사업과 기업을 위한 투자는 지속적으로 확대되고 있기 때문이다.

녹색금융Green Finance이란 환경이나 에너지와 관련된 금융활동을 일컫는 용어로, 금융을 통해 친환경적인 녹색성장을 추구하는 금융행태를 뜻한다. ESG가 우수한 기업에 우선 투자하거나, 이들 기업에 우대금리를 적용해 지원하는 것이 녹색금융의 대표적인 예다. 이제는 기업이 ESG 트렌드에 부합하는 경영활동을 하고 있는지 전문가를 통해 진단하고, 리스크와 기회 요소를 파악하며 경영해야 하는 시대다. ESG에 대한 자체적인 기준을 마련하고, 전사의 리스크 관리체계와 사업전략에 이를 반영하는 것이 중요해졌기 때문이다. 특히 환경(E)은 사회(S)나 지배구조(G)에 비해 온실가스 배출감축이나 환경유해물질 배출감소와 같이 객관적이고 정량적인 성과지표의 적용이 용이한 항목이므로 전략적으로 대비할 필요가 있다.

RE100 Reusable Energy 100

2022년에 시행된 20대 대통령 선거 과정에서 'RE100'이 큰 화제가 되었다. 대통령 후보자 TV토론에서 더불어민주당 이재명 후보가 국민의힘 윤석열 후보에게 'RE100에 대해 어떻게 대응할 생각인지'를 물었고, 이에 윤석열 후보가 RE100이 무엇이냐고 되물으면서 사회적 이슈가 된 것이다. RE100은 재생에너지Reusable Energy 100%의 약자로 기업활동에 필요한 전력의 100%를 태양광이나 풍력과 같은 재생에너지를 이용해 생산된 전기로 충당하겠다는 자발적인 글로벌 캠페인이다. RE100은 다국적 비영리기구인 '더 클라이밋 클럽The Climate Club'의 주도로 2014년에 시작했다. RE100 캠페인의 주된 목적은 우리가 직면하고 있는 가장 심각한 글로벌 위기인 기후변화를 막는 것이다. 이를 위해서 기업활동에 필수적인 전기를 온실가스 배출이 없는 재생에너지로 생산된 전기로만 사용하겠다는 운동이다.

최근 RE100에 가입하는 글로벌 기업의 수가 가파르게 증가하고 있다. 시급한 기후변화에 대응하는 것이 주목적이지만 글로벌 기후위기로 촉발된 탄소경제 시대에 기업이 온실가스를 줄이지 않으면 글로벌 경쟁에서 살아남기 어렵고 시장에서 더 많은 소비자가 온실가스를 대량으로 배출하는 기업에 사회적 책임을 묻고 있기 때문이다. 글로벌 투자기관들도 재생에너지 사용확대를 포함한 기업의 기후위기 대응성적을 투자의 중요한 요소로 고려하고 있다. RE100 기업회원 가운데 일부는 자신의 공급망에 포함된 협력업체에도 재생에너지로 만든 전기를 사용해 생

에너지 민주주의와 디지털 혁신

산된 부품을 납품하도록 요구하고 있다.

대표적인 회사가 애플이다. 애플은 2018년 4월 자사의 사무실, 데이터 센터, 소매점 등 모든 기업활동에 소비되는 전력을 100% 재생에너지로부터 얻을 것이라고 선언했다. 나아가 2020년 7월에는 부품조달부터 서비스 제공에 이르는 모든 사업활동에서 2030년까지 재생에너지 100%를 포함해 온실가스 순 배출량을 '제로'로 만드는 탄소중립 달성목표를 발표했다. 삼성전자와 LG디스플레이같이 애플의 공급체인에 참가하고 있는 우리 기업들도 이 기준을 따라야 한다. 이제 RE100은 기후위기 대응을 넘어 국내 주요기업의 수출경쟁력에 영향을 미치는 요소가 되었다. 기후위기 대응이 요구하는 변화는 더 이상 선택이 아닌 필수가 되고 있다.

2022년 2월 현재 RE100에 가입한 글로벌 기업은 350개 정도다. 애플, 구글, 메타(페이스북), 인텔, 에어비앤비, 듀퐁, 나이키, 스타벅스, 화이자 등 유수의 글로벌 기업들이 참가하고 있다. 국내 기업들도 RE100에 참가하고 있는데, 가장 활발한 곳은 국내 최초로 RE100 가입을 선포한 SK그룹이며 LG에너지솔루션과 KB금융그룹, 롯데칠성 등도 회원사로 가입했다. 2021년에 RE100에 가입한 기업회원들의 연간 전력소비량을 합하면 세계에서 12번째로 전력을 많이 소비하는 영국 전체의 연간 전력소비량보다 큰 규모다. 따라서 RE100이 의도한 대로 확산된다면 탄소중립 실현에 큰 도움이 될 것으로 전망된다.

RE100에 가입하면 매년 RE100 추진계획과 실행실적을 보고해야 한다. 기업이 RE100 이행실적을 증명하기 위해서는 태양광발전이나 풍력발전과 같은 재생에너지를 직접 생산해서 사용한 실적을 제출해야 한다. 하지만 단기간에 직접 소유한 자가설비로 필요한 전력을 100% 재생에너지로 만들어내기란 쉽지 않다. 따라서 RE100 이행과정에서 재생에너지 자가발전의 대안으로 사용할 수 있는 다양한 방법이 존재한다.

첫째, 재생에너지 공급인증서_{REC, Reusable Energy Certificate}를 구매하는 방법이다. REC는 자사에게 전력을 공급하는 발전사가 재생에너지를 이용해 전력을 생산했다는 사실을 증명하는 인증서다. 즉 기업이 재생에너지를 직접 생산하지는 않았지만, 발전사업자가 생산한 재생에너지를 사용했음을 증명하는 것이다.

둘째, 한국전력이 구매한 재생에너지 전력을 프리미엄을 주고 일반 전기요금보다 높은 가격을 지급하고 공급받는 '녹색프리미엄 제도'다. 녹색프리미엄 요금으로 제공된 재원은 발전회사의 재생에너지 확대를 위해 재투자된다.

마지막으로 '제3자 PPA_{Power Purchase Agreement}'가 있는데, 이는 기업이 재생에너지 발전사업자와 구매계약을 맺고 재생에너지를 공급받을 수 있도록 한 제도다. 세 가지 제도 모두 기업이 직접 재생에너지 생산을 하지 않더라도 일정 비용을 지급하면 RE100에 참여할 수 있는 길을 열어둔 것이라 볼 수 있다.

전력 수요반응Demand Response 시장

지금 이 순간, 갑자기 전기공급이 중단된다고 가정해 보라. 그 혼란과 피해는 상상조차 힘들 것이다. 현대 사회에서 전기는 우리 몸의 피와 같은 존재다. 그래서 대규모 정전사태를 뜻하는 대정전, 즉 '블랙아웃Blackout'은 영화나 소설의 주요한 소재가 될 정도다. 대정전은 폭염 또는 혹한 때문에 전력수요가 일시적으로 급증하거나 전력공급이 부족한 경우 발생한다. 대정전을 예방하기 위해서는 전력공급이 부족하지 않도록 발전시설을 충분히 갖추는 게 필요하다. 하지만 일 년 중 몇 차례 발생하는 불볕더위와 혹한에 대비해 전력수요가 절정에 이르는 피크 시간대를 위한 발전용량을 1년 내내 유지하는 것은 비효율적이다. 피크 시간대를 제외하면 남는 전력시설은 가동을 멈추어야 하기 때문이다.

전력 수요반응DR, Demand Response은 전력수요가 공급을 초과할 때 '전력 DR 시장'에 참여하는 기업이나 소비자들에게 미리 약정한 양만큼의 전력소비를 줄이게 한 후, 위기극복 후 감축한 수요만큼 금전적 보상을 해주는 제도다. 1년 중 몇 시간에 불과한 전력 피크 수요를 위해 수요반응 제도를 활용하면 새 발전소를 짓는 것보다는 경제적으로 전력의 수요와 공급을 맞출 수 있다. 수요반응 시장에 참가하는 기업과 소비자는 정부 요청 시 약정한 전력수요를 줄임으로써 경제적 보상을 받을 기회도 생긴다.

우리나라는 전력거래소가 전력수요와 공급을 관리하고 있다. 전국의 발전소에서 공급되는 전력이 예측된 수요에 따라 시장을 통해 판매되고, 시장에서 구매된 전력은 송배전망을 통해 전국의 산업체와 가정에 공급된다. 국내에서 전력 수요반응DR 시장은 2014년에 처음 개설되었다. 이렇게 개설된 수요반응 거래시장은 전력수급에 민감한 동계와 하계기간의 전력수요 피크를 감소시킴으로써 발전설비와 송전설비의 추가건설을 억제하고, 그에 따른 경제적, 환경적 효과를 함께 거두고 있다. 특히 수요자원 거래시장이 개설됨으로써 수요반응 자원을 만들고 관리하는 수요자원사업자도 생겼다.

수요자원 거래시장의 구조를 역할별로 구분해서 살펴보면 [그림 3-4]와 같다. 전력거래소는 거래시장을 운영하면서 수요자원을 관리하고, 필요 시 수요감축 지시를 하며, 감축실적에 따라 수요관리사업자에게 정산해준다. 수요관리사업자는 수요자원을 발굴해 전력시장에 등록하고, 전력거래소에서 수요감축 지시를 받아 수행한다. 즉 자신이 발굴한 수요고객(DR 시장참여 기업 또는 소비자)의 감축량을 모아 거래시장에서 입찰한 후 낙찰받아 전력감축을 수행하고, 이후 전력거래소로부터 정산을 받아 고객에게 정산금을 분배한다.

여기에서 수요자원은 직접 전기를 사용하는 기업이나 가정과 같은 소비자다. 이들은 수요관리사업자와 계약을 통해 전력거래소의 수요자원 거래에 참여하며, 수요감축 지시에 따라 전력수요를 줄인다. 수요자원 고객은 직접 전력거래 시장에 참여할 수 없으며 수요관리사업자를 통해서만 참여할 수 있다. 전력거래소는 다수의 수요자원 고객을 모아 발전기 한 대 정도의 감축량 규모를 갖춘 수요관리사업자만을 대상으로 시장활동을 하고 있다. 전력 수요반응 시장은 수요자원의 신뢰성 확보가 가장 중요하다. 따라서 전력감축량이 상대적으로 적은 단일 고객만

[그림 3-4] 전력 수요반응 거래시장 (출처: 산업통상자원부)

으로는 수요감축에 대한 신뢰성을 확보하기 어렵기 때문에 수요관리사
업자가 다수의 고객을 모아 전력감축량의 규모(발전기 한 대 정도의 규모)
를 키워 안정적으로 감축수행을 할 수 있도록 한 것이다. 이를 위해 수
요관리사업자는 자신이 계약한 다양한 수요고객의 전력사용량과 감축
량 정보를 관리하며 항상 일정수준 이상의 감축이행을 할 수 있는 역량
을 확보하고 있어야 한다.

2014년 개설된 수요자원 거래시장은 이후 다양한 프로그램이 도입
되어 현재는 총 8개의 DR 프로그램이 운영되고 있다(그린박스: 전력 수
용반응 프로그램 종류 참조). 이처럼 다양한 시장으로 확대되면서 고객 입
장에서도 본인의 에너지 사용환경에 맞추어 선택적인 참여가 가능해졌
다. 초기에는 대형 수요자(대기업) 중심으로 구성되었던 것이 점차 빌딩
이나 상가 등 소규모 사업장들의 참여로 확대되었고, 최근에는 가정에
서도 수요자원 거래시장에 참여할 수 있는 DR 프로그램이 운영되고 있
다. DR 프로그램은 크게 '신뢰성DR'과 '자발적DR'로 나뉜다.

'신뢰성DR'은 수요반응의 가장 대표적인 프로그램으로, 전력거래소가 감축 가능하다고 등록한 만큼의 전력사용 감축을 지시하면 수요관리 사업자는 의무적으로 반드시 감축해야 하는 프로그램이다. 따라서 신뢰성DR은 전력거래소가 전력네트워크의 안정성을 위해 언제든지 지시할 수 있는 일종의 예비자원인 셈이다. 전력 수요가 급증해 전력 네트워크의 여유전력인 예비력이 일정수준 이하로 떨어질 경우 1시간 전 감축지시가 발령되는데, 수요관리사업자는 감축지시를 반드시 따라야 하므로 '의무감축DR'이라고도 불린다. 반면 '자발적DR'은 수요관리사업자가 시장에서 전기를 생산하는 발전사업자의 전력공급과 경쟁을 통해 수요반응에 참여하는 방식이다. 전력거래소는 발전기의 전력 공급비용(발전기 가동 비용)보다 자발적DR을 통해 수요를 줄이는 것이 저렴할 경우 발전기 가동 대신 수요감소를 선택하게 된다.

에너지 민주주의와 디지털 혁신

전력 수요반응DR 프로그램

종류	의무감축DR			주파수DR
	표준형DR	중소형DR	국민DR	Fast DR
발령기준	• 예비전력이 550만 kW 미만으로 떨어질 때		• 예비전력이 550만 kW 미만으로 떨어질 때 • 미세먼지 예보기준 나쁨 3개 이상 발령 시	• 전력망의 주파수 59.85Hz 이하로 하락 시

신뢰성DR 프로그램 (출처: 한국전력거래소)

종류	경제성DR	피크수요DR	미세먼지DR	플러스DR
정의	가격결정 발전계획에 따른 수요 감축	기준수요 초과에 따른 수요 감축	미세먼지 저감을 위한 수요 감축	전력 과잉공급으로 수급 불균형 시 수요 증가
효과	SMP (전력입찰가격) 하락	피크수요 감축, 전력 비용 감소	미세먼지 감소, 전력 정산금 절감	전력의 수급균형으로 전력망 안정화

자발적DR 프로그램 (출처: 한국전력거래소)

수요반응 프로그램은 크게 '신뢰성DR'과 '자발적DR'로 나뉜다. 신뢰성DR은 전력거래소가 전력사용 감축을 지시하면 수요관리사업자는 의무적으로 반드시 감축해야 하는 프로그램이다. 전력수요가 급증하여 전력 네트워크의 여유전력인 예비력이 일정 수준(550만 kW) 이하로 떨어질 경우 1시간 전 감축지시가 발령되는데, 수요관리사업자는 감축지시를 반드시 따라야 하므로 '의무감축DR'로도 불린다.

　신뢰성DR 가운데 '표준형DR'과 '중소형DR'은 고객의 전기 사용량 규모에 따라 구분되며, '국민DR'은 예비력 부족 상황과 함께 미세먼지가 '나쁨'인 지역이 3곳 이상일 경우에 발령된다. '국민DR'은 일반 가정에서 전력사용을 절감해 참여할 수 있는 프로그램이다.

　'패스트DR'(또는 '주파수DR')은 재생에너지 증가로 빈번하게 발생하는 전력망의 불안정성 문제를 해결하기 위해 2020년 하반기에 신설된 제도다. 전력망은 공급과 수요가 일치해야 안정적으로 운영되며, 수요가 공급을 초과하거나, 공급이 지나치게 수요보다 많아도 전력망에 문제가 생긴다. 우리나라의 전력망은 일정 주파수(60㎐(헤르츠))에 맞추어 전력망의 안정성을 유지한다. 즉 전력의 수요와 공급이 일정하게 균형이 유지되면 안정주파수(60㎐)가 유지되지만, 수요가 공급을 초과하면 주파수가 떨어지고, 반대로 공급이 초과해도 주파수가 올라가 정전 위험이 커진다.

　재생에너지 비중이 늘어나면서 전력수급의 불균형도 커졌기에 안정주파수(60㎐)를 유지하기 위해 '패스트DR'을 사용한다. 태양광 발전은 햇빛이 강한 낮 시간대에는 많은 전력을 생산하지만, 밤에는 전기를 생산하지 못한다. 풍력발전도 시시각각 변하는 바람의 세기에 따라 발전량의 가변성이 큰 편이다. '패스트DR'은 전력망의 주파수가 일정 수준 이하(59.85㎐)로 떨어지면 자동적으로 발령된다. '패스트DR'을 '주파수DR'이라고도 부르는 이유다. '패스트DR'은 다른 DR 프로그램들과 달리 지속 시간이 짧아 10분간만 감축을 진행하고, 전력망의 주파수가 안정성을 회복하면 바로 중단하는 프로그램이다.

'자발적DR'은 '신뢰성DR'과 달리 사용자의 자발적인 감축참여를 전제로, 감축예상규모를 미리 시장에 입찰해 낙찰받은 후 감축을 수행하는 프로그램이다. '자발적DR'은 세 가지 프로그램으로 나뉜다. '경제성DR'은 전력수요가 공급을 초과할 것으로 예상될 경우, 전력부족이 예상되는 날짜의 하루 전에 입찰을 진행한다. 수요관리사업자는 감축이 가능할 것으로 예상되는 용량을 하루 전에 모아서 입찰에 참여한다. 발전사업자들은 전력공급을 늘리기 위한 발전기 가동비용으로 수요관리사업자들과 입찰에서 경쟁한다. 즉 전력수요를 줄이는 수요관리사업자와 전력공급을 늘리고자 하는 발전사업자가 입찰에서 경쟁하는 구조다.

전력거래소에서 전력의 공급과 수요에 의해 결정되는 가격을 '전력입찰가격SMP, System Marginal Price'이라고 하는데, SMP 가격은 수요와 공급에 따라 시간대별로 입찰로 결정된다. 전력거래소는 발전기의 전력 공급비용(발전기 가동비용)보다 '경제성DR'을 통해 수요를 줄이는 것이 저렴할 경우 발전기 가동 대신 수요감소(DR 프로그램)를 채택함으로써 SMP 가격을 낮추게 된다.

2019년에는 수요자원 거래시장의 자발적 참여를 유도하고 의무 절전을 최소화하기 위해 '경제성DR'과 유사한 방식이지만 다른 목적을 위해 '피크수요DR'과 '미세먼지DR'이라는 두 가지 프로그램이 추가되었다. '피크수요DR'은 동계와 하계의 전력수급 기간에 수요가 공급을 초과할 것으로 예측되는 경우 하루 전에 입찰 시장을 개설해, 수요반응 자원으로 고비용 발전기 가동을 대체할 수 있도록 한 프로그램이다. '미세먼지DR'은 고농도 미세먼지 비상조치가 발령되는 경우 하루 전에 입찰시장을 개설해, 미세먼지 저감을 위해 전력수요를 줄인다.

'플러스DR'은 2021년부터 새로 도입된 프로그램으로 일반 수요반응 프로그램과는 정반대로 전력을 더 많이 사용하는 수요고객을 보상하는 개념이다. 재생에너지의 급격한 확대로 발전량이 증가해 공급이 수요를 초과해 잉여전력이 생길 때 전기사용을 늘리기 위해 도입된 프로그램이다. 앞에서 언급한 것처럼 전력공급이 수요보다 부족할 때 정전이 발생하지만, 전력이 너무 많이 남아도는 공급초과도 전력망의 안정성을 해쳐 정전을 유발한다. 전력공급이 수요를 초과할 때 수요를 늘려 전력망의 안정을 도모하는 것이 '플러스DR'이다.

최근 태양광발전의 증가로 햇볕이 강한 낮 시간대에 전력이 남는 현상이 빈번해진 제주도 지역에서 전기자동차를 대상으로 '플러스DR'이 적용되고 있다. 전력이 넘치는 시간에 자동차 보유자가 전기자동차를 충전하면 정산금을 지급하는 방식이다(보상받은 정산금은 추후 전기자동차 충전 시 사용할 수 있다). 즉 전력공급 초과 시 수요를 늘려 전력망의 균형을 맞추는 프로그램이다.

직접 PPA_{Power Purchase Agreement}

PPA란 Power Purchase Agreement의 약자로, 전력생산자(재생에너지 발전사업자)와 구매자(전기사용자)가 사전 동의한 기간에 합의된 가격으로 전력구매를 계약하는 것을 의미한다. 그동안 우리나라는 전력판매를 한전이 독점하고 있어서 재생에너지 발전사업자와 전기사용자 사이에서 한전이 계약을 중개하는 '제3자 PPA'만 가능했다. 하지만 '직접 PPA'는 단어 그대로 직접 체결하는 전력구매계약_{PPA}을 뜻한다. PPA 앞에 있는 '직접'은 제3자 PPA와 달리 중개사업자 없이 재생에너지 발전사업자와 전기사용자 간 1:1 전력거래 체결이 가능하다는 것을 강조하기 위해 붙여진 것이다. 전력거래 과정에 한전이 참여하지 않는다는 점에서 전력판매가 한전의 독점에서 좀 더 개방적인 방향으로 전환되고 있음을 보여준다.

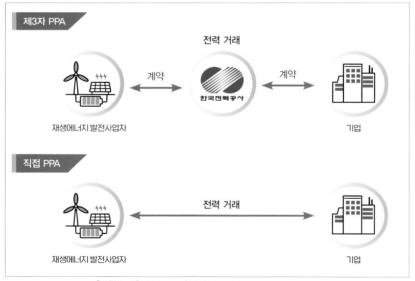

[그림 3-5] 제3자 PPA와 직접 PPA 비교 (출처: 한국전력공사)

에너지 민주주의와 디지털 혁신

직접 PPA는 1:1 전력거래를 통해 제3자 PPA의 한계를 극복할 수 있게 한다([그림 3-5] 참조). 제3자 PPA 방식은 전력거래 중개사업자인 한전의 이해관계 문제로 갈등의 소지가 있었다. 즉 한전 측에서는 제3자 PPA로 얻는 수익이 증가할수록 기존 시장의 수익이 감소하기 때문에 제3자 PPA를 위해 노력할 인센티브가 없었다. 원래 한전이 담당하던 '전력시장 내 거래'에 참여하던 재생에너지 발전사업자들과 전기사용자들이 한전이 중개하는 '제3자 PPA'로 옮겨갈 경우 한전의 수익이 그만큼 줄어들기 때문이다.[32]

전력판매시장에서 직접 PPA가 가지는 의미는 크다. 우선, 폐쇄적이었던 전력판매시장을 일부 개방함으로써 재생에너지 발전사업자의 수익확보 기회가 커졌다는 점이다. 한전의 독점구조 아래에 있는 기존 전력판매시장과 달리 직접 PPA에서는 다수의 판매자와 다수의 소비자가 존재하기 때문에 공급과 수요가 일치하는 적정 수준에서 전력가격이 결정된다. 이러한 직접 PPA의 전력가격 결정 메커니즘은 도매 현물시장(전력거래소가 운영하는 전력 도매시장)의 단점을 보완하는 기능을 수행할 수 있다.

둘째, 직접 PPA는 RE100에 참여하는 기업들이 한전이 아닌 다양한 발전사업자에게서 전기를 직접 구매할 수 있는 대안을 제공하므로

---

[32] 모든 재생에너지 사업자가 직접 PPA에 참여할 수 있는 것은 아니다. 현재 규정에 따르면 1,000kW를 초과하는 발전설비를 이용해 전력을 생산하는 재생에너지 발전사업자만 '직접 PPA'에 참여할 수 있다.

RE100 가입을 더욱 활성화할 수 있다. 소요전력의 100%를 재생에너지로 충당하겠다는 캠페인 RE100은 사회적 책임을 넘어 투자확보 및 수익창출의 측면에서도 기업 경쟁력을 위해 중요한 요건이 되고 있다. 지금까지 국내에서 RE100을 이행할 수 있는 수단은 재생에너지 자가발전, REC 구매, 녹색 프리미엄제, 그리고 제3자 PPA만 있었다. 여기에 직접 PPA가 추가되면 기업들은 한전의 이해관계에서 자유로운 전력판매시장에 참여함으로써 재생에너지 가격을 직접 협상할 수 있게 된다. 즉 기업의 입장에서는 유리한 조건으로 재생에너지를 구매할 수 있는 선택의 폭이 넓어지는 것이다.

탄소경제와 기업경쟁력

2021년 1월부터 기존의 교토의정서보다 더욱 강력하게 온실가스 배출을 규제하는 파리기후협약이 발효되었다. EU가 글로벌 친환경 정책을 선도하고 있는 가운데, 한동안 논의에서 빠져 있던 미국이 바이든 대통령의 취임 직후 파리협정에 재가입했고, 세계 최대 탄소배출국인 중국도 2060년 탄소중립을 선언하면서 탄소경제 시대가 본격적으로 궤도에 올랐다. 특히 코로나19로 경제적 위기 상황을 맞이한 주요국들은 기후변화 대응을 경제 활성화와 경제혁신전략으로 연결하기 위한 정책적 노력을 경주하고 있다. 각국은 그린뉴딜 정책시행을 위해 청정에너지 인프라 구축, 지속 가능한 운송수단의 도입, 에너지 효율의 제고, 기후친화적 기술개발 등에 박차를 가하고 있다.

글로벌 경제를 이끄는 주요국 간에 탄소중립 사회로의 전환을 위한 주도권 경쟁이 치열해지면서 소리 없는 총성이 시작되었다. EU와 미국

등 선진국들은 자국 제조산업의 경쟁력을 위해 탄소국경세와 같은 정책 수단을 적극 활용하고 있으며, 선진국 기업들은 재생에너지에 대한 투자를 늘리고 RE100과 ESG경영에 노력을 기울이고 있다. 각국이 추진하는 그린뉴딜 정책과 탄소경제의 도래는 새로운 규제로 작동하므로 위기요인이 될 수도 있지만, 새로운 사업기회를 제공하기도 한다. 미래 성장산업이 될 친환경 시장선점을 위해 우리나라의 기업들도 제품의 전주기 탄소배출량을 점검하고, 온실가스 감축을 위한 방안을 마련해야 한다. 그뿐만 아니라 수요반응DR 시장이나 PPA 시장에 적극적으로 참여함으로써 비용을 절감하거나 새로운 수익을 창출할 기회도 살려야 한다. 탄소경제와 관련된 제도와 정책에 대한 이해가 필요한 이유다.

"현재 우리는 재생에너지를 사용할 수 있는 전력망Grid을 갖추고 있지 않다. 20세기의 전력망은 바람과 태양광 같은 가변성 전원이 아닌 석유, 석탄, 플루토늄, 천연가스에 맞춰 건설되었기 때문이다……(중략) 이제 전력망을 향한 새로운 관점, 전체 시스템의 재설계가 필요한 시점이다. 전력망 일부는 다시 건설되어야만 한다."

_그레첸 바크, The Grid, 2021.

PART 2

재생에너지와
에너지 민주주의

- 재생에너지와 신재생에너지는 서로 다른 개념인가? 우리는 국제사회와 다르게 왜 '신재생에너지'라는 단어를 사용하고 있을까?

- 재생에너지에는 다양한 종류가 있는데, 이들의 장단점은 무엇일까? 왜 태양광과 풍력발전이 재생에너지 대부분을 차지할까?

- 수소가 화석연료처럼 1차 에너지원이 아니라 전기에너지와 같이 2차 에너지원으로 불리는 이유는 무엇일까?

- 원자력발전은 청정에너지 역할을 할 수 있을까? 차세대 에너지원으로 인정받고 있는 핵융합발전은 탄소중립을 위한 대안이 될 수 있을까?

CHAPTER 4

재생에너지 혁명

2050 탄소중립의 실현을 위해서는 글로벌 에너지원의 3분의 2 이상을 차지할 전기를 온실가스 배출 없이 깨끗하게 생산하는 것이 가장 중요하다. 지금부터는 '깨끗한 전기'를 만들어내는 방법에 초점을 맞추어 논의하기로 한다. 이를 위해 본 장에서는 인류의 주요 에너지원이 어떻게 변해 왔는지를 살펴보고, '깨끗한 전기'를 만드는 데 중요한 재생에너지원에 대해 알아보고자 한다.

에너지의 역사

인류의 에너지 역사는 불을 사용하면서 시작되었다. 인간이 만물의 영장이 될 수 있었던 배경에는 불의 역할이 컸다. 인류는 불을 사용해야간에 맹수들의 무차별적인 공격에 대비할 수 있었고, 모닥불로 거주지를 따뜻한 보금자리로 만들어 가혹한 자연환경을 극복할 수 있었다. 그리스·로마 신화에 따르면 인간이 불을 이용할 수 있게 된 것은 프로메테우스Prometheus 덕분이다. 프로메테우스는 신에게서 불을 훔쳐 인간에게 전달한 죄로 제우스에게 벌을 받아 코카서스의 바위산에 묶여 매일 독수리로부터 간을 쪼이는 형벌을 받는다. 하지만 프로메테우스 덕에 불을 가지게 된 인류는 생활에 필요한 중요한 도구를 만들 수 있었고 추위에도 강해질 수 있었으며, 음식을 익혀서 먹을 수 있게 되었다.

불은 '돌의 시대'인 구석기를 끝내고 청동기, 철기시대를 거치면서 그릇, 무기, 농기구 등을 만드는데 폭넓게 쓰였다. 불을 사용해 만든 도구들 덕분에 인류의 생산성은 빠르게 증가했다. 당시 불을 만드는 데 사용된 자원은 주로 나무였다. 원시시대부터 에너지원으로 사용된 나무는 중세시대에 이를 때까지 1차 에너지원의 역할을 톡톡히 했다. 하지만 아무리 사용해도 고갈되지 않을 것처럼 보였던 나무는 14세기에 이르면 점점 귀해지기 시작한다. 새로운 배수기술과 말을 이용한 밭갈이와 같은 영농기법이 발전하면서 경작지가 늘어나고, 식량 생산도 증가하면서 나무를 품고 있는 산림들이 크게 줄어들었기 때문이다. 인구가 늘어나면서 경작지를 얻기 위해 많은 산림이 훼손되었을 뿐 아니라 기존 토지를 무리하게 개발하면서 산림의 회복력보다 빠른 속도로 나무가 고갈되기 시작했다.

나무가 원자재, 기계, 도구, 설비, 및 목제품을 위한 중요한 산업자원이었던 점도 나무 부족 현상을 가속시켰다. 16~17세기 건축은 물론이고 유리와 비누 제조에도 목재가 쓰이면서 더 많은 나무들이 베어졌다. 중세시대에 들어와 유럽 내 국가 간 전쟁이 빈번하게 발생하면서 해군을 위한 배를 만드는 데에도 많은 목재가 사용되었다. 영국의 경우 철 생산과 군함 건조에 엄청난 양의 목재가 사용되어 삼림 황폐화가 심각해지자, 여러 차례 벌채규제 조치를 단행하게 되는데, 그럼에도 불구하고 1630년에는 나무가격이 15세기 하반기에 비해 2.5배나 껑충 뛰게 된다.[33]

나무가 부족해지면서 주요 에너지원의 자리를 넘겨받은 것은 석탄이다. 물론 석탄이 이때 처음 사용된 것은 아니다. 그리스 문헌에 의하면 석탄은 기원전 315년부터 대장간에서 연료로 사용되기 시작했다. 중국에서는 기원후 4세기부터 석탄이라는 글자가 문헌에 등장하기 시작했고, 9~10세기에는 영국과 독일에서 석탄을 사용한 기록이 전해진다. 하지만 이전에는 석탄채굴 기술이 발달하지 않아 노천탄광에서 채굴된 석탄만 사용했기에 석탄사용이 대중화되기 어려웠다. 석탄의 활용도가 획기적으로 높아진 것은 증기기관이 발명된 이후다.

증기기관을 작동시키는데 석탄의 경제성과 효율성이 증명되면서 석탄채굴 기술도 빠르게 발달했다. 18세기 초에 이르면 영국에서는 석탄이 이미 주요 에너지원으로 나무를 대체하기 시작했고, 19세기가 되면 유럽 대부분 지역에서 석탄이 새로운 에너지원으로 뿌리를 내린다. 사실 석탄은 나무보다 채굴과 보관·운송이 까다로웠고 석탄을 태울 때 나오는 공해 때문에 환영받지 못하는 에너지원이었다. 당시에는 주로 마차를 사용해 석탄을 운송했는데 석탄으로 마차가 더러워지는 것도 큰 단점이었다. 19세기 초에 증기기관차가 개발된 것도 석탄을 마차가 아닌 기관차로 옮기기 위해서였다. 석탄은 이처럼 조악한 에너지원이었지만, 나무보다 열효율이 뛰어난 덕분에 증기기관을 위한 주요 에너지원으로 자리를 잡으며 산업혁명을 이끄는 주도적인 역할을 수행하게 된다.

....

33 영국에서 석탄을 사용한 산업혁명이 먼저 촉발된 배경에는 목재가 부족해지면서 석탄사용으로 빨리 넘어갈 수밖에 없었던 이유도 있었다.

20세기에 들어오면서 또 다른 화석연료인 석유가 새로운 에너지원으로 대두 된다. 석유는 오래전부터 인류 역사와 함께 해왔다. '역청'으로 불렸던 석유는 구약성서에서 노아의 방주를 만들 때 방수용으로 사용되기도 했다. 기원전 3000년경에는 메소포타미아 지역의 수메르인들이 석유에서 나오는 아스팔트를 재료로 조각상을 만들었고, 고대 이집트인들은 미라를 싸는 천에 아스팔트를 발랐다. 석유는 액체, 고체, 그리고 기체로 변하는 특성 때문에 신비롭고 주술적인 대상이 되기도 했다. 상처에 발라 피를 멈추게 하는 만병통치약 취급을 받기도 했으며 석유의 분출과 자유로이 발산하는 가스를 이용해 미래를 점치는 의식에 사용되기도 했다.

석유가 단순히 주술적이고 신비한 용도를 넘어 실생활에 유용한 에너지 역할을 시작한 것은 어둠을 밝히기 위한 등불의 연료로 사용되면서부터다. 유럽에서는 올리브유 같은 식물 기름으로 오랫동안 어둠을 밝혔지만 1850년경부터 석유로부터 얻은 등유를 램프유로 사용하기 시작했다. 18세기 이후 미국에서도 등불연료로 사용하던 고래 기름을 석유에서 나온 등유가 대체하기 시작한다. 특히 1859년 에드윈 드레이크 Edwin Drake가 미국에서 조명용 램프유를 구하기 위해 석유를 발견하는 데 성공한 이후, 석유에서 나온 등유가 램프용 연료로 빠르게 자리 잡으면서 땅속에서 채취한 석유를 증류해 등유를 생산하는 석유정제 산업이 태동하게 된다.

자동차의 등장은 석유가 20세기 인류의 주요 에너지원으로 전환되는 가장 큰 계기가 되었다. 1885년 독일의 고트리브 다임러 Gottlieb Daimler

가 휘발유로 작동하는 내연기관의 특허를 취득하면서 등유제작 과정에서 발생하는 가치 없고 귀찮기만 했던 휘발유가 원유에서 가장 많이 요구되는 석유제품으로 재탄생하게 된다. 1913년 헨리 포드_{Henry Ford}가 컨베이어벨트를 이용한 조립 라인을 도입해 자동차 대량생산에 성공하면서 휘발유 차량이 수백만 대씩 쏟아져 나오기 시작했다. 자동차의 대량보급은 인류의 생활템포를 끌어올렸으며 향상된 속도와 효율은 생산성 향상과 함께 인류 삶의 향상을 가져왔다. 에너지 업체들은 끝없이 늘어나는 휘발유 수요를 맞추기 위해 석유탐사 작업에 발 벗고 나섰고, 새로운 유전들을 지속적으로 개발했다. 석유가 더 이상 등불 재료가 아닌 자동차 연료로 인식되면서 석유제품의 대량생산이 시작된 것이다.

20세기에 벌어진 두 차례의 세계대전도 석유가 주요 에너지원으로서 자리를 확보하는데 크게 공헌했다. 제1차 세계대전은 전쟁에 드는 연료가 석탄에서 석유로 전환되는 분수령이 되었다. 제1차 대전이 발발한 1914년에 연합국 측은 세계 원유생산의 90%를 차지했지만, 독일 – 오스트리아 동맹국 측의 석유점유율은 3%에 불과했다. 독일의 계산과 달리 전쟁이 장기화되면서 교전국들은 석유를 원료로 하는 트럭, 탱크, 선박, 잠수함, 항공기를 개발해 투입했다. 당시 연합군은 원유생산의 64%를 점유했던 미국으로부터 안정적으로 석유를 공급받은 반면, 동맹국 측은 석유 부족에 시달렸고, 결국 연합군의 승리로 전쟁은 막을 내렸다.[34]

....

34 중동지역이 산유국으로 부상한 것은 사우디아라비아에서 유정이 발견되면서인데, 이는 제2차 세계대전 이후의 일이다.

제2차 세계대전은 석유로 시작해서 석유로 끝났다고 해도 과언이 아닐 만큼 석유가 중요한 전략자원 역할을 했다. 1941년 히틀러가 선전포고도 없이 소련을 침공한 것도 소련 원유의 80% 이상이 묻힌 코카서스 유전지대를 확보하기 위해서였다. 막강한 전력을 쏟아부은 소련과의 전쟁에서 패한 독일은 이때부터 내리막을 걷기 시작했다. 미국을 태평양 전쟁에 끌어들인 계기가 된 일본의 하와이 진주만 공습의 배경에도 석유자원 확보라는 전략적 필요성이 있었다. 전쟁에 필요한 석유의 90%를 수입에 의존했던 일본에 대한 석유금수조치가 내려지자 인도네시아 보르네오의 유전을 확보하기 위해 미군을 공격한 것이 진주만 공습의 배경이었다. 이처럼 세계대전은 석유의 중요성을 인식하는 계기가 되었을 뿐만 아니라 석유를 사용하는 다양한 군사장비 개발로 자동차, 항공기, 선박과 같은 수송산업을 태동시켰다.

자동차가 대표하는 모빌리티 시장의 성장으로 석유 수요가 크게 늘어난 반면, 전기를 생산하는 전력시장에서는 석탄과 천연가스가 중요한 에너지원으로서 역할을 했다. 19세기 후반 미국의 토마스 에디슨Thomas Edison이 직류전기를 사용한 전구를 발명했고, 니콜라 테슬라Nikola Tesla가 교류전기를 만들어 전기를 실용화했다.[35] 이후 가정에서 전기제품의 사용이 늘어나고 공장과 같은 산업시설에서 제품생산에 전기를 사용하면서 전력을 생산하는 발전소가 빠르게 늘어났다. 발전소는 주로 화력발

---

35 전기는 직류전기(DC, Direct Current)와 교류전기(AC, Alternating Current)로 구분된다. 교류전기는 시간에 따라 그 크기와 극성(방향)이 주기적으로 변하는 전류를 뜻한다. 1초 사이에 전류의 극성(방향)이 변하는 횟수를 주파수라고 하며, 단위는 헤르츠(Hz)로 표시한다. 직류는 시간에 따라 전류의 크기와 방향이 변하지 않고 일정하게 흐르는 전류를 뜻한다.

전이나 수력발전을 이용했다. 화력발전은 석탄이나 천연가스로 물을 끓인 후 증기의 힘으로 터빈을 돌려 전기를 만들고, 수력발전은 떨어지는 낙수의 힘을 이용해 터빈을 돌려 전력을 생산한다. 수력발전은 지형적인 여건이 맞아야 가능했으므로 지구 상의 여러 국가들이 주로 석탄을 사용하는 화력발전소를 건설해 경제발전에 필요한 전력을 만들어왔다.

화력발전소는 주로 석탄과 천연가스를 사용하는데, 최근에는 천연가스가 점차 석탄을 대체하고 있다. 과거에는 천연가스를 석유의 부산물이나 처분하기 힘든 귀찮은 존재로 여겨 대기로 방출하거나 태워 버렸다. 그러나 석탄보다는 탄소배출이 적게 나오기 때문에 지금은 천연가스가 전성기를 맞고 있다. 천연가스가 탄소에너지시대에서 탈탄소시대로 넘어가는 에너지 전환시대의 브리지Bridge 역할을 하는 셈이다. 천연가스는 석유를 시추하는 과정에서 부수적으로 생산되므로 공급비용이 저렴하고 석탄발전보다 미세먼지 감축 및 환경보호에 유리하지만, 천연가스 역시 화석연료이므로 메탄가스와 같은 온실가스 배출에선 자유롭지 못하다.

20세기 중반인 1954년 소련이 원자력을 사용해 전력을 생산하기 시작했다. 원자력발전(원전)은 화력발전과 마찬가지로 증기의 힘으로 터빈을 돌려서 전기를 만들지만, 에너지원이 다르다. 원자력발전은 화석연료 대신 우라늄을 연료로 사용하고, 우라늄이 핵분열할 때 나오는 에너지로 증기를 만든다. 1956년에는 영국이 셀라필드Sellafield 원전을 건설하면서 유럽에서도 상업용 원전이 건설되기 시작했다. 원자력발전은 전력을 생산하는 과정에서 탄소를 배출하지 않아 친환경적이며 전력생산의 효율성으로만 따지면 현재로선 최고의 에너지원이다. 문제는 안정성이다. 체르노빌과 후쿠시마 원전사고가 보여주듯 원전은 단 한 번의 사고로도 치명적 결과를 초래할 수 있다. 이 때문에 미래 에너지원으로서의 원전에 대한 견해는 국가마다 차이가 크다.[36]

원자력과 같은 대체에너지가 출현했음에도 불구하고 20세기 주요 에너지원은 석탄, 석유, 천연가스와 같은 화석연료가 담당했다. 석유는 수송기관을 위한 주요 에너지원의 역할만 하는 것이 아니라 우리가 일상생활에서 사용하는 각종 필수품을 만드는 기초소재를 제공한다. 우리 식탁에 매일 올라오는 채소와 과일은 석유화학제품을 원료로 생산된 화학비료를 사용해 재배한다. 인터넷과 컴퓨터, 텔레비전, 냉장고를 비롯한 각종 가전제품, 가구, 스포츠용품, 완구, 주방용품, 사무용품, 합성세제, 화장품, 의약품을 포함해 석유화학 제품이 들어가지 않는 물건을 찾기가 어려울 지경이다. 이렇게 석유는 불과 100여 년 사이에 주요 에너지원이 되었을 뿐만 아니라 우리 생활에 없어서는 안 될 소중한 소재로 자리 잡았다.

인류는 지난 200년간 화석연료가 가진 탄소의 힘으로 발전을 해왔다. 화석연료가 시간과 거리를 단축 시켜 주면서 세계화가 현실화되었고, 1인당 에너지 소비량이 엄청나게 많아지면서 생활 수준도 크게 향상됐다. 하지만 우리의 삶이 편리해지는 동안 우리도 모르게 치른 대가

....

36 최근 러시아와 우크라이나 전쟁으로 인해 석유와 천연가스의 공급부족으로 화석연료의 가격이 치솟자 원자력발전의 비중을 늘리는 국가가 점점 증가하는 추세다.

가 있으니, 바로 지구온난화다. 1만 년 전부터 산업혁명이 시작되기 이전까지 지구의 온실가스 균형은 상대적으로 안정되어 있었다. 하지만 대기 중 이산화탄소 농도는 화석연료의 시대가 열린 1750년 이후 지금까지 30% 이상 증가하였고, 지구온난화의 주범이 되었다. 이제 기후문제 해결을 위해서는 화석연료 위주의 에너지원을 재생에너지가 주도하는 청정에너지로 대체하는 에너지 전환을 반드시 이루어 내야만 한다.

특정 문명이 의존하는 주요 에너지는 단순히 에너지의 생산과 소비를 통한 생산력 확보 차원을 넘어, 해당 문명의 성격을 규정하고 사람들의 가치관에도 영향을 미친다. 화석연료를 기반으로 하는 에너지는 대규모 투자를 요구하는 중앙집중형 에너지원이다. 화석연료, 특히 석유를 확보하기 위해 각 국가들 사이에 지정학적 갈등이 벌어지기도 한다. 그동안 석유확보를 위한 강대국 간의 경쟁, OPEC[37]과 중동의 정치적 갈등, 자동차와 석유화학산업 등은 모두 석유를 둘러싼 20세기 화석에너지 경제의 유산이다. 반면 '깨끗한 전기'를 만들어 내는 재생 가능 에너지는 전력생산 과정에서 온실가스를 배출하지 않는다. 특히 재생에너지는 지역적으로 분산화된 에너지라는 특성이 있다. 재생에너지는 기존의 중앙집중형 에너지 구조를 분산형 에너지로 전환한다.

인류가 돌을 다 써버렸기 때문에 석기시대가 끝난 것이 아니다. 더

---

37 석유수출국기구 또는 OPEC(Organization of the Petroleum Exporting Countries)은 석유를 수출하는 가입국 간의 석유정책을 조정하기 위해 1960년 9월 14일에 결성한 범국가 단체다. 현재 석유 산유국 13개 국가가 가입해 활동하고 있다.

나은 기술인 청동기가 등장하면서 석기를 몰아냈던 것이다. 지구 상의 돌이 사라지지 않고 지적에 놓여 있지만, 도구로서 돌을 사용하는 것이 줄어들었을 뿐이다. 마차의 시대가 끝난 것도 말이 사라졌기 때문이 아니라 내연기관을 장착한 자동차가 등장하면서 새로운 기술에 의해 운송체계가 바뀌었기 때문이다. 석탄과 석유 같은 화석연료도 아직 고갈된 것이 아니지만, 지구온난화 문제를 해결하기 위해 화석연료를 환경친화적인 재생에너지로 전환해야 한다. 아직 화석연료가 지구 상에 남아 있지만, 기존의 화석연료 중심의 에너지원을 재생에너지로 대체해야만 탄소중립을 실현할 수 있기 때문이다.

재생에너지Reusable Energy

우리나라는 유일하게 '신재생에너지'라는 용어를 사용하고 있는데, 신재생에너지는 재생에너지와 어떻게 다를까? 간단히 설명하면 신재생에너지는 '신에너지'와 '재생에너지'의 합성어다([그림 4-1] 참조). 여기서 신에너지는 수소에너지와 연료전지, 그리고 석탄가스화·액화연료를 포함한다. 수소에너지와 연료전지는 수소를 주요 에너지원으로 사용하는 것으로, 수소가 공기 중의 산소와 결합하는 과정에서 발생하는 화학에너지를 전기에너지로 변환하는 기술이며, 이 과정에서 탄소의 배출 없이 물과 전기만 생산하므로 청정에너지원이라 할 수 있다. 하지만 석탄가스화·액화연료는 화석연료를 기체나 액체로 변환한 후 발전연료로 사용하는 것이다. 기존의 석탄발전보다는 탄소배출이 줄어들지만, 발전 과정에서 온실가스가 배출되므로 친환경에너지라 보기 어려워 환경단체로부터 비판을 받고 있는 것이 이들 신에너지다. 따라서 본서에서는 신재생에너지라는 용어 대신 재생에너지라는 단어로 통일해 사용한다.

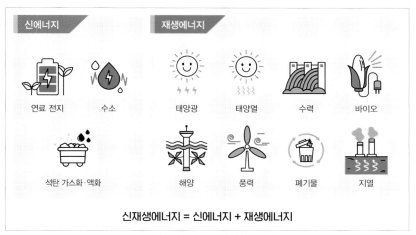

[그림 4-1] 신에너지와 재생에너지

재생에너지Renewable Energy는 한번 사용하고 나서도 자연 과정에 의해 사용한 만큼의 양이 다시 만들어지는 에너지원을 의미한다. 즉 아무리 사용해도 고갈되지 않고 무한정 제공되는 에너지라는 뜻이다. 우리나라는 재생에너지로 태양광, 태양열, 바이오, 수력(소수력), 해양, 풍력, 지열, 폐기물 8개 분야를 지정하고 있다([그림 4-1] 참조). 이 가운데 국제에너지 기구IEA가 인정하지 않는 재생에너지가 있는데 바로 '폐기물'이다. 폐기물을 태워 에너지를 만드는 과정에서 대기오염 물질과 온실가스가 배출되기 때문이다. 앞으로 국내에서 사용하는 재생에너지의 분류를 국제기준에 맞게 수정해야 하는 이유다.

[표 4-1]은 8가지 재생에너지에 대한 간략한 소개와 함께 개별 에너지원의 장단점을 정리한 것이다. 다양한 재생에너지원이 존재하지만,

[표 4-1] 재생에너지의 종류와 장단점 비교

종류	개요		장단점
태양열 에너지	태양으로부터 오는 복사광선을 흡수해서 열에너지로 변환해 건물의 냉난방 및 산업공정에 필요한 열에너지를 얻는 발전방식.	장점	무공해이며, 양에 제한이 없음.
		단점	일조량에 영향을 받음. 밀도가 낮고, 간헐적이며 투자비용과 발전단가가 높아 비경제적임.
태양광 에너지	태양의 빛 에너지를 변환하여 전기를 생산하는 것으로, 햇빛을 받으면 광전효과에 의해 전기를 만드는 태양전지를 이용하는 발전방식.	장점	발전기가 별도로 필요 없고, 햇빛이 비치는 곳이면 어디서든 설치할 수 있음. 소형으로도 제작이 가능하며, 소음과 진동이 적고 수명이 길며 유지비용이 거의 들지 않음
		단점	에너지 밀도가 낮아 태양전지를 많이 필요로 하며, 초기설치 비용이 많이 소요됨.
풍력 에너지	바람의 힘을 이용하는 것으로 바람이 풍차의 날개를 돌리면 이 때 생기는 운동에너지로 전기를 만드는 발전방식.	장점	무제한으로 양에 제한이 없으며, 최소 전력이 필요치 않아 블랙아웃 상황에서도 가동이 가능함.
		단점	연중 바람이 부는 곳을 찾기 어려우며, 전력 수요지로부터 멀리 떨어질 수 있고, 소음이 많음.
수력 에너지	높은 곳의 물이 가지고 있는 위치에너지를 사용하는 것으로, 물이 떨어지는 힘으로 댐 아래의 수차를 돌려 전기를 생산하는 발전방식.	장점	한번 건설되면 폐기물을 방출하지 않으며, 에너지 밀도가 높아 타 에너지원에 비해 꾸준한 발전공급이 가능함.
		단점	초기 건설비용이 많이 들고 저수지 건설 시 지형을 침수시켜야 하므로 생태계를 파괴할 수 있음. 강수량이 적을 경우 전기공급의 안정성에 문제가 생길 수 있음.
바이오 에너지	살아있는 생명체로부터 생겨나는 에너지를 사용하는 것으로, 바이오매스(Biomass)를 직접 또는 생화학적, 물리적 변환과정을 통해 에너지를 얻는 발전방식.	장점	바이오가 재생성되는 특성 때문에 고갈문제가 적으며, 에너지 활용도가 높음.
		단점	바이오 원료확보를 위해 넓은 면적의 토지가 필요하며 산림이 고갈될 우려가 있음.
지열	물, 지하수 및 지하열 등의 온도차를 이용해 냉난방에 활용하는 발전방식.	장점	보급 잠재력이 높으며 발전비용이 저렴하고 깨끗함.
		단점	채산성이 떨어지며 환경적 제약이 많음.
해양	해양의 조수, 파도, 해류, 온도차 등을 변환하여 전기 또는 열을 생산하는 발전방식.	장점	무공해 청정에너지로 고갈될 염려가 없음.
		단점	해양 생태계를 파괴할 수 있으며 에너지 밀도가 작고, 시설비가 많이 소요됨. 전력 수요지로부터 멀리 떨어져 있음.
폐기물	사업장 또는 가정에서 발생되는 가연성 폐기물 중 에너지 함량이 높은 폐기물을 연료로 만들거나 소각해 에너지를 생산하는 발전방식.	장점	폐기물을 처리하면서 에너지도 얻을 수 있는 일석이조의 효과가 있음.
		단점	폐기물을 소각하는 과정에서 온실가스가 배출됨.

향후 탄소중립을 위해 가장 중요한 역할을 할 것으로 예상되는 에너지는 태양광과 풍력이다. 글로벌 탄소중립을 실현하기 위한 로드맵과 우리 정부의 탄소중립 시나리오 모두 2050년 에너지 믹스에서 재생에너지가 60~70%를 점유하고 있다. 이들 재생에너지의 대부분이 태양광과 풍력발전임은 물론이다. 따라서 여기서는 재생에너지 가운데 태양광발전과 풍력발전, 그리고 미래의 전력수요를 충당하기 위해 중요한 역할이 기대되는 수소에너지와 연료전지에 대해 좀 더 구체적으로 알아보고자 한다. 원자력발전은 방사능 누출위험에 대한 비판적인 시각에도 불구하고 탄소중립을 실현하는 데 중요한 역할을 할 것으로 인식되고 있다. 유럽연합도 2022년 7월부터 원자력발전을 EU녹색분류체계[38]에 포함시켰다. 또한 방사능 누출의 위험을 최소화하는 소형모듈원자로$_{SMR}$ 기술과 미래의 에너지원으로 주목받고 있는 핵융합발전에 대해서도 함께 살펴보고자 한다.

태양광발전

태양광발전은 태양 빛을 전기에너지로 변환시켜 전력을 생산한다. 태양광발전의 핵심은 태양광 셀$_{Cell}$이다. 태양광 셀에 태양 빛이 닿으면 광전효과[39]에 의해 물리적 반응이 일어나는데, 태양광 셀이 이를 이용해 전기를 만든다. 일반적으로 태양광 모듈은 60개나 72개의 태양광 셀로 이루어져 있으며 이 셀들을 전기적으로 연결해 내구성이 강한 유리

----

38 EU녹색분류체계(EU Green Taxonomy)는 환경 및 기후목표에 부합하는 경제활동 목록을 제시하여 지속 가능한 경제활동 투자(녹색금융투자)를 촉진하기 위해 만든 것이다. 2021년 처음으로 채택된 EU녹색택소노미에는 태양광, 태양열, 풍력, 해양, 수력, 지열, 바이오 에너지가 포함되었는데, 유럽연합은 2022년 총회에서 원자력발전도 EU녹색분류체계에 포함시켰다.

패널과 프레임으로 안전하게 만든 것이 태양전지다. [그림 4-2]는 일반
주택에 설치된 태양광발전 시스템을 보여주고 있다. 지붕에 설치된 것
이 태양광 셀로 이루어진 태양전지다. 인버터Inverter는 태양전지에서 만
들어진 직류전기를 교류전기로 바꾸는 장치[40]이며, 전력량계는 주택 외
부로 나가거나 외부에서 주택으로 들어오는 전력량을 측정하는 설비다.

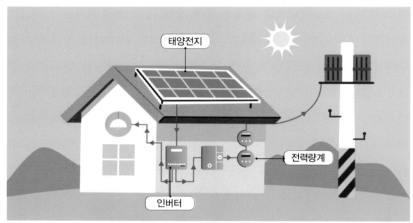

[그림 4-2] 태양광발전 시스템 (출처: 한국에너지공단)

인류가 태양을 에너지원으로 사용한 것은 역사적으로 오래된 일이다.

---

39 금속이 빛을 받으면 전자를 내놓는 현상을 광전효과(Photoelectric Effects)라고 한다. 반도체로
    만들어진 태양광 셀이 빛을 받으면 태양 에너지를 흡수해 전자의 에너지 상태가 변한다. 상태가 변한
    전자는 반도체에 묶여 있지 않고 자유전자가 되어 돌아다니게 되는데, 이 흐르는 전자가 전기를
    생산한다.

40 우리가 쓰는 전기는 교류(AC, Alternating Current)지만, 태양전지가 생산하는 전기는 직류(DC, Direct
    Current)다. 인버터(Inverter)는 직류전기를 교류전기로 바꾸어 우리가 사용할 수 있도록 해주는
    역할을 담당한다.

에너지 민주주의와 디지털 혁신

기원전 3세기에 고대 그리스와 로마에서 반사경을 이용해 태양에너지를 모아 종교적 목적으로 쓰이는 성화에 불을 붙였는데, 오늘날 올림픽 성화 채화도 과거 방식에 따라 태양에너지를 모아서 불을 붙인다. 기원전 212년에는 그리스의 과학자 아르키메데스Archimedes가 구리로 만든 방패를 반사경으로 삼아 태양광선을 모은 후 그 에너지로 로마 군함들에 불을 지르기도 했다. 하지만 고대 기록에 나오는 이러한 태양에너지는 태양광이 아닌 태양열에너지를 활용한 것이다. 태양광에너지는 태양열에너지와 다르다. 지구 상에서 태양열에너지가 가장 넘쳐나는 곳은 사하라 사막과 같이 태양고도가 높은 적도 부근의 무더운 지역이다. 반면 태양광에너지는 북극처럼 추운 고위도 지방이라도 햇빛만 받을 수 있으면 얼마든지 얻을 수 있다. 즉 태양열에너지보다 태양광에너지가 지역적인 제약이 훨씬 덜하고 상대적으로 쉽게 에너지를 얻을 수 있는 방식이다.

태양광에너지를 활용하는 방법은 1839년 물리학자 에드몬드 베크렐Edmond Becquerel이 발견했다. 당시 19세의 젊은 청년이었던 그는 아버지의 연구실에서 광전효과를 이용한 최초의 태양전지를 만들어낸다. 그후 수십 년이 지난 1883년 미국의 발명가인 찰스 프리츠Charles Fritts가 셀레늄이라는 금속을 사용한 태양전지를 만들었다. 하지만 셀레늄에 금박을 입힌 태양전지의 전력효율이 너무 낮아(전력효율이 1%에 불과) 상용화가 불가능했다. 이후 20세기 중반이 되어서야 태양광에너지가 상용화될 수 있었다. 1953년 미국 벨연구소의 제럴드 피어슨Gerald Pearson, 대릴 채핀Daryl Chapin, 그리고 캘빈 풀러Calvin Fuller 세 연구자가 실리콘을 소재로 사용한 태양전지를 만들면서 본격적인 상용화의 길이 열리게 된다. 태양이 주는 거의 무한한 에너지를 문명을 위해 사용할 수 있는 새로운 시대가 열린 것이다.

하지만 당시의 태양전지는 일반인이 사용하기에는 너무 고가였다. 따라서 소련과 우주개발 경쟁을 벌이고 있던 미국 정부가 인공위성을 위한 전력원으로 태양광발전을 주로 사용했다. 우주공간에서는 태양광을 막는 대기권이 없어 태양전지의 효율을 최대로 높일 수 있었다. 인공위성은 우주공간에 떠 있어 수리나 재보급이 어려워 태양광발전을 사용하면 무한정 전력공급을 받을 수 있었기 때문이다. 1958년에 발사된 인공위성 뱅가드는 발사 후 몇 주 만에 화학 전지가 고장 났지만, 태양광전지를 탑재한 덕분에 수년 동안 거뜬히 임무를 수행할 수 있었다. 이후 발사되는 대부분 인공위성은 태양전지를 장착하고 있다.

1970년대에 들어와 태양전지의 비용이 1/5로 줄어들면서 일반인도 태양광발전을 사용할 수 있는 여건이 마련된다. 태양광발전의 비용이 대폭 낮아진 덕분에 1980년대부터는 산간지역이나 섬, 해상시추선과 같이 전기공급이 어려운 지역에서 태양광패널을 설치해 전기를 사용하는 것이 가능해졌다. 태양광패널 비용이 더욱 저렴해지면서 기존의 전기를 사용하던 곳에서도 태양광발전이 대안으로 대두되기 시작했다. 처음에는 중앙집중 형태의 대규모 태양광발전 위주로 설치되었지만, 태양전지의 효율이 높아지면서 개별 건물이나 일반 가정에 태양광패널을 설치하는 사례가 늘어났다.

재생에너지의 발전비용이 화석연료 발전에서 전력을 구매하는 가격보다 작거나 동등한 수준이 되는 상황을 '그리드 패리티Grid Parity'라고 한다는 점은 이미 앞에서 언급한 바 있다(제2장 「온실가스감축과 에너지 전환」참조). 재생에너지가 그리드 패리티에 도착했는지를 판단하기 위해 에너지원별 '균등화발전원가LCOE, Levelized Cost Of Electricity'를 사용한다. 발전시설을 위해서는 일차적으로 투자비, 연료비, 운영비가 들어가지만, 이외에도 발전설비를 운영하는데 소요되는 대기오염 비용, 보험료, 안전비용, 사회갈등비용과 같은 환경 관련 비용과 사회적 비용도 소요된다. LCOE는 이 모든 비용요소를 고려해 일정량의 전기를 생산하는데 어느 정도의 비용이 들어가는지를 계산한 값이다. 같은 전력량을 생산하는데 에너지원별로 소요되는 비용을 비교할 수 있으므로 재생에너지가 그리드 패리티에 도달했는지를 파악하는 데 유용한 지표다.

국제재생에너지기구IRENA[41]는 2020년도에 OECD 국가의 태양광발전 LCOE가 화석연료의 LCOE보다 낮아져 그리디 패러디에 도달했다고 발표했다. 2010년부터 지난 10년간 화석연료의 LCOE는 환경에 미치는 영향 때문에 꾸준히 증가했지만, 태양광발전의 LCOE는 동일한 기간 동안 85%나 감소했기 때문이다. 우리나라의 태양광발전 LCOE는 유럽의 선진국들에 비해 상대적으로 높아서 그리드 패러디에 도달하는 시점이 조금 더 늦어질 수 있다. 하지만 국내에서도 태양광발전이 그리디 패러디에 도달하는 것은 시간문제다. 특히 최근에는 태양광 모듈의 원재

---

41 국제재생에너지기구(IRENA, International Renewable ENergy Agecy)는 160개의 회원국과 유럽연합이 재생에너지의 지속적인 사용을 촉진하고, 국가 간 재생에너지 공조와 정보교환을 위해 2011년에 출범시킨 국제기구다.

료인 실리콘의 대안으로 페로브스카이트[42] 기술이 상용화되면서 태양광발전 설치비용은 더욱 하락할 것으로 보인다. 태양광발전의 원가가 더욱 줄어들면 화석연료를 대체하는 속도는 더 빨라질 것이다.

　태양광발전은 장점이 많다. 태양광은 고갈되지 않고 무한정 제공되는 에너지원이며 자연 그대로의 빛을 이용하기 때문에 환경을 오염시키지 않는다. 소음이나 진동이 없어 아주 조용하게 에너지를 생산할 수 있다는 것도 강점이다. 가정이나 동네, 지역에서 개별적으로 필요한 에너지를 만들어 사용하므로 특정한 지역에서 화력발전이나 원자력발전으로 전기를 생산해 송배전망을 통해 원거리 송전을 하는 과정에서 전기가 소실되는 낭비도 줄일 수 있다. 태양광 패널의 수명이 25~30년 정도로 길고 유지보수 비용이 적게 든다는 장점도 있다.

　하지만 태양광발전은 해가 뜰 때만 전기를 생산할 수 있어서 밤이나 흐린 날에는 전력공급에 차질이 생긴다. 따라서 전력을 저장해 두었다가 밤에 사용하는 전력저장장치가 필요한데, 아직 연료저장장치가 비싸서 설치가 쉽지 않다. 따라서 태양광에너지를 만들지 못하는 시간대에는 외부에서 전력을 공급해 줘야 하는 불편함이 있다. 태양광발전은 화

42　페로브스카이트(Perovskite)는 전기도성이 뛰어난 결정구조를 보유한 소재로 유기물과 무기물을 섞어서 만든다. 현재 사용되는 실리콘 태양전지는 값비싼 장비를 사용해 섭씨 1,400도 이상의 고온에서 처리해야 한다. 페로브스카이트는 보다 저렴한 장비를 사용해 비교적 낮은 온도인 섭씨 100도에서 처리할 수 있어 실리콘보다 제조공정이 간편하고 생산비용도 1/3 수준으로 낮다. 페로브스카이트는 두께도 실리콘 태양전지의 1/60 수준으로 아주 가볍다. 실리콘 태양전지보다 저렴하고, 더 많은 전력을 생산할 수 있으며 훨씬 가볍기 때문에 페로브스카이트는 차세대 태양광 소재로 꼽힌다.

력발전이나 원자력발전에 비해 발전효율이 낮아 많은 전력을 얻기 위해서는 태양광 패널설치에 필요한 넓은 공간이 필요하다. 최근에는 규모가 큰 태양광패널을 설치하는 과정에서 산림이 훼손되고 자연 경관을 해친다는 비판을 받는 경우도 많다. 개발되지 않은 자연환경에 태양광패널을 설치하는 경우 햇빛이 차단되어 식물의 생태계에 영향을 주는 것도 단점으로 지적된다.

육상에 대규모 태양광발전을 건설할 경우 설치부지를 확보하기가 쉽지 않아 최근 늘어나고 있는 것이 수상 태양광발전이다. 수상 태양광발전은 토지나 옥상이 아닌 유휴 저수지 수면 위에 태양광패널을 설치하는 것으로, 대규모 태양광발전에 필요한 넓은 설치 면적을 확보하기에 용이하다. 물 위에 있어 온도가 쉽게 높아지지 않는 점과 수면에 비친 태양광이 반사되어 다시 태양광모듈에 모이는 특성 때문에 발전효율도 육상 태양광발전보다 10% 정도 높다. 하지만 이 경우에도 호수나 바다의 서식지를 훼손한다는 비판에서 벗어날 수 없다. 태양광발전 방식은 지금보다 수십 배 많은 태양광패널이 설치되면 그만큼 자연 생태계와 조경에 미치는 영향이 클 수밖에 없어 이러한 문제점을 해결하기 위한 사회적 합의가 필요하다.

풍력발전

풍력발전은 바람의 힘을 이용해 에너지를 만드는 발전 방식이다. 바람이 풍차의 날개를 돌리면 날개가 도는 힘으로 발전기를 돌려 전기를 생산하고, 생산된 전기는 바로 사용하거나 전력망을 통해 전기를 필요로 하는 소비지로 보낸다. 즉 바람의 운동에너지를 전기에너지로 전환하는 발전이 풍력발전이다. 블레이드(풍차날개)는 바람의 운동에너지를 기계적 회전력으로 변환하는 역할을 한다. 증속기는 날개에서 입력된 에너지를 증폭시켜 발전기로 전달하기도 하고, 태풍으로 바람이 너무 세게 불 경우 날개의 회전속도가 빨라져 발전기가 가열되는 것을 막기 위해 날개의 회전속도를 줄이는 제어역할을 수행한다. 발전기에서 만들어진 전기는 배전망을 통해 소비지로 전달된다. 풍력타워는 블레이드를 지지해 주는 구조물이다.

인류는 오래전부터 바람을 에너지원으로 사용해 왔다. 기원전 3600년경 이집트에서 물을 끌어올리거나 관개를 위해 풍차를 이용했다는 기록이 남아 있다. 기원전 200여 년 전 페르시아에서는 물을 퍼 올리고 곡식을 빻기 위해 풍차를 활용하기도 했다. 기원후 7세기 이란과 아프가니스탄에서는 천과 갈대 메트로 풍차 날개를 만들어 옥수수 분쇄나 물을 퍼 올리는 양수, 제분과 설탕 제조에 이용했다. 해수면보다 낮은 국토를 가진 네덜란드는 17세기에 들어와 바닷가에 둑을 쌓아 바닷물이 들어오지 못하게 한 다음 풍차를 이용해 둑 안의 물을 빼 농사지을 땅을 만들었다. 네덜란드는 산이 거의 없고 전 국토가 평평하기 때문에 1년 내내 북해에서 거센 바람이 불어오는 바람의 나라다. 풍차는 바람의 힘을 이용해 힘들이지 않고 많은 양의 바닷물을 퍼낼 수 있는 유용한 에너지원이었다.

바람에너지를 전기생산에 활용한 최초의 풍력발전기는 1887년 스코틀랜드에서 제임스 블리드James Blyth가 제작한 발전설비로 알려져 있다. 이듬해인 1888년 미국 오하이오주의 찰스 브러쉬Charles Brush가 백열등

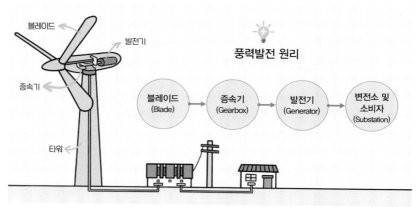

[그림 4-3] 풍력발전 시스템 (출처: 한국에너지공단)

350개를 켤 수 있는 세계 최초의 풍력발전기를 20년간 운용하며 풍력발전의 상용화 가능성을 보여주었다. 근대식의 풍력발전기는 1931년 구소련 알타에 건설된 것으로 타워 높이가 30m에 설비용량은 100kW규모였다. 세계 최초로 만들어진 MW급의 대형 풍력발전소는 1941년 미국 버몬트주에 설립된 것으로 풍력 터빈의 설비용량이 1.25MW였다. 전력생산용 풍력발전기 기술이 발달하면서 다수의 풍력타워를 한꺼번에 설치하는 풍력발전단지가 본격적으로 건설되기 시작했는데, 세계 최초의 육상 풍력발전단지는 1980년대 미국 뉴햄프셔주에 30kW급 풍력발전기 20기가 세워진 것이 처음이었다. 1991년에는 덴마크의 빈데비Vindeby 해상에 450kW급 풍력발전기 11기가 세워지면서 최초로 해상풍력단지가 모습을 드러냈다.

풍력발전기는 날개의 방향에 따라 '수평축 발전'과 '수직축 발전' 방식으로 나뉜다([그림 4-4] 참조). 바람에 의해 회전하는 축이 지면과 수평(가로)인지 수직(세로)인지에 따라 분류된다. 수평축 풍력발전기는 우리가 흔히 보는 바람개비 형태처럼 회전축이 바람이 불어오는 방향인 지면과 평행하게 설치된다. 수평축 풍력발전은 효율이 높고 가격이 상대적으로 낮아 대규모의 풍력발전에 적합하지만 바람의 방향에 따라 출력의 차이가 크고 높은 소음이 발생한다는 단점이 있다. 그래서 수평축 풍력발전기는 최고의 발전효율을 내기 위해 풍향에 따라 날개의 방향과 각도를 조정하는 장치를 함께 건설한다. 반면 수직축 풍력발전은 회전축이 바람이 불어오는 방향인 지면과 수직으로 만들어진다. 수직축 풍력발전의 장점은 소음이 적고, 풍향 변화에 영향을 받지 않아 날개방향과 각도를 변화시킬 필요가 없다는 것이다. 하지만 상대적으로 가격이 비싸고, 대형화가 어려워 대부분의 풍력발전은 수평축으로 건설되는 추세다.

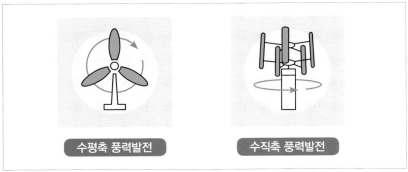

[그림 4-4] 수평축 풍력발전과 수직축 풍력발전

풍력발전은 바람의 세기와 날개의 규모에 큰 영향을 받는다. 날개

에너지 민주주의와 디지털 혁신

가 크면 클수록 더 많은 전기를 생산할 수 있기 때문에 풍력발전 설비는 점점 대형화되는 추세다. 최근에 세워진 가장 큰 풍력발전기는 2021년 제너럴 일렉트릭$_{GE}$이 북해도에 설치한 할리아드 엑스$_{Haliade-X}$로, 풍차의 직경만 220m이고 기초부문부터 날개 끝 최상 부분까지의 높이가 무려 260m에 달한다. 블레이드 하나의 길이가 107m에 이르는 엄청나게 큰 풍력발전기다. 풍력타워 한기의 발전용량이 12MW로 16,000세대에 전력을 공급할 수 있는 규모다.

풍력은 태양광과 달리 에너지 효율이 높고 바람만 불면 밤·낮과 관계없이 일정한 에너지를 만들 수 있다는 장점이 있다. 바람을 이용해 터빈을 돌리는 친환경 에너지이지만 육상 풍력발전은 자연 경관을 해치고 주변에 소음을 발생시킨다는 민원이 지속적으로 제기되어 부지확보가 점점 어려워지는 추세다. 따라서 그 대안으로 나온 것이 해상 풍력발전이다. 해상의 바람은 육지보다 속도가 빠르고 바람을 방해하는 건물 같은 장애물이 적어 육상 풍력발전보다 발전효율이 높은 편이다.

해상 풍력발전에는 해저지반에 기초 구조물을 견고하게 건설하는 고정식 해상풍력과 수심 100~200m의 깊은 바다에 부유체를 띄워서 설치하는 부유식 해상풍력의 두 가지 종류가 있다([그림 4-5] 참조). 수심 50m 이내 해저에 설치된 고정형 해상풍력은 해안경관을 해치고, 주변의 양식장에 영향을 미쳐 주민들과 첨예한 갈등을 일으키는 경우가 많다. 특히 해상 풍력발전기 블레이드에 새가 부딪혀 죽는 사태가 빈번하게 발생하면서, 풍력단지가 철새 도래지에 위치할 경우 심각한 생태계 파괴를 유발한다는 비판을 받아왔다. 부유식 해상발전은 이러한 걸림돌을 해결하기 위해 좀더 깊은 바다로 나가 해저지반에 닻과 쇠줄로 연결한 부유체를 만들고 그 위에 풍력타워를 세우는 방식이다. 해저에 발전기 기둥을 세울 필요가 없어 위치만 잘 설정하면 주변 어업인의 생계를 위협하지 않고도 친환경 에너지를 만들 수 있다는 장점이 있다.

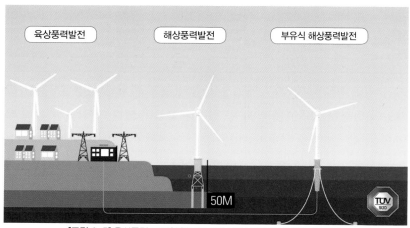

[그림 4-5] 육상풍력, 고정형 해상풍력 및 부유식 해상풍력 (출처: 울산저널)

풍력발전도 태양광발전처럼 재생에너지의 비용이 기존의 화석연료 발전과 같거나 낮아지는 '그리드 패러디'에 거의 도달하고 있다. 국제재생에너지기구IRENA 분석에 의하면 2020년 육상풍력의 균등화발전원가 LCOE는 이미 그리드 패러디에 도달했으며, 해상풍력의 LCOE도 화석연료와 유사한 수준까지 낮아졌다. 지난 10년간 육상풍력과 해상풍력의 LCOE는 각각 56%와 48% 감소하면서 풍력발전 비용이 거의 절반 수준으로 떨어졌기 때문이다. 앞으로 시간이 지날수록 풍력발전과 화석연료 간의 경제성 차이는 점점 더 벌어져 태양광발전과 함께 풍력발전은 재

에너지 민주주의와 디지털 혁신

생에너지의 대표 주자 자리를 차지하게 될 것으로 보인다.

풍력발전 사업은 부지선정과 예비타당성 조사, 환경영향평가에서 부터 개발인허가, 설계 및 발전기 제작, 구조물 및 발전기 설치, 전력선 연계공사, 시운전 및 준공까지 일반적으로 7~10년 정도가 소요된다. 사업화까지 오랜 시간이 필요하고 초기 사업비도 많이 소요되는 편이 다. 최근에는 해상풍력발전이 늘어나는 추세인데, 수심이 50m를 넘어 가면 해상 풍력발전설비도 부유식 구조물을 선택해야 한다. 우리나라는 부유식 해양구조물에서 세계 최고의 기술력을 보유하고 있어 해상 풍력 발전의 증가추세는 우리에게 큰 기회가 될 수 있다. 하지만 해상풍력발 전도 해상 생태계에 영향을 줄 수 있어 어민들의 생업에 영향을 미치지 않는 범위 내에서 진행해야 한다. 풍력발전은 청정에너지를 만들어 내 지만, 그 과정에서 해상 생태계가 파괴된다면 친환경으로 보기 어렵기 때문이다.

풍력발전은 친환경성과 경제성에도 불구하고 거대한 날개(블레이드) 때문에 미관을 해치고, 철새에게 영향을 주며 소음을 발생시키는 단점 이 있다. 최근에는 날개 없이 진동주파수를 이용해 전력을 생산하는 새 로운 풍력발전 방식이 연구되고 있다. 날개 없는 풍력발전기는 원기둥 안에 탄성이 있는 실린더를 수직으로 고정시켜 바람이 불면 실린더가 진동하며 전기를 생산한다. 바람이 불고 소용돌이가 쌓이면 실린더가 바람에 흔들리면서 발생하는 진동에너지를 전기에너지로 바꾸는 방식 이다. 거대한 날개가 없어서 기존의 풍력발전기보다 공간을 적게 차지 하고 소음도 거의 발생하지 않는다. 반면 날개 없는 풍력발전은 기존의 풍력발전에 비해 에너지 효율이 낮다. 날개 없는 풍력발전은 기존의 대규모 풍력발전과 경쟁하는 것이 아니라 전통적인 풍력발전을 설치하기 어려운 도심이나 주거지역 등에 발전기를 설치하고 운용하는 데에 목적을 두고 있어 기존의 풍력발전을 보완하는 시스템이 될 가능성이 크다.

수소에너지

수소는 이 세상에 존재하는 물질 가운데 가장 가벼우면서 우주에 가장 많이 분포된 원소다. 인류가 수소를 사용하기 시작한 것은 에너지원이 아니라 수송수단 실험에 성공하면서부터다. 가벼운 기체인 수소를 커다란 구에 넣어서 만든 수소 기구가 18세기에 모습을 드러내게 된다. 1783년 프랑스의 물리학자 자크 샤를Jacques Charles은 수십만 명의 파리시민이 지켜보는 가운데 자신이 직접 수소 기구를 타고 하늘 높이 날았다가 무사히 내려오는 실험에 성공했다. 1785년에는 수소 기구를 이용해 도버해협을 횡단하는 비행도 이루어졌다. 이를 계기로 수소 기구에 엔진과 조종장치를 장착한 비행선의 시대가 열렸다.

수소 비행선을 본격적인 교통수단으로 개발한 사람은 독일의 페르디난트 폰 체펠린Ferdinand von Zeppelin 백작이다. 독일군 장군 출신이었던 그는 제대 후 비행선 개발에 몰두해 1900년에는 휘발유 엔진과 알루미늄으로 된 프로펠러를 장착한 비행선을 완성한다. 지속적인 개량을 통해 1929년에 제작한 비행선으로 65명의 승객을 태우고 세계 일주 비행도 성공했다. 이 여행에 사용된 수소 비행선은 길이 234m에 550마력의 엔진을 5개나 장착한 초대형 비행선이었다. 하지만 1937년 '힌덴부르크호'라는 대형 수소 비행선이 미국의 한 공항에서 큰 폭발사고를 일으켜 승객 90명 가운데 30명이 목숨을 잃는 대형사고가 발생하면서 수소 비행선 시대는 막을 내린다. 수소가스의 폭발 위험성 때문에 비행선 제작과 이용이 금지되었기 때문이다.

수소연료전지의 개발은 수소를 비행선이 아닌 에너지원으로 활용하는 계기가 되었다. 1933년 프랜시스 베이컨Francis Bacon은 수소와 산소를 이용해 전기를 생산할 수 있는 연료전지를 최초로 만들었다. 베이컨의 연료전지는 1958년 아폴로 우주선에 설치되기도 했다. 하지만 사람들이 수소연료전지에 본격적으로 관심을 가지기 시작한 것은 1973년 시작된 석유파동 때문이었다. 석유파동으로 전세계 여러 국가가 저렴한 가격에 석유를 공급받는 것이 어려워지자 상업적으로 활용할 수 있는 수소연료전지의 기술개발에 투자를 늘리기 시작했다. 석유파동이라는 위기에서 시작되었기 때문에 주로 자동차기업을 중심으로 수소연료 전기자동차 기술개발에 대대적인 투자가 단행되었다. 이후 지구온난화 위기에 대한 국제사회의 공감대가 형성되면서 수소는 자동차뿐 아니라 탄소중립을 실현하는 주요 에너지원으로 주목받게 된다. 현대 문명의 여러 위기를 일찍이 예측한 것으로 유명한 프랑스의 SF 소설가 쥘 베른Jules Verne이 1874년 발표한 『신비한 섬』이라는 소설에서 미래에는 인류문명에 필요한 에너지를 물에서 추출한 수소에서 얻는 날이 올 것이라고 예언하고 있는데, 그의 예언이 100여 년 만에 실현된 셈이다.

탄소중립 2050을 위한 로드맵에서 수소는 중요한 청정에너지원의 역할을 담당한다. 국내 탄소중립위원회의 탄소중립 시나리오에서도 2050년 우리나라의 전원 믹스에서 수소를 사용하는 연료전지의 비중이 크게는 10%를 차지하고 있다. 수소를 연료로 사용하는 수소연료전지는 수소와 산소 사이의 화학반응을 일으켜 전기를 생산하는데, 이때 환경 오염물질은 전혀 배출되지 않고 부산물로 오직 순수한 물만 배출한다. 수소가 청정에너지원으로 주목받는 이유다. 수소는 기체, 액체 등 다양한 형태로 저장할 수 있고, 운반이 가능하다는 장점도 있다. 장시간 보관해도 에너지 손실이 거의 없어서 수소를 소비지로 운반한 후 장시간 보관했다가 필요할 때 전기를 생산하는 데 사용할 수 있다.

청정에너지원으로 장점이 많은 수소가 아직 에너지원으로 많이 활용되지 못하는 이유는 무엇일까? 수소(H)는 독립적으로 존재하지 않고 물(H$_2$O)처럼 다른 원소와 화합물 형태로만 존재하기 때문에 수소를 만들기 위해서는 다른 에너지원을 사용해 수소를 추출해야 한다. 수소가 화석연료처럼 1차 에너지원이 아니라 전기 에너지와 같이 2차 에너지원으로 불리는 이유다. 이는 수소를 생산하고 저장하거나 운반하는 데에 비용이 든다는 의미다. 수소를 활용하는 데 필요한 연료전지를 만드는 데에도 투자가 필요하다. 따라서 수소에너지를 대중화하기 위해서는 수소의 생산, 보관 및 운송, 그리고 활용(연료전지)에 소요되는 비용을 줄여 경제성을 확보해야만 한다.

수소는 생산방식과 환경에 미치는 영향에 따라 그레이Grey 수소, 블루Blue 수소, 그리고 그린Green 수소로 구분된다([표 4-2] 참조). 현재 생산되는 수소 대부분(90% 이상)은 화석연료에서 수소를 생산하는 '그레이 수소'다. 그레이 수소는 천연가스를 고온의 수증기와 화학반응을 일으켜 얻는 것으로 '추출Reforming 수소'라고도 한다. 그레이 수소 1kg을 생산하는

데 약 10㎏의 이산화탄소가 발생하므로, 그레이 수소는 친환경 수소로 보기 어렵다. '부생수소'는 석유화학 공정이나 철강 등을 만드는 과정에서 부산물로 만들어지는 수소를 의미한다. 수소 생산을 위한 추가 설비나 투자 비용 등이 적어 경제성이 높다는 장점이 있지만 부생수소도 열분해 과정에서 적지 않은 양의 온실가스가 배출되므로 그레이 수소로 분류되기도 한다.

[표 4-2] 수소의 종류 (출처: GS칼텍스 미디어허브)

특징	Grey 수소	Blue 수소	Green 수소
원료	화석연료(천연가스 등)	좌동	물 분해(수전해)
이산화탄소 발생	방출	포집/저장	없음
주요설비	수증기 개질반응기[43]	수증기 개질반응기 탄소포집 및 저장설비	태양광, 풍력 등 수전해 설비
부생수소는 석탄과 석유 처리과정에서 부산물로 생성되는 수소임			

'블루 수소'는 그레이 수소와 생산방식은 같지만, 생산과정에서 발생하는 이산화탄소를 대기로 방출하지 않고 포집해 저장하는 탄소포집 Carbon Capture Storage기술을 활용해 이산화탄소를 따로 저장하며 만든 수소다. 그레이 수소보다 이산화탄소 배출이 적어 친환경성이 높고, 탄소포집 기술이 발달하면서 최근 수소를 생산하는 데 많이 사용되는 방식이다. 하지만 그레이 수소보다 생산비용이 높고, 이산화탄소를 완전히 제

....

43 개질반응기는 천연가스의 주성분인 메탄과 고온의 수증기로 촉매화학 반응(Reforming)을 일으키는 장치다.

거하지 못한다는 문제점은 남아 있다.

수소에너지 가운데 미래의 궁극적인 청정에너지원으로 주목받고 있는 것은 '그린 수소'다. 그린 수소는 물의 전기분해를 통해 얻어지는 수소로, 태양광 또는 풍력 같은 재생에너지로 얻은 전기에너지를 물에 가해 수소와 산소를 생산한다.[44] 생산과정에서 이산화탄소 배출이 전혀 없어 '궁극적인 친환경 수소'로 불린다. 하지만 그린 수소를 생산하는 수전해 설비의 효율이 아직 낮아 그린 수소 생산에 비용이 많이 든다는 문제점이 있다. 따라서 단기적으로는 그레이 수소 보다는 친환경적인 블루 수소를 사용하면서, 점차 수전해 기술을 발전시켜 그린 수소를 생산하는 비용을 낮춤으로써 궁극적으로 그린 수소를 에너지원으로 활용하는 것이 중요하다.[45]

수소는 기체, 액체 또는 혼합물의 형태로 저장하거나 운송할 수 있다([표 4-3] 참조). 수소는 원소주기율표의 1번에 해당하는 가장 가벼운 원소다. 밀도가 낮다는 특성 때문에 탱크와 같이 한정된 공간에 기체상태의 수소를 될 수 있으면 많이 담기 위해서는 고압에서 압축해야 한다. 이렇게 압축된 수소기체는 압축탱크나 파이프라인을 통해 운송한다. 파이프라인(배관)을 사용한 운송방식은 소비지가 수소 생산시설과 인접해

----

44 전기분해를 통해 물(H_2O)속의 수소를 추출해 내는 기술을 수전해 기술이라 부른다. 전기분해 과정에서 온실가스를 배출하지 않기 때문에 수전해 기술로 만들어진 수소는 '그린 수소'가 된다.

45 우리나라는 수소를 사용하는 발전사업자가 일정비율 이상을 청정수소(그린 수소)를 사용하도록 의무화하는 청정수소발전제도(CHPS, Clean Hydrogen Portfolio Standard)를 2022년에 도입해 2024년부터 시행할 예정이다.

있어서 배관건설이 사용량 대비 효율성이 있을 때 주로 사용되는 방법이다. 튜브 트레일러를 사용하는 운송은 압축탱크에 수소를 담아 운송하는 방식으로, 중·소규모의 수소기체를 중·장거리로 운송하는 데 주로 사용된다. 파이프라인이 초기 투자가 많이 들지만, 수소기체를 지속적으로 공급할 경우에는 훨씬 더 경제적인 운송 방법이다.[46]

[표 4-3] 수소의 저장 및 운송방법 (출처: 이미디어)

구분	기체	액체	화합물
저장 및 운송	기체 수소를 압축하여 탱크에 저장	수소를 영하 온도(-253℃)로 냉각하여 액화 저장	메탄, 임모니아(액상) 등의 형태로 변환 또는 금속 등에 저장
원리	고압가스 운송 / 수소 생산 / 압축 200~450bar / 파이프라인 / 압축탱크 운송	액화가스 운송 / 수소가스 생산 / 수소 액화 플랜트 -253℃ / 운송	암모니아 등 통한 운송 / 암모니아 / 화학결합(수소+질소) / 운송 / 수소 분리
특징	• 튜브트레일러, 파이프라인 등으로 운송 • 파이프라인은 초기투자가 많이 소요되지만 가장 저렴	• 투자비용이 높은 편임 • 대량 저장이 가능하고, 저장 효율성이 높음	• 유조선 및 유조차를 활용 • 상온과 상압에서 운송이 가능함

수소는 액체상태로 변환해서 저장하거나 운송할 수도 있다. 수소를

---

46 가정이나 빌딩에 도시가스를 공급하기 위해 이미 설치해 둔 도시가스 배관을 수소 파이프라인으로 활용하면 적은 비용으로 수소를 운송할 수 있다.

액체로 바꾸면 부피가 1/800로 줄어들어 기체상태의 수소보다 저장효율이 4~5배나 높아진다. 액체상태의 수소는 온도가 낮아서 기체상태의 수소보다 폭발의 위험성이 낮고 운송비용도 1/10로 줄어든다. 기체수소와 달리 고압이 아닌 일반 대기압 상태에서 대량운송이 가능하다는 장점도 있다. 하지만 수소는 섭씨 −253도에서 액체로 변하므로 액화수소를 만들기 위해서는 수소액화 플랜트를 건설하는 등 대규모 투자가 필요하며, 액화하는 과정에서도 많은 전력이 소요된다.

수소를 다른 물질과 섞은 화합물의 형태로 보관하거나 운송하는 방법도 사용되고 있는데, 가장 많이 사용되는 방식은 수소를 암모니아 형태의 화합물로 만들어 운송하는 방식이다. 공기에서 추출된 질소를 수소와 섞어 암모니아를 만들고, 합성된 암모니아를 액화시킨 후 선박 등으로 운송한 후 소비지에서 액화 암모니아로부터 고순도의 수소를 분리해 내는 방식이다. 즉 암모니아를 수소 캐리어로 활용하는 셈이다. 암모니아를 액체로 변환하는 온도가 섭씨 −33도로 수소를 액화(수소액화 온도는 섭씨 −253도)하는 것보다 쉽다. 그뿐만 아니라 저압 압력용기에 저장할 수 있고, 기존의 LPG(액화석유가스)와 특성이 비슷해 LPG 운반선을 암모니아 운송을 위한 인프라로 그대로 사용할 수 있다는 장점도 있다.

이렇게 저장되고 운반된 수소는 어떻게 활용될 수 있을까? 수소에너지는 주로 연료전지의 형태로 사용된다. 연료전지Fuel Cell란 수소를 원료로 활용해 전기에너지를 생산하는 기술이다. 즉 물을 분해해 그린 수소를 만드는 수전해 기술의 정반대 과정으로, 수소와 산소를 결합해 전기와 물을 만들어 낸다. 연료전지는 양극, 음극, 그리고 이 사이를 연결하는 전해질로 이루어져 있다. 일반적으로 연료인 수소를 음극에 공급하고, 양극에는 공기 중의 산소를 공급하면 수소이온과 산소이온이 결합하면서 물(H_2O)이 만들어지며, 그 과정에서 전기가 발생한다. 배터리와 유사한 작동을 하는 것 같지만, 배터리는 전기를 저장하는 장치이고, 연료전지는 전기를 생산하는 발전기라는 점이 다르다. 수소연료전지가 만들어 내는 전기도 직류$_{DC}$이므로 이를 교류$_{AC}$로 전환해 주는 전류변화장치(인버터)도 필요하다.

　수소를 에너지원으로 사용하는 연료전지는 전기를 만들어 내는 과정에서 오염물질이나 이산화탄소를 배출하지 않는 청정에너지라는 점 이외에도 장점이 많다. 화석연료는 연소하는 과정과 터빈을 돌리는 기계에너지로 변환되는 과정에서 에너지 손실이 크지만, 연료전지는 이러한 과정이 없으므로 발전효율이 높은 편이다. 연료전지는 전기를 만드는 과정에서 열을 함께 생산하는데 이 열을 난방 등을 위한 에너지로 재활용할 수 있다는 것도 장점이다. 연료전지는 건설기간이 화력발전보다 현저히 짧고 환경에 해로운 가스를 발생하지 않아서 도심지역에 설치하는 것이 가능하다. 산간지역처럼 기존의 화석연료 단지가 들어서기 어려운 조건에서도 독립적인 설치와 운전을 할 수 있다. 이외에도 연료전지는 전기를 생산하는 과정에서 소음공해가 적고, 수소만 있으면 무한정 전기를 만들어낼 수 있다는 장점도 있다.

　수소에너지가 가장 많이 활용될 것으로 예측되는 분야는 에너지 저장분야다. 앞으로 태양광발전이나 풍력발전의 비중이 늘어나면, 재생에너지가 가지고 있는 간헐성과 전력공급 불안정성 문제가 늘어날 수밖에 없다. 재생에너지가 가지는 간헐성의 문제를 해결해 주는 것이 수소에너지를 사용한 에너지 저장이다. 태양광발전이나 풍력발전으로 만들어진 전기를 사용하고 남을 경우, 여분의 전기로 물을 분해해 수소로 만들어 저장해 두면, 나중에 전기가 필요할 경우 연료전지를 통해 언제든지 필요한 전기를 만들어 쓸 수 있다. 연료전지가 전기를 만들어내는 과정에서 발생하는 열을 난방 등을 위한 열에너지로 재활용할 수 있다는 점은 추가적인 혜택이다.

수소는 풍부하고 친환경적이며 지속 가능한 에너지원이지만, 수소에너지를 대중화하기 위해서는 수소의 가격경쟁력을 확보하는 게 가장 중요하다. 수소의 생산과 저장 그리고 유통에는 비용이 발생하므로, 이 비용을 낮추어 경제성을 확보해야만 수소에너지는 대중화될 수 있다. 특히 청정에너지원인 그린 수소의 생산과 유통비용을 낮추어야만 수소가 탄소중립을 위해 중요한 역할을 분담할 수 있을 것이다.

원자력발전

원자력발전의 원리는 물을 끓여서 증기를 만들고 이 증기로 터빈을 돌려 전기를 생산한다는 점에서 일반 화력발전과 유사하다. 다만 화력발전에서는 물을 끓이기 위한 에너지원으로 석탄이나 천연가스를 사용하지만, 원자력발전에서는 핵분열에서 발생하는 열에너지로 증기를 만들고 그 힘으로 터빈을 돌려 전기를 만든다는 차이가 있다. [그림 4-7]은 원자력발전의 원리를 도식화한 것이다.

원자로에서 핵분열 연쇄반응이 일어나면 연료봉 온도가 섭씨 2,000

도 이상으로 달아오르고, 이 열 때문에 원자로를 흐르는 냉각제 온도가
섭씨 320도까지 올라간다. 뜨거워진 냉각제가 증기발생기 안에 있는 물
을 데우면 증기가 터빈을 돌리면서 전기를 생산한다. 발전소에서 터빈
을 돌리고 나온 증기는 초당 50~60톤에 달하는 차가운 바닷물로 냉각
시킨 후 물로 만들어 다시 증기발생기로 보낸다. 뜨거워진 증기를 바닷
물로 식혀야 해서 대부분 원전은 바다 근처 해안가에 건설된다. 냉각에
사용된 바닷물은 이전보다 섭씨 7도 정도 온도가 올라가지만 방사성 물
질이 없어서 다시 바다로 배출된다. 그림에서 가압기는 원자로 내부의
냉각제가 높은 온도에서도 증기로 변하지 않고 액체(물)상태를 유지하
도록 압력을 높여 주는 역할을 한다.

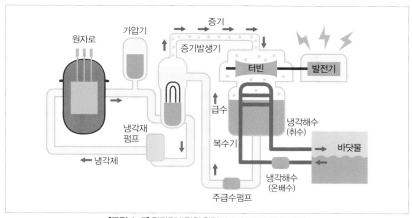

[그림 4-7] 원자력발전의 원리 (출처: 한국원자력문화재단)

원자력발전은 전기를 생산하는 과정에서 이산화탄소와 같은 온실가
스를 배출하지 않고, 전력생산 비용도 상대적으로 적게 든다는 장점이

있지만, 원전사고 시 방사능 피해라는 재앙을 가져올 수 있기 때문에 미래 에너지원으로서 평가가 극명하게 나뉘는 발전방식이다. 원자력발전에 대한 찬반 논란에도 불구하고, 2022년 유럽연합이 '녹색분류체계Green Taxonomy'에 원자력을 포함시킴으로써 2050 탄소중립을 위해 원자력발전이 일정 부분 역할을 해야 할 가능성이 커졌다. 국내 탄소중립위원회가 발표한 시나리오에서도 2050년의 전원 믹스에서 원자력발전의 비중이 6~7%에 이른다.

1895년 독일의 물리학자 빌헬름 뢴트겐Wilhelm Röntgen이 X선을 발견하면서 방사선과 핵분열에 대한 연구가 본격적으로 시작되었다. 이후 1903년 마리 퀴리Marie Curie와 그의 남편 피에르 퀴리Pirre Curie, 앙투안 베크렐Antoine Becquerel이 방사능을 최초로 발견한 공로로 노벨 물리학상을 받았다. 이들은 우라늄, 라듐이라는 물질이 자연적으로 방사능을 띠고 있음을 발견했는데, 후에 퀴리 부부가 발견한 라듐으로 엑스레이를 발명해 수많은 부상자를 치료하는 데 도움을 주었고, 베크렐이 발견한 우라늄은 지금도 원자력 발전을 위한 주요 에너지원으로 활용하고 있다. 이후 많은 물리학자들이 자연 방사능을 토대로 인공 방사능을 만드는 노력을 기울이는 과정에서 1932년 '중성자'를 발견하게 된다. 1938년 리제 마이트너Lise Meitner, 오토 한Otto Hahn, 프리츠 슈트라스만Fritz Strassmann이 우라늄의 원자핵이 중성자에 의해 분열된다는 사실을 발견했다. 세상의 모든 물질을 이루는 원자는 그 중심에 자리 잡고 있는 원자핵과 그 주위를 돌고 있는 전자로 구성되어 있는데, 우라늄과 같은 무거운 원자핵이 중성자를 흡수하면 원자핵이 둘로 갈라지는 것을 발견하고 이를 '핵분열' 현상이라 불렀다.

에너지 민주주의와 디지털 혁신

하지만 한 번의 핵분열로 많은 에너지를 얻기 어렵기 때문에 큰 힘을 내기 위해서는 핵분열이 연속적으로 일어나는 '연쇄반응'이 필요했다. 드디어 1942년 이탈리아 출신의 세계적인 물리학자인 엔리코 페르미Enrico Fermi가 핵분열 연쇄반응에 성공함으로써 원자력발전의 길이 열렸다. 중성자가 원자핵과 충돌하면 핵분열이 일어난다. 이 과정에서 에너지가 만들어지면서 핵분열 생성물과 새로운 중성자가 생겨난다. 이렇게 생성된 중성자가 또다시 원자핵과 충돌하면서 에너지를 만들고, 이러한 과정이 연속적으로 반복되며 엄청난 에너지가 만들어지는 것이다.

핵분열을 이용한 원자력에너지는 원자폭탄으로 만들어져 제2차 세계대전에 사용되기도 했다(그린박스: 원자력발전과 원자폭탄은 어떻게 다른가 참조). 하지만 미국의 아이젠하워 대통령이 1953년 12월 UN 총회에서 '평화를 위한 원자력 선언'을 한 이후 민간 부분에서 전력생산을 위해 원자력을 사용하는 길이 열렸다. 최초의 원자력발전소는 1954년에 건설된 구소련의 오브닌스크 발전소다. 하지만 오브닌스크 발전소는 상용이라기보다는 과학적 목적이 컸고, 발전용량도 6㎿로 아주 소규모였다. 따라서 1957년 미국이 상업적 목적으로 피츠버그 근처에 60㎿급 대형 원자로를 건설한 쉬핑포트 발전소를 최초의 원자력발전소로 평가하기도 한다. 우리나라도 1978년 고리 1호 원전을 시초로 원자력발전을 시작했으며 현재는 국내 4곳에서 24기의 원자로를 가동하고 있다.

재생에너지처럼 원자력발전도 온실가스를 거의 배출하지 않는다. 또한, 단순히 전력을 생산하는데 드는 비용만 고려하면 원자력의 에너지 단가가 화석연료나 재생에너지의 발전 단가보다 저렴하다.[47] 우라늄

1g이 분열할 때 석탄 3톤, 또는 석유 1,800ℓ가 완전 연소 되는 규모의 열에너지가 만들어진다. 우라늄은 1g만으로 석탄 300만 배의 열량을 낼 정도로 에너지 밀도가 높아서 연료비축도 쉽고 비용도 적게 든다. 우라늄의 가격변동은 화석연료에 비해 상대적으로 적으며 연료비 비중이 적어서 가격이 오르더라도 전력 단가에 미치는 영향이 적고, 세계 전역에 고르게 매장되어 있어서 안정적인 공급도 가능하다.

원자력발전의 이러한 장점에도 불구하고 이탈리아, 오스트리아, 독일 같은 유럽 국가들이 탈원전을 추진하는 이유는 원자력발전의 안전성 문제 때문이다. 최악의 원전사고로 기록되고 있는 1986년의 우크라이나 '체르노빌 원전사고'의 결과로 약 700톤에 달하는 방사능 물질이 누출되었고, 그 결과 암 발병 등으로 사망한 사람이 9,000명을 넘었다. 원전사고 후 36년이나 지났지만, 체르노빌 주변은 아직도 황폐해진 채로 남아 있고 수십만 명의 사람들이 고향으로 돌아가지 못하고 있다.

2011년에는 동일본 대지진으로 발생한 쓰나미가 태평양연안의 후쿠시마 원자력발전소를 덮쳤다. 원전의 전력공급이 끊기면서 원전 내부의 핵연료를 냉각하지 못해 폭발로 이어지며 다량의 방사능이 누출됐다. 동일본 대지진 사망자 1만 6,000여 명 중 후쿠시마 원전 관련 사망자가 3,500명을 넘었다. 지진과 쓰나미와는 달리 방사능 피폭으로 인한 피해는 11년이 지난 지금까지도 지속되고 있다. 원전사고의 여파로 3만 명

---

47 한국전력거래소의 2021년도 연료원별 평균 정산단가(1kWh당)를 비교하면 원자력 56원, 석탄 99원, LNG 122원, 재생에너지 106원으로 원자력발전의 정산단가가 가장 저렴하다.

이 넘는 피난민이 아직도 고향으로 돌아가지 못하고 있기 때문이다. 방사능 유출로 아무 잘못도 없는 주민들이 삶의 터전과 가족, 지역사회 그리고 건강과 재산을 잃는 피해를 당한 것이다.

원자력발전이 가지고 있는 또 다른 문제점은 '사용후핵연료Spent Nuclear Fuel'의 처리다. 원자력발전의 부산물인 사용후핵연료 물질의 방사능이 자연에 존재하는 천연 우라늄 수준으로 감소하는 데에는 약 10만 년 이상이 걸린다. 핵폐기물을 제대로 관리하지 않으면 방사능 누출로 인체와 환경에 심각한 피해를 입힐 수밖에 없다. 방사성 폐기물은 원전의 유지보수 과정에서 나오는 중·저준위 폐기물[48]과 사용후핵연료와 같은 고준위 폐기물로 나뉜다. 모든 방사능 폐기물은 기본적으로 인간이 거주하는 환경과 영원히 격리된 공간에서 처분하는 것이 원칙이다. 중·저준위 폐기물은 땅을 얕게 파서 처분하거나 암반이나 지하동굴에 방벽을 만들어 처분한다. 하지만 사용후핵연료와 같은 고준위 폐기물은 지하 500~1,000m 깊이의 심지층에 묻어서 격리해야 한다.

고준위 폐기물은 중·저준위 폐기물과 달리 아직 전 세계적으로 운영되고 있는 처분장이 없으며, 핀란드와 스웨덴만이 고준위 폐기물 처분을 위한 부지만 확보해 둔 상태다. 우리나라는 지금까지 발생한 모든 사용후핵연료를 발전소 내에 임시로 저장하고 있는데, 이 임시저장 공간도 2024년이면 포화상태가 될 것으로 예상되므로 사용후핵연료 처리를

....

48 원자력발전소를 운전하거나 수리하는 사람들이 작업할 때 입거나 사용한 옷, 장갑, 덧신, 걸레 등이 중·저중위 폐기물에 해당한다.

위한 정책 결정이 시급한 상황이다. 발전원가가 저렴하며 안정적으로 전력을 공급할 수 있다는 장점에도 불구하고, 원전사고 위험성과 사용 후핵연료 처리의 필요성 때문에 원자력발전의 비중을 늘리는 것은 쉽지 않은 과제다.

에너지 민주주의와 디지털 혁신

원자력발전과 원자폭탄은 어떻게 다른가

원자력Nuclear Power은 핵연료의 연쇄반응을 일으켜 전력을 생산하는 에너지원을 뜻하며 원자폭탄Nuclear Bomb은 핵을 이용한 폭탄을 의미한다. 지금까지 핵분열을 일으키는 물질로 알려진 것은 우라늄235U235와 플루토늄239Pu239가 대표적이다. 여기서 '235', '239'와 같은 숫자는 중성자Neutron의 수가 235개, 239개란 의미다. 핵분열 물질은 원자핵에 중성자 한 개를 충돌시키면 2.5개의 중성자가 생성되고, 이들 중성자들이 각기 원자핵과 충돌해 연쇄폭발을 일으키는 과정에서 에너지가 만들어진다. 원자력발전과 원자폭탄은 이 같은 연쇄반응의 에너지를 사용하는 것은 같지만, 힘의 크기와 방향이 크게 다르다는 차이가 있다.

첫째 사용되는 핵의 농도가 다르다. 원자력발전은 연료를 서서히 제어 가능한 수준으로 연소시켜야 하므로 핵연료로 우라늄235를 2~5% 농축해서 사용한다. 반면 원자폭탄은 우라늄235를 95% 이상 농축해 사용하며, 이로 인해 폭발적으로 핵분열을 일으킨다. 플루토늄239의 경우 원자력발전을 위해 사용할 때는 4~9%, 핵무기로 사용될 때는 96% 이상 농축된다. 이 때문에 원자로에 사용되는 핵은 '핵연료'로, 핵무기에 사용되는 핵은 '핵물질'로 다르게 불린다.

둘째 속도가 다르다. 원자력발전의 연료는 우라늄235가 낮은 농도로 포함되어 있어 핵분열에 의해 생성된 중성자들이 일정한 에너지를 발생시킬 만큼만 제어해 '필요한 만큼' 안전하게 뽑아 활용한다. 한마디로 인위적으로 속도를 제어하는 것이다. 원자로 안에 핵분열 조절용 제어봉이 분열반응을 일정하게 유지하거나 중지할 수 있게 해 원자로는 폭발하지 않는다. 반면 핵폭탄은 고농축 우라늄을 다량으로 사용해 자연적인 핵분열 반응을 이용한다. 순간적 대폭발이 일어나 인위적 제어가 불가능하다.

마지막으로 핵무기가 '불꽃놀이' 규모를 벗어나 제대로 된 '폭탄 규모'의 핵반응을 일으키기 위해서는 일정량 이상의 우라늄이나 플루토늄이 필요하다. 제2차 세계대전 당시 히로시마에 투하된 원자폭탄은 60kg의 우라늄235를 사용했으며 나가사키에 투하된 원자폭탄은 8kg의 플루토늄239를 사용했다. 반면 원자력발전을 위한 핵연료는 이보다 훨씬 적은 양을 사용한다.

소형모듈원자로_{SMR}와 핵융합발전

최근에는 기존의 대형 원자력발전보다 작은 규모로 빠르게 건설할 수 있는 '소형모듈원자로_{SMR, Small Modular Reactor}'에 대한 관심이 높아지고 있으며, 인공태양이라고 부르는 핵융합발전에 대한 기대도 늘어나고 있다. 미래에는 소형모듈원자로_{SMR}와 핵융합발전이 지금 우리가 사용하고 있는 대형 원자력발전의 대안이 될 수 있을까?

SMR이란 원자력발전을 위한 증기발생기, 냉각제 펌프, 가압기 등 주요 기기를 하나의 용기에 일체화해 만든 전기출력 300㎿ 이하의 소형 원자로를 뜻한다. SMR은 모듈 형태로 설계, 제작되기 때문에 대형 원전에 비해 건설기간이 짧고 비용도 저렴하다. 특히 기존의 대형 원전은 원자로를 식히기 위해 다량의 냉각수가 필요하기 때문에 주로 해안 근처에 건설되는 반면, SMR은 수동냉각방식을 적용하고 있어 내륙에도 건설할 수 있다. 중소도시나 산업단지와 같은 수요지 인근에 설치하기 때문에 대규모 송전망을 추가로 건설할 필요가 없어, 전기공급을 위한 송전망 구축과정에서 발생할 수 있는 환경파괴도 최소화할 수 있다.

원자력발전의 안전성에 대한 우려를 줄일 수 있다는 점도 SMR이 가진 장점이다. SMR은 증기발생기, 가압기, 원자로, 냉각제 펌프 등 원자로를 구성하는 주요 기기들을 단일 원자로 압력용기 내에 배치하는 일체형 원자로다. 따라서 기존의 대형 원자력발전에서 주요 기기들을 연결하기 위해 사용했던 대형 연결배관이 필요 없다. 이처럼 단순화된 설계로 중대사고가 일어날 가능성이 현저하게 낮아졌다는 의미다. 만약 사고가 발생할 경우에도 자연대류를 이용한 잔열 제거 등 안전장치 설계를 통해 운전원의 개입이나 조치를 최소화하는 설계를 적용하고 있다. 무엇보다도 발전소 크기가 기존 대형원전의 1/100에 불과하고 용량 규모도 적어, 사고 시 주민대피를 위한 방사선 비상계획구역의 범위를 축소할 수 있다는 것도 장점이다.

하지만 SMR이 기존 원자력발전의 대안이 될 수 있을지에 대해서는 여전히 불확실하다. SMR은 아직 상용화된 기술이 아니며, 앞으로 지속적으로 개발되고 검증받아야 할 미래의 신기술이다. SMR이 가진 경제성에 대해서도 회의적인 시각이 많다. 원자력발전의 최대 장점은 규모의 경제를 통해 발전단가를 낮추는 것인데, 원전의 크기가 작아지면 kW당 건설단가가 오를 수밖에 없다. 발전용량이 줄어드는 데 비해 원전 운영인력이 줄어드는 것도 아니다. 필수인력 규모는 대형 원전과 별 차이가 없기 때문이다. 재생에너지의 균등화발전비용$_{LCOE}$은 지속적으로 감소하는 추세에 있지만 원자력발전, 특히 대형원전의 균등화 발전비용은 지속적으로 늘어나고 있다. 대형원전의 비용이 늘어나는 추세이므로 이보다 발전단가가 높은 SMR의 경제성에 대한 불확실성은 계속 남아있는 셈이다.

하지만 무엇보다도 부지확보가 SMR 도입에 가장 큰 장애요인이 될 가능성이 크다. 기존의 대형 원자력발전소는 동일한 장소에 동일한 설계의 원자로 여러 기를 건설하는 형태로 진행되었지만, SMR은 여러 장소에 분산해서 지어야 한다. 우리는 중·저준위 방사능 폐기물 방폐장 부지를 선정하는 데에만 19년이 걸렸다. 여러 장소에 분산 설치해야 하는 SMR은 주변 주민들의 엄청난 반대에 직면할 가능성이 크다. 아무리 많은 장점이 있는 에너지원이라도 설치할 부지를 확보하지 못하면 그 기술은 무용지물이 될 수밖에 없다.

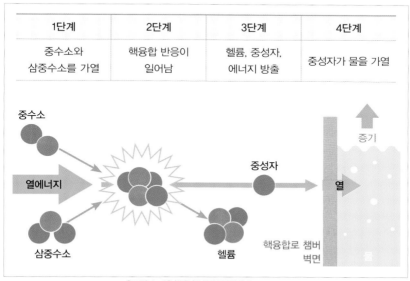

1단계	2단계	3단계	4단계
중수소와 삼중수소를 가열	핵융합 반응이 일어남	헬륨, 중성자, 에너지 방출	중성자가 물을 가열

[그림 4-8] 핵융합발전의 원리 (출처: BBC)

그러면 인공태양으로 불리는 핵융합발전은 원자력발전의 대안이 될 수 있을까? 핵융합도 핵에너지를 사용하지만, 원자력발전에 사용되는 핵분열과는 정반대의 원리로 작동된다. 핵분열은 우라늄이나 플루토늄의 핵이 분열하면서 나오는 에너지를 이용한다. 반면 핵융합은 수소를 원료로 삼아 고온에서 원자가 융합할 때 배출하는 에너지를 활용한다. 태양이 빛과 열을 내는 것은 내부에서 끊임없이 일어나는 수소의 핵융합 반응 때문이다. 핵융합발전을 '인공태양'이라고 부르는 이유다.

핵융합발전의 원리는 [그림 4-8]과 같다. 수소는 원래 중성자 없이 양성자와 전자로만 구성되어 있다. 하지만 바닷물에는 일정 비율로 중성자를 가진 중수소[49]가 포함되어 있다. 이 중수소와 인위적으로 만든 삼중수소를 섭씨 1억도 이상의 고온에서 충돌시키면 수소끼리 결합하면서 헬륨이 되고, 필요 없어진 중성자가 튀어나온다. 이 중성자들이 핵융합로 안쪽 벽에 부딪히면서 생기는 에너지로 물을 데워 증기를 만들고, 이 증기로 발전기를 돌려 전기를 만든다. 이론적으로 핵융합발전은 원자력발전에 비해 발전효율이 7배나 높다. 수소 1kg으로 핵융합 반응을 일으키면 석탄 8톤을 사용한 화력발전만큼의 전력을 생산할 수 있다.

수십억 년간 태양이 타오르는 원리를 본뜬 핵융합발전은 수소(중수소와 삼중수소)를 원료로 쓰기 때문에 자원고갈의 염려가 없다. 수소가 지구 상에 무한에 가깝게 존재하기 때문이다. 발전 과정에서 방사성 폐기물도 나오지 않는다. 삼중수소가 방사성 물질이긴 하지만 반감기가 12.3년에 불과해 핵폐기물에 대한 염려도 비교적 덜하다. 그뿐만 아니라 연료공급을 중단하면 그 즉시 핵융합이 중단되기 때문에 안정성도 뛰어나다. 핵융합을 '꿈의 청정에너지'라고 부르는 이유다.

하지만 핵융합발전을 상용화하기 위해서는 여러 가지 기술적인 난제를 해결해야 한다. 핵융합발전에는 '난도 불변의 법칙'이 있다고 할

---

49 핵융합발전은 수소 중에서도 중수소(Deuterium)와 삼중수소(Tritium)를 이용한다. 일반적인 수소는 원자핵과 양성자 하나로 이루어져 있다. 하지만 수소 가운데 원자핵과 양성자 외에 중성자 하나를 추가로 가진 수소가 중수소이며, 양성자 하나에 중성자 두 개로 이루어진 것이 삼중수소다. 중수소와 삼중수소는 보통의 수소보다 무겁기 때문에 무거울 중(重) 자를 사용한다.

정도다. 하나의 난관을 넘어서면 또 다른 난제가 계속 등장한다는 의미다. 상용화를 위해 극복해야 할 기술적인 문제가 그만큼 많다. 태양은 지구보다 중력이 높아서 섭씨 1,000만도 정도의 온도에서 핵융합이 일어난다. 하지만 지구 상에서는 태양보다 중력이 낮기 때문에 핵융합에 성공하기 위해서는 섭씨 1억도 이상의 고온이 필요하다. 이러한 온도를 견딜 수 있는 물질은 지구 상에 존재하지 않는다. 그래서 과학자들은 실험실에서 핵융합발전을 위해 도넛 모양의 진공 자기장 안에 초고온 기체, 즉 플라스마[50]를 가두는 방법을 고안했다. 세계 핵융합 과학기술자들은 2050년 핵융합발전의 실용화를 목표로 공동 연구와 개발을 진행하고 있는데 우리나라도 여기에 적극 참여하고 있다. 핵융합발전도 기술혁신이 일어나야 상용화가 가능한 영역이다.

---

50 플라스마(Plasma)는 고체, 액체, 기체 다음으로 물질의 네 번째 상태를 의미한다. 물질에 에너지를 가하면 물질 상태는 고체에서 액체로, 그리고 다시 기체로 변한다. 기체를 계속 가열하거나 강한 전기장을 걸어 주면 플라스마 상태가 된다. 플라스마는 기체상태와 유사하지만, 원자 내 전자가 더 이상 원자핵에 속박되지 않고 자유로이 옮겨 다니는 상태를 의미한다. 네온사인과 형광등은 인공적으로 만든 플라스마이며, 북극 밤하늘의 오로라는 자연에서 발생하는 플라스마다.

- 전기의 사용은 어떠한 역사를 거쳐 오늘날에 이르렀을까? 테슬라와 에디슨이 벌인 전류전쟁의 원인은 무엇이며 결과는 어떻게 마무리되었나?

- 초기의 분산화되고 파편화된 사설 전력망들을 중앙집중형 그리드(전력망)로 발전시킨 인설Insull의 법칙이란 무엇인가?

- 중앙집중형 발전과 분산전원의 장점과 단점에는 어떤 것들이 있을까? 최근에 전력망들이 다시 분산화되고 있는 이유는 무엇일까?

- 에너지 민주주의란 무엇이며, 디지털 기술이 에너지의 민주화를 위해 꼭 필요할까?

CHAPTER 5

에너지 분권화와 에너지 프로슈머

정전기에서 전기를 만들어 내다

전기는 정전기의 발견에서 시작되었다. 문고리를 만졌을 때 찌릿하거나, 머리를 빗으면 머리카락이 폭탄처럼 솟아오르게 하는 것이 정전기 현상이다. 기원전 600년경 그리스 철학자 탈레스Thales는 나무 수지가 돌처럼 굳어져 만들어진 보석인 호박Amber을 털가죽으로 문지르면 작은 물체가 달라붙는 현상을 발견했다. 당시 사람들은 마치 호박이 살아서 마법을 부리거나 심지어는 호박 속에 영혼이 깃들어 있어 물질을 잡아당긴다고 생각했다. 전기를 뜻하는 일렉트리서티Electricity라는 영어단어가 호박을 의미하는 그리스어 'Elektron'에서 유래한 것도 이 때문이다. 하지만 당시에는 정전기 현상에 대해 과학적으로 설명하지는 못했다.

정전기를 만들어 내는 기술은 17세기 들어와서야 독일의 물리학자 오토 폰 게리케Otto von Guericke에 의해 개발된다. 그는 유황으로 만든 크고 둥근 공을 축에 끼워 돌리면서 건조한 손바닥으로 문지르면 둥근 공이 전기를 띠게 된다는 것을 발견했다. 그리고 이 공을 다른 물체와 접촉하면 해당 물체가 전기를 띠게 된다는 사실을 밝혔다. 정전기를 인위적으로 발생시키는 최초의 기술이 만들어진 것이다. 전기를 만드는 방법을 알았으니 다음 단계는 전기를 저장해서 들고 다닐 수 있는 기술이 필요했다. 결국, 1745년 독일의 물리학자 에발트 폰 클라이스트Ewald von Kleist가 전기를 담는 병을 개발했다. 병에 물을 담고 코르크로 막은 뒤 물에 닿을 만큼 긴 못을 코르크에 꽂는다. 그다음 물속에 전기를 흘려 넣은 후 못을 뽑으면 전기를 보관할 수 있다는 것을 발견했던 것이다. 비슷한 시기 네덜란드 레이던 대학의 피터르 판 뮈스헨브루크Peter Van Musschenbroek 교수도 정전기를 모을 수 있는 병을 만들었는데, 오늘날 이 축전장치를 '라이덴병'이라고 부른다. 거의 같은 시기에 독일과 네덜란드에서 동시에 라이덴병을 발견한 셈이다.

라이덴병은 대륙을 넘어 미국으로 전해져 쇼를 위한 기술로 사용되기 시작했다. 천장에 사람을 매달아 놓고 그 근처에서 라이덴병으로 불꽃을 일으키는 전기 마술쇼가 유행했던 것이다. 벤저민 프랭클린Benjamin Franklin은 전기 마술쇼를 본 후 전기에 흥미를 갖게 되었고 다양한 실험을 통해 벼락이 전기현상임을 밝혀낸다. 프랭클린은 비 오는 날 연줄의 끝에 뾰족한 금속 침을 꽂고 연줄의 다른 끝에는 금속열쇠를 달았다. 번개가 연 끝의 금속과 부딪치면 금속열쇠에서 불꽃이 튀고 열쇠에 전기가 흐르는 것을 발견한 후, 번개가 전기현상임을 발표해 세계적인 명성을 얻었다. 이 실험을 통해 탄생한 것이 오늘날의 피뢰침이다. 벼락이 떨어지기 쉬운 건물의 꼭대기에 금속첨탑을 세워 번개의 전기를 흡수해 피해를 막는 방법이다.

1880년에는 화학에너지를 기반으로 전기를 만드는 화학전지가 개발된다. 이탈리아의 화학자 루이지 갈바니Luigi Galvani는 철책에 매단 개구리

뒷다리에 철사를 대면 경련이 일어나는 것을 보고, 개구리 자체에서 전기가 나온다고 생각했다. 갈바니가 이를 '동물전기'라고 이름 붙여 세상에 발표하자 이 주장에 대해 이탈리아의 물리학자 알레산드로 볼타_{Ales-sandro Volta}는 다른 주장으로 맞불을 놓았다. 볼타는 전기가 만들어진 원인이 개구리의 '동물전기'가 아니라, 개구리를 두고 맞닿은 두 금속 사이에 발생한 '금속 전기' 때문이라고 주장했다. 이후 두 과학자는 20년 동안 이를 두고 논쟁을 하게 되는데, 결국 이 논쟁에서 볼타가 이기며 화학전지를 위한 기초이론이 완성된다.

볼타는 두 종류의 금속에 전기를 통하게 하는 액체를 놓으면 전기가 만들어질 것이라는 가설을 세우고 이를 입증하며 전기를 생산해 낼 수 있는 화학전지를 만들었다. 당시에는 전기실험을 하려면 전기 발생 장치로 만들어진 정전기를 모아서 저장한 '라이덴병'을 활용했는데, 정전기는 쉽게 없어져 본격적인 실험을 하기에 어려움이 많았다. 금속을 이용해 전기를 만드는 화학전지는 정전기를 모아 사용하는 방법보다 더 오랜 시간, 안정적으로 전기를 사용할 수 있어서 이후 전기를 사용하는 다양한 실험에 큰 공헌을 하게 된다. 오늘날 전기의 압력을 측정하는 볼트(V)도 바로 볼타의 이름에서 유래한 것이다.

1820년 덴마크 코펜하겐 대학의 물리학 교수였던 한스 외르스테드_{Hans Christian Ørsted}가 '전자기 효과'를 발견했다. 외르스테드는 전류가 흐르는 도선 주위에 자기장이 형성된다는 것을 발견함으로써 최초로 전기와 자기장 사이의 관계를 밝혀냈다. 외르스테드의 전자기 효과는 우연히 발견되었다. 그는 학생들에게 전류가 흐르면 도선이 뜨거워지는 현상을 보여 주기 위해 실험을 하던 중 도선 옆에 놓여 있던 나침반의 자침이 회전하는 것을 보고 깜짝 놀랐다. 외르스테드는 이 현상에 관해 여러 차례 실험한 후 전기현상과 자기현상 사이에 밀접한 관계가 있다는 사실을 밝히게 된다.

전기가 자석과 같은 자기효과를 만들어 낸다는 사실을 안 마이클 패러데이Michael Faraday는, 거꾸로 자석으로 전기를 만들 수 있을 것이라는 가정하에 1824년부터 실험을 거듭했다. 그리고 1831년 드디어 자석을 전선 쪽으로 움직이면 전선의 한 방향으로 전류가 흐르고, 전선에서 멀리 가져가면 반대 방향으로 전기가 흐른다는 사실을 발견했다. 코일 근처에서 자석을 움직이게 되면 코일 내부의 자기장이 변하게 되며, 이에 따라 코일에 전류가 흐르게 된다는 사실을 밝힌 것이다. 이렇게 해서 자석이 빠르게 움직일수록, 자석의 세기가 강할수록 만들어지는 전류의 세기도 커진다는 '패러데이의 법칙'이 만들어졌는데 이는 궁극적으로 전기를 생산하는 발전기의 원리가 되었다.

전기를 만드는 발전기는 전선을 가운데 두고 자석을 회전시키거나 코일을 주변에 두고 가운데의 자석을 회전시켜서 전기를 만든다. 19세기에 들어와 증기기관이 개발되면서 증기를 사용해 자석이나 코일을 회전시킬 수 있는 동력을 얻는 게 쉬워지면서 전기를 만드는 발전이 가능해졌다. 패러데이의 법칙이 증기기관과 만나면서 전기의 상용화가 시작된 셈이다.

분산전원으로 시작된 전력망_{Grid}

1830년대에 마이클 패러데이의 성공적인 실험에 힘입어, 인류는 전자기력을 이용해 전기를 만들 수 있게 되었다. 1860년대에 들어와 전기를 어디에 활용할 수 있을까 고민하던 개발자들은 관심을 밤에 불을 밝히는 조명으로 돌렸다. 당시에 사용하던 조명은 주로 가스를 사용했는데, 불꽃이 뿜는 먼지로 눈이 따가웠고 주변에 검은색 찌꺼기가 휘날렸다. 게다가 야간조명은 워낙 비싸서 오랫동안 켜 둘 수 없었다. 촛불과 가스램프보다 더 나은 조명이 그 무엇보다도 절실했다.

1878년 백열전구를 발명한 토머스 에디슨_{Thomas Edison}은 1882년에 맨해튼의 펄 스트리트에 백열전구를 사용하기 위한 전력망_{Grid}을 만들었다. 석탄을 때서 전력을 생산하는 소규모의 발전소를 만들고, 가정이나 회사에서 전등을 사용할 소비자를 모집해 뉴욕시에서 각종 공사허가도 얻어냈다. 에디슨이 만든 첫 번째 전력망은 8,000개의 전구들에 불을 밝히는 미국 최초의 공공조명 시스템이었다. 하지만 그는 직류전기를 사용했기 때문에, 물리적으로 발전소에서 1.6km보다 먼 지역에 위치한 고객의 백열전구에는 전력을 공급할 수 없었다. 펄 스트리트 발전소는 총 6개의 화력 발전기를 사용했는데, 소비지의 백열전구 위치가 발전소로부터 먼 거리에 위치할 경우 전송과정에서 전압이 낮아져 조명을 밝힐 수가 없었기 때문이다. 따라서 에디슨은 도시를 소규모의 블록으로 나누고 각 블록마다 석탄발전소를 하나씩 건설하는 프로젝트를 진행했다.

1887년 에디슨이 만든 직류전기를 대체하는 교류전기가 니콜라 테슬라_{Nikola Tesla}에 의해 개발되었다. 교류전기의 가장 큰 장점은 발전기에서 낮은 전압으로 생산되었다고 해도 변압기를 통해 훨씬 더 높은 전압으로 '승압'할 수 있다는 것이었다. 전압을 높일수록, 전기는 더 멀리 전송할 수 있다. 에디슨이 맨해튼에 설치한 전력망은 전기를 최대 1.6㎞까지만 전송할 수 있었던 반면, 테슬라의 교류 시스템은 500V 전압을 가진 전기를 만들어 3,000V로 승압해서 전송했기에, 훨씬 먼 거리까지 전기를 보낼 수 있었다. 이러한 장점 때문에 교류전기가 빠르게 직류전기를 대체하기 시작했고 결국에는 테슬라의 교류전기가 전력시스템의 표준으로 자리 잡게 된다(그린박스: 에디슨과 테슬라의 전류전쟁 참조).

이 시대의 전력망은 분산전원의 전형을 보여 준다. 전기를 사용하는 소비자나 기업은 자신의 수요에 맞는 소규모 전력망_{Grid}을 독자적으로 만들어 사용했다. 도시의 가로등을 위해 만든 전등은 사무실 내부 조명으로 사용하기에는 너무 밝았다. 또한, 전구 100개를 켤 수 있는 전압이라고 해도 전차를 움직이는 데는 역부족이었다. 따라서 개별 회사는 자사의 전기수요와 용량에 맞는 발전기와 전용전선을 갖춘 독립적인 그리드를 수축했다. 그 결과 대도시에는 그리드의 수가 폭발적으로 늘어나 1893년에 맨해튼 시내에만 약 20개의 전기회사가 저마다 독자적인 전력망을 설치해 운영했다. 시카고에는 전차를 운영하는 기업을 포함해 40개에 달하는 전기회사들이 서로 독자적인 전력망을 만들어 경쟁했다. 전기의 상용화가 본격화된 19세기 말 미국 전기의 인프라는 개별 사설발전소를 사용하는 수많은 독립적인 전력망이 뒤죽박죽 섞여 있는 전형적인 분산형 그리드였다.

에디슨과 테슬라의 전류전쟁

　1880년대 미국 뉴욕에서는 니콜라 테슬라와 토머스 에디슨 사이에 전기사업의 주도권을 놓고 일생일대의 '전류전쟁'이 벌어진다. 양측간 싸움의 내용은 직류와 교류 중 어떤 것을 전기 시스템의 표준으로 삼을 것인지에 대한 것이었다. 에디슨은 직류$_{DC}$를, 테슬라는 교류$_{AC}$를 써야 한다고 주장했다.

　세계 최초로 백열전구를 발명한 에디슨은 1931년 84세의 나이로 세상을 떠날 때까지 무려 1,100개에 달하는 발명품을 내놓았다. 하지만 그는 천재라기보다는 노력파에 가까웠다. 그가 남긴 "천재란 1%의 영감과 99%의 노력으로 만들어진다"는 명언은 노력으로 점철된 그의 일생을 그대로 표현한 것이다. 반면 테슬라는 에디슨과 달리 어릴 때부터 물리, 수학, 음악, 언어 등 거의 모든 분야에서 천재성을 보였다. 그는 발명할 때에도 먼저 정확한 이론을 바탕으로 계획서를 작성한 뒤 일을 시작했고 따라서 시행착오도 거의 겪지 않았다.

　테슬라는 대학졸업 후 프랑스 파리에 소재한 에디슨의 유럽 자회사에서 근무하며 이름을 알렸다. 어릴 적부터 신동으로 불린 그의 실력은 본사에까지 알려졌고 결국 1884년 6월 테슬라는 미국 에디슨연구소의 연구원으로 발탁되어 미국을 향한다. 이곳에서 테슬라는 직류전기가 일반인이 쓰기에 비싸다는 점을 들어 자신이 발명한 교류전기를 쓰도록 에디슨에게 제안한다. 하지만 당시 축음기, 전화송신기 등을 발명해 부를 축적하고 있었던 에디슨은 이미 직류전기 시스템에 투자를 많이 한 상태였기에 테슬라의 교류전기 제안을 거절했다.

에디슨에게 실망한 테슬라는 1886년 자신의 회사를 설립하고, 이듬해인 1887년 교류시스템에 필요한 발전기, 모터, 변압기를 모두 만들어내는 데 성공했다. 테슬라의 교류시스템은 조지 웨스팅하우스가 투자를 지원하면서 한층 더 발전했고 이를 계기로 직류시스템을 고집하는 에디슨과의 전류전쟁이 본격적으로 시작된 것이다.

전기를 전송하는 전선에는 저항이 있다. 전기를 멀리 전송할수록 저항에 의한 손실로 전기량은 더 줄어든다. 이 때문에 직류전기를 사용하는 발전기는 소비하는 지역과 가까운 곳에 설치해야만 했다. 반면 교류방식은 전압을 높여서(승압) 먼 거리까지 전송할 수 있다. 전선에 저항이 있어 전기량이 감소해도 문제가 되지 않는다. 발전소를 소비지역 가까이에 지을 필요가 없어 멀리 떨어진 발전소에서 전압을 올린 전기를 전송한 뒤 각 지역에 설치된 전신주의 변압기에서 전압을 소비전압(110V)으로 낮춘다. 이 때문에 발전에 필요한 석탄이나 물만 있으면 어디든 발전소를 세울 수 있는 게 교류시스템의 장점이었다. 테슬라의 발전방식을 적용하면 전기를 싸고 편리하게 공급할 수 있다는 사실이 알려지면서 교류전기는 에디슨의 직류전기 시장을 파고들기 시작했다.

자신의 직류전기 시스템 시장이 잠식당하자 에디슨 측은 교류전기는 고압전선을 사용하기 때문에 감전사고의 위험이 크다는 캠페인을 벌이며 반격에 나섰다. 당시 뉴욕의 하늘은 고압선과 전화선으로 검게 뒤덮여 있었고 매년 수십 명의 사람이 고압선에 감전돼 죽는 사고가 발생하던 때였다. 에디슨은 '이렇게 무서운 교류를 가정에서 사용하시겠습니까?'라는 질문을 던지며 교류 대신 직류를 사용할 수밖에 없다고 주장했다.

하지만 전류전쟁은 교류의 승리로 끝이 난다. 1893년 시카고에서 만국박람회가 개최되었는데, 콜럼버스의 아메리카대륙 발견 400주년을 기념하기 위해 시카고박람회 준비위원회는 박람회 장소에 25만 개의 전구를 설치하는 프로젝트를 진행했다. 에디슨과 테슬라 측은 서로 이 사업을 따려고 노력했고 결국 테슬라 측이 승리하면서 시카고박람회에는 교류전기를 사용하는 전구가 설치되었다.

이후 두 진영의 전류전쟁은 '나이아가라 대결'로 대단원의 막을 내린다. 당시 캐터랙트라는 기업이 나이아가라 폭포의 풍부한 수자원을 이용해 발전소를 설치했는데, 약 42㎞ 떨어진 버팔로 시에 전력을 공급할 수 있는 송전사업자를 물색했고, 여기에 에디슨의 제너럴 일렉트릭과 테슬라의 웨스팅하우스가 한판 대결을 벌였지만,

승리의 여신은 또다시 웨스팅하우스의 손을 들어줬다. 이로써 전류 전쟁은 교류의 승리로 끝났고 교류시스템이 전력공급 방식의 표준으로 자리 잡게 된다. 오늘날 자기장의 세기를 나타내는 단위로 테슬라의 이름을 딴 T(테슬라)를 쓰는데 이는 교류시스템을 개발한 테슬라의 공헌을 기리기 위한 것이다.

에너지 민주주의와 디지털 혁신

전력망의 중앙집중화 : 인설Insull의 법칙

개별 발전소들이 운영하는 다양한 전력망Grid이 분산해 있던 전기인
프라를 중앙집중형 전력망으로 전환하는 데 큰 역할을 한 사람이 새뮤
얼 인설Samuel Insull이다.[51] 영국에서 태어나고 자란 인설은 미국에서 토머
스 에디슨의 비서로 젊은 시절을 보냈다. 전기사업이 새로운 기술을 발
명한 엔지니어 간의 게임에서 창의적인 경영전략을 만들어 내는 경영자
간의 게임으로 바뀌면서, 에디슨의 자리를 인설이 차지하게 된다.

1892년 에디슨은 자신의 직류시스템이 테슬라의 교류시스템에 최종
적으로 패배했다는 점을 인정하고 뉴저지에 있는 자신의 실험실로 은
퇴한다. 인설은 제너럴 일렉트릭의 제2부사장 자리를 제안받았으나 이
를 거절하고 대신 연봉이 1/3밖에 되지 않는 시카고 에디슨에서 지휘봉
을 잡았다. 시카고 에디슨은 1888년에 시카고 최초로 웨스트 애덤스 스
트리트에 3,200kW의 직류발전기를 사용하는 중앙발전소를 운영하고 있
었다. 인설이 32살의 젊은 나이에 시카고 에디슨에 도착했을 때 시카고
시내 중심부에만 중앙발전소 18개와 사설발전소 500개가 서로 경쟁하
고 있었다.

인설이 시카고에서 넘어야 했던 가장 큰 난관은 발전시설의 낮은 이
용률이었다. 시카고 에디슨의 고객 5,000명은 조명을 위해 발전소의 전
기를 주로 이른 저녁에 사용했다. 일하는 사람이 없는 한밤중과 아침,

....

51 『그리드: 기후위기 시대, 제2의 전기 인프라 혁명이 온다』, 그레천 바크(Gretchen Bakke), 김선교,
전현우, 최준영 역, 동아시아, 2021년.

그리고 해가 떠 있는 대부분의 시간(특히 여름)에는 3,200kW의 공급능력을 갖추고 있는 발전기가 거의 꺼져 있어서 이용률이 저조할 수밖에 없었다. 당시에는 전기를 저장할 수가 없었기 때문에 전기는 생산, 판매, 전송, 그리고 사용이 동시에 이루어져야만 했다. 전기는 가스와 기본적으로 달랐다. 가스는 저장할 수 있으므로 피크 수요를 충족하기 위해 가스를 비축(저장)하면서 24시간 수요를 충족시킬 수 있었다. 하지만 저장을 할 수 없었던 전기는 생산과 함께 바로 소비되어야만 했던 것이다.

시카고의 제조공장들은 제품을 생산하기 위해 낮 동안 자신들의 사설 발전기를 가동해 전기를 사용하지만, 밤에는 발전기를 꺼버렸다. 아파트와 고급주택의 사설 발전소는 주로 상업지구의 조명이 꺼지는 저녁 시간에 전기사용을 시작한다. 대개의 경우 지방정부가 소유한 가로등은 밤에만 점등되었다. 전차는 새벽과 해 질 녘에 집중적으로 달렸다. 전기의 수요자들 모두 각자가 보유한 전기장비를 일부 시간대에만 가동하고 있었다. 인설은 중앙집중식 전력망을 만들고 발전기를 하루 종일 가동할 수 있도록 피크 사용 시간대가 다른 다양한 고객을 모두 끌어들여야만 발전기의 이용률을 올리고 수익을 창출할 수 있다고 믿었다. 전기를 팔아서 이익을 남기는 성공비결은 단순히 많은 고객을 확보하는 데 있지 않고, 다양한 고객을 유치해 대규모의 중앙집중식 발전소를 온종일 운영하기에 충분한 수요를 확보하는 데 있다고 본 것이다.

인설은 많은 양의 전기를 24시간 내내 생산하는 한편, 이를 모조리 팔아버리는 전략을 사용했다. 그는 전기요금을 대폭 인하해 그의 전기가 사설 발전소에서 나온 전기나 가스에 비해 가격경쟁력이 있는 에너지원이 되도록 만들었다. 인설이 시카고 에디슨을 운영한 처음 5년 동안, 중앙발전소가 공급하는 전기가격은 kWh(킬로와트시)당 20센트에서 10센트로 절반이나 줄었다. 그는 여기에 만족하지 않고 kWh당 2.5센트에 도달할 때까지 매년 추가로 1센트씩 가격을 낮추었다. 이 기간에 시카고 에디슨의 고객 수는 급격히 증가해 수십만 명에 도달하게 된다.

1911년 인설은 산업체의 전기수요를 충분한 수준으로 높이기 위해 '오프 피크_{Off Peak}' 전력(주간, 심야)을 kWh당 0.5센트의 요금으로 산업고객들에게 판매하기 시작했다. 이는 공장이나 산업체들이 사설발전소를 가동해 전력을 생산해 이용하기보다는 인설이 제공하는 전력을 사용하도록 만들기에 충분히 저렴한 가격이었다. 전기를 생산하는데 드는 가변비용은 전체비용에서 작은 부분을 차지했기 때문에 심야 시간에 0.5센트의 가격으로 전력을 제공하는 것은 에디슨 시카고에도 이익이었다. 발전소를 전체시간 중 5.5%만 운영한다고 하더라도, 95%만큼 운영하는 것과 운영비용(발전소 및 인력관리, 시스템 유지보수, 송배전 선로수선, 전력판매, 석탄수급 등)은 큰 차이가 없었기 때문이다.

인설의 성공은 전력산업의 지형을 완전히 바꾸어버렸다. 분산된 전력망은 사라지고 대형화된 중앙집중식 전력망이 사설 전력망과 소규모 발전소를 대체하기 시작했다. 더 크고 더 효율적인 대규모 발전소를 짓고 가격을 낮추어 더 많은 다양한 고객을 끌어들이는 규모의 경제가 전력산업의 키워드가 되어버린 것이다. 인설이 시카고 일대를 모두 지배하는 전기제국을 건설하는 것을 목격한 다른 기업들도 소규모 발전소와 사설 전력망을 합병하면서 독점적인 중앙집중형 전력망을 갖춘 대형 전기회사로 거듭났다. 그 결과 1920년대가 끝날 무렵 10개의 지주회사가 중앙집중형 전력망으로 미국 전기사업의 75%를 지배하는 독점형 산업으로 변모하게 된다.

미국의 전력사업은 이후 흡수합병 과정을 병행하면서 독점기업으로 성장했다. 미국시장 전체를 지배하려고 한 스탠다드 오일(석유산업)이나 US스틸(철강산업)과 같은 트러스트[52]가 군림한 다른 산업과는 달리 유틸리티라고 부르는 전력회사는 미국 내 여러 개가 있었지만, 이들의 사업구역은 서로 겹치지 않았다. 즉 개별 전력회사가 자신이 전기서비스를 제공하는 지역에서는 중앙집중형 대형 전력망을 구축하고 독점적인 서비스를 제공하는 형태로 발전해 온 것이다. 전력시장이 일정한 경계선을 따라 나누어져 있었기 때문에, 기업 수가 여럿 있어도 실제로 경쟁하는 환경은 아니었다. 개별 전력회사는 자신의 서비스 지역 내 정부기관의 규제를 받는 대신 독점적으로 전기서비스를 제공해 왔고, 그 과정에서 전력망Grid은 중앙집중화되고 대형화되었다. 그 결과 1990년대 중반에는 수직통합형 민간전력회사들이 발전설비의 70%를 점유하게 되었다. 하지만 이러한 중앙집중형 전력망은 태양광발전과 풍력발전과 같은 재생에너지의 비중이 늘어나면서 새로운 도전에 직면하게 된다.

우리나라 최초의 전력망은 조선 시대 고종 때인 1887년 3월 경복궁

---

52 트러스트(Trust)는 시장지배를 목적으로 동일한 생산단계에 속한 기업들이 하나의 자본에 결합하는 것을 의미한다. 트러스트라는 용어는 1879년에 석유 재벌 록펠러가 세운 '스탠더드 오일 트러스트'에서 유래된 것이다. 석유제품에 대한 트러스트의 독점과 그로 인한 피해를 막기 위해 이후 미국 정부가 독점금지법을 제정하였는데, 이러한 법을 영문으로 Anti-Trust Law라고 쓴다.

에 설치된 백열전등을 위한 그리드였다. 에디슨이 뉴욕의 맨해튼에 백열전구를 위한 최초의 전력망을 건설한 1882년보다 5년 후의 일이었으므로 아시아 최초의 전력망인 셈이다. 당시 조선이 거금을 들여 중국이나 일본보다 앞서 경복궁 내 조명설비를 위한 전력망을 구축한 이유는 임오군란과 갑신정변을 겪은 고종이 야간의 어둠을 이용한 병란을 두려워해 궁궐 내에 전등을 많이 켜서 새벽까지 훤하게 밝히도록 명령했기 때문이다. 이후 1928년 한국전력공사(한전)의 전신인 경성전기주식회사가 세워지며 우리나라의 전력시장은 경제성장과 비례해 최근까지 폭발적으로 성장해 왔다.

1970년대 두 차례 석유파동과 그에 따른 글로벌 경제위기를 겪기도 했지만 우리나라는 전쟁이나 국제사회 간 갈등과 같은 외부요인에 큰 영향을 받지 않고 경제성장에 필요한 전력을 안정적으로 확보하는 에너지 공급정책을 추진해 왔다. 그 과정에서 한전은 국내 전체의 안정적인 전력공급을 책임지는 거대기업으로 성장했으며, 지난 100년간 전력망 운영과 전기판매를 독점적으로 운영할 수 있었다. 한전이 독점적으로 구축해 온 중앙집중식 전력망도 최근 국내에서 늘어나기 시작한 재생에너지와 분산전원의 증가로 전력산업의 분권화에 대한 요구가 커지면서 새로운 도전을 받고 있다.

재생에너지와 에너지원의 분산화

인설의 법칙 이후 대형 발전회사들은 독점적인 위치에서 경제성장에 필요한 에너지를 중앙집중방식으로 공급해 왔다. 화석연료를 사용하는 화력발전이나 원자력발전을 사용하던 이전의 전력망은 중앙집중형 에너지였다. 수도권이나 대도시에서 멀리 떨어진 원격지에서 대규모 화력발전과 원자력발전으로 전기를 생산한 후, 장거리 송전망을 통해 소비지인 수도권이나 대도시로 전기를 전송하는 시스템이었다. 따라서 주요 인프라인 전력망은 발전사업자에서 송전사업자로, 그리고 마지막 소비자에게로 한쪽 방향으로 전기를 흘려보내는 구조였다([표 5-1] 참조).

중앙집중형 에너지의 장점은 규모의 경제에 있다. 대규모 발전소를 짓고 그에 맞는 송전망을 갖추는 데에는 거액의 고정비용이 발생한다. 그러나 그 발전소에서 생산한 전력을 소비하는 수요자가 많을수록 단위 발전량 당 평균 고정비용은 감소하게 된다. 즉 전력망이 중앙집중형태로 발전한 배경에는 규모의 경제를 추구하는 인설의 법칙이 그 배경에 있었다. 대규모 발전소를 건설하고 가급적 많은 수요자를 끌어들여 발전단가를 낮추는 데 충실한 것이 전통적인 중앙집중형 에너지다. [표

[표 5-1] 중앙집중형 전력망과 분산형 전력망 비교 (출처: 산업통상자원부)

구분	기존의 에너지 시스템	미래의 분산 에너지 시스템
기본방향	• 대규모 발전소를 사용한 중압집중형 발전 • 원거리 발전소에서 수도권으로 송전	• 소규모 발전소 중심의 분산형 발전 • 지역내에서 에너지를 생산해 소비
전력망	• 단방향 위주의 전국적 네트워크 (발전사업자 → 송배전사업자 → 소비자)	• 프로슈머형 기반의 양방향 네트워크(발전사업자 ↔ 소비자)
전력거래	• 규모의 경제에 기반한 효율성 위주의 전력시장	• 자가소비, 수요지 인근 거래가 중심(프로슈머간 전력거래 활성화)
에너지 분권	• 중앙 정부 주도의 전력체계	• 중앙정부와 지방정부의 협업 • 주민(프로슈머)의 적극적인 참여

5-1]이 보여주는 것처럼 중앙집중형 전력망은 에너지를 관리하는 주체도 중앙정부가 주도해 규모의 경제를 최대화하는 지배구조를 취한다.

하지만 중앙집중형 전력망은 단점도 있다. 첫째 발전소가 원격지에 위치하고 있어 발전과정에서 발생하는 열에너지를 활용하기 어렵다. 발전소에서 전기를 생산하는 과정에서 전기만 만들어지는 것이 아니라 열에너지도 같이 생성된다. 원자력발전이나 화력발전으로 전기만 만들면 에너지 효율은 약 40% 정도에 머무른다. 전기생산 과정에서 발생되는 열을 난방으로 활용하지 않으면 나머지 60%의 열에너지는 폐열로 공기 중이나 지상의 강 또는 바다에 버려지는 셈이다. 이러한 폐열을 이용해 종합적인 에너지 효율을 높인 것이 열병합발전소[53]다. 화석연료를 태운 열로 물을 데워 증기를 만들어 발전기를 돌릴 뿐 아니라 이 열을 난방에도 활용하는 열병합발전을 이용하면 에너지 효율이 80%까지 늘어난다. 하지만 기존의 중앙집중형 에너지는 발전소를 도시 인근이 아닌 원격지에 건설하기 때문에 열에너지를 이용하기 어려워 발전효율이 떨어지게 된다.

그뿐만 아니라 먼 거리의 원격지 송전은 전기를 전송하는 과정에서 전력낭비가 많다. 발전기에서 생산된 전기가 가정이나 공장으로 옮겨지기 위해서는 송전과 배전의 과정을 거쳐야 한다. 송전은 발전소에서 변

---

53 한 가지 연료를 태워서 전기와 열, 둘 이상의 에너지를 동시에 얻는 방식을 열병합발전이라고 한다. 열병합발전소에서 나오는 열을 난방에너지로 사용하기 위해 열병합발전소는 주로 수요지(도시) 근처에 건설된다.

전소까지 전기를 보내는 것을 뜻하며, 변전소에서 최종 소비자까지 전기를 수송하는 과정을 배전이라고 하는데, 넓은 의미로 배전까지 합쳐서 송전이라 부르기도 한다. 송전을 위한 전력선은 전기저항이 있어서, 장거리 전송을 하게 되면 전기에너지 일부는 열로 변해 버려 전력손실이 불가피하다.[54]

송전을 위한 송전탑과 고압전선의 설치도 쉽지 않다. 장거리 송전 시 전력손실을 최소화하기 위해서는 전압을 높이는 승압 과정을 거쳐 고전압으로 전송해야 한다. 하지만 송전탑과 고압전선의 설치는 환경과 생태계, 주민 건강에 부정적인 영향을 미친다는 우려 때문에 지역 주민들의 반발이 크다. 울산 신고리 원자력발전소의 전력전송을 위한 송전탑 건설은 밀양시민들의 반대에 부딪혀 8년이 지난 지금도 해결이 되지 않고 있다. 앞으로 지상에 고압 송전탑을 설치하는 것은 점점 더 어려울 수밖에 없다. 지역주민들의 동의를 얻기 위해서는 고압전선을 땅속에 묻는 지중화 사업으로 전환할 필요가 있는데, 이 경우 건설비용이 많이 들어 쉽지 않다.

중앙집중형 전력망은 전력 대란의 위험에도 취약하다. 중앙집중방식의 단일 전력망 운영 시에는 적정 예비율을 확보하지 못하면 예기치 못한 전력수요의 증가로 전력망 전체에 혼란이 야기될 수 있다. 예상하

....

54 2012년부터 2021까지 10년간 국내 전력생산지에서 소비지인 수도권과 전국에 전력을 보내는 데 따른 송배전 손실량을 금액으로 환산하면 연평균 약 1조 7,000억 원에 달한다(한국전력자료). 1GW(기가와트) 원전 21기가 1년 동안 가동한 전력량 규모가 매년 장거리 송배전 손실로 사라지는 셈이다.

지 못한 전기수요로 전력망의 주파수가 감소하게 되면, 전력망은 특정 발전기의 속도를 높여 주파수를 안정시킨다.[55]

그러나 해당 발전기의 속도를 과도하게 조정하면 발전기가 견딜 수 없는 상황에 도달하고, 그런 상황에 도달한 발전기는 전력망에서 탈락하게 된다. 이처럼 일부 발전기들이 전력망에서 탈락하면, 나머지 발전기들이 주파수를 맞추기 위해 더 빨리 돌아야 하고 결국 전력망에서 탈락하는 발전기가 늘어나면서 전국적으로 전기대란 또는 대정전이 발생하는 것이다. 이런 이유로 중앙집중형 에너지 구조에서는 전력예비율(약 15%)을 충분히 확보하는 것이 무엇보다도 중요하다.

탄소중립을 위해 재생에너지가 원자력발전이나 화력발전을 대체하면 기존의 전력망은 분산화Decentralization된다. 풍력과 태양광 같은 소규모 재생에너지의 비중이 커지면 가정이나 공장과 같은 소비자가 전기생산자의 역할을 함께 수행하는 프로슈머Prosumer로 바뀐다. 분산에너지는 전원이 소규모로 나누어져 있기 때문에 중앙집중형 에너지보다 더 안정적인 전력망 운영이 가능하다. 중앙집중형 에너지는 광역 송전망을 기반으로 전력을 공급하다 보니 전력망에 문제가 발생하면 전체적인 정전사태를 유발할 수 있다. 하지만 에너지원이 분산되어 있으면 전력망에 문제가 생기더라도 국지적인 문제로 한정되고, 다른 분산전원들은 계속

....

55 우리나라 전력망은 주파수 60Hz(헤르츠)를 유지하도록 설계되어 있음은 이미 앞에서 설명한 바 있다. 전력 공급에 비해 수요가 갑자기 늘어나 주파수가 60Hz 아래로 떨어지면, 전력망 주파수를 맞추기 위해 전력공급을 늘려야 한다.

가동이 가능하기 때문에 전국적인 규모의 대정전과 같은 문제를 최소화할 수 있다.

분산전원DR, Distributed Resources은 소규모로 전력소비 지역 부근에 분산 배치한 발전설비를 의미한다. 대규모의 원자력과 화력발전이 소비자Pro-sumer가 생산하는 소규모 태양광발전이나 풍력발전으로 대체되면 분산전원이 늘어난다. 소규모 발전원끼리 사용하고 남은 전력을 서로 주고받아야 하므로 전기가 흐르는 전력망도 단방향이 아니라 양방향으로 전환되어야 한다. 에너지 관리체계도 중앙정부와 지방정부가 협업하면서 주민Prosumer들이 적극적으로 참여하는 구조로 바뀐다. 분산형 에너지 자원은 태양광과 풍력 같은 재생에너지뿐만 아니라 에너지 저장장치ESS[56], 수요반응DR을 모두 포함한다. 우리나라의 분산전원 현황을 정리한 [표 5-2]를 보면 분산형 에너지의 절반이 태양광발전이며(48%), 그다음으로 수요반응(20%)과 에너지저장장치(12%)가 높은 비중을 차지하고 있다.

[표 5-2] 국내 분산자원 용량 및 비중[57] (출처: 산업통상자원부)

구분	분산형 전원						ESS	DR
	태양광	풍력	수력	바이오	조력	연료전지		
용량(MW)	10,505	1,512	1,808	484	256	397	2,595	4,355
비중(%)	48	7	8	2	1	2	12	20

....

56 에너지저장장치(ESS, Energy Storage System)는 생산된 전기를 배터리와 같은 설비에 저장해 두었다가 전력이 필요할 때 공급함으로써 전력사용의 효율을 향상시키는 시스템이다. 에너지저장장치에 대해서는 본 장의 후반부에서 보다 자세히 설명하고 있다.

에너지 민주주의와 디지털 혁신

분산에너지는 기존의 중앙집중형 에너지가 가지고 있는 여러 가지 단점을 보완해준다. 분산에너지는 규모가 작은 발전원이 에너지 소비지역 인근에 있으므로 장거리 송전망을 필요로 하지 않는다. 따라서 대규모 발전시설을 위해 입지를 확보할 필요가 없고, 송전망 건설을 위한 투자와 운영비용도 크게 절감할 수 있다. 송전망을 통해 전력을 전송하는 과정에서 생기는 전력손실도 크게 줄어든다.

하지만 분산에너지는 중앙집중형 에너지에 비해 규모의 경제와 설비이용률이 떨어진다는 단점이 있다. 기존의 원자력이나 화력발전과는 달리 태양광과 풍력은 소비지 근처에 소규모로 건설되므로 규모의 경제를 실현하기 어렵다. 분산에너지는 최대 발전 가능량 대비 실제 발전량의 비율을 의미하는 설비이용률도 낮다. 중앙집중형 에너지는 발전원에 따라 50~70%의 설비이용률을 달성하고 있지만, 분산에너지의 대표주자인 태양광과 풍력은 설비이용률이 각각 15%와 20% 정도에 불과하다.

하지만 분산에너지의 가장 큰 문제점은 발전량의 변동성과 간헐성이다. 태양광과 풍력은 일조량과 풍력에 의존하기 때문에 원하는 시간에 필요한 전력을 생산하지 못할 수 있고 반대로 전력수요보다 과도하게 발전이 이루어질 수 있다. 즉 전력공급과 수요 간 불균형으로 정전의 위험이 커진다. 2050년 탄소중립 시나리오에 따르면 전체 전력의 70% 이상을 태양광발전과 풍력발전과 같은 분산에너지 자원에 의존하게 된

---

57 2020년 12월에 발표된 '제9차 전력수급 기본계획'에 나와 있는 자료로 2019년 기준이다.

다. 재생에너지의 간헐성 문제를 해결하지 않으면 안정적인 전력망의 운영이 쉽지 않다.

재생에너지의 간헐성 문제

전기를 사용하는 고객들의 전력수요는 시간대에 따라 달라진다. [그림 5-1]은 하루 24시간 동안 전력수요가 어떻게 변하는지를 보여주고 있다. 하루 중 전력수요를 관찰하면 새벽 시간대는 수요가 줄어들고, 활동이 많은 낮 시간대에 전력수요가 주로 몰린다. 시간에 따라 달라지는 수요변화 때문에 기존의 에너지 체계는 발전방식을 크게 '기저부하$_{Basic Load}$' 발전과 '첨두부하$_{Peak Load}$' 발전이라는 두 가지로 나누어 전기를 생산하고 관리한다. 기저부하 발전은 우리가 일반적으로 생각하는 보통의 발전과 비슷한데, 원자력발전과 석탄을 사용하는 화력발전이 주로 기저부하 발전에 해당한다. 원자력과 화력발전소는 가동준비에 걸리는 시간

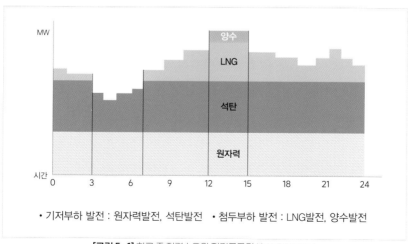

• 기저부하 발전 : 원자력발전, 석탄발전   • 첨두부하 발전 : LNG발전, 양수발전

[그림 5-1] 하루 중 전력수요와 전력공급원 (출처: 전력거래소)

에너지 민주주의와 디지털 혁신

이 긴 대신 전기생산 단가가 상대적으로 저렴하다. 즉 1년 365일 지속적으로 가동되는 발전소가 기저부하 발전소에 해당한다. 기저부하를 위한 원자력발전소나 석탄발전소의 경우 예방적 정비나 긴급정비를 위해 가동을 중단하는 경우도 있지만 일반적으로 일년 내내 항상 가동된다.

첨두부하 발전은 전력수요가 가장 많이 늘어나는 피크 시간대에 전기를 추가로 생산해서 원활하게 전력을 공급하는 발전을 의미한다. 첨두부하 발전은 정지상태에서 발전시설을 신속하게 가동할 수 있어야 한다. 첨두부하 발전에 가장 많이 사용되는 것이 양수揚水발전과 천연가스LNG발전이다. 원자력발전은 정지상태에서 가동을 다시 시작하는데 최소 24시간, 석탄을 사용하는 화력발전은 최소 4시간이 소요되지만, 천연가스 발전과 양수발전은 각각 40분과 3분 정도밖에 걸리지 않는다. 정전 사태를 피하기 위해 피크 시간대에 늘어나는 전력수요를 충족하기 위해 양수발전과 천연가스발전이 주로 사용되는 이유다.

양수발전은 전력수요량이 적은 심야나 주말 시간대에 남는 전기로 하부저수지에 있는 물을 상부 저수지로 끌어올린 뒤, 전력수요가 늘어나는 피크 시간대에 물을 떨어뜨려 전기를 생산하는 방식이다. 즉 양수발전은 인공적인 수력발전인 셈이다. 전통적인 수력발전은 물을 강제로 양수揚水하는 과정이 없다. 댐에 물을 모았다가 떨어뜨리는 힘으로 전기를 만든다. 반면 양수발전은 상부와 하부의 두 개 저수지가 필요하다. 남는 전기로 물을 끌어올려 상부 저수지에 모아 두었다가, 피크 시간대에 상부 저수지의 물을 하부저수지로 떨어트려 전기를 만들기 때문이다. 우리나라는 1980년 경기도 가평군에 최초로 세워진 청평 양수발전소를 포함해 총 7개의 양수발전소를 운영하고 있다. 양수발전은 가동이 중지된 상태에서 전력을 생산하는데 3분밖에 소요되지 않아 '3분 대기조'라는 별명이 있다. 양수발전이 첨두부하 발전에 적당한 이유다.

전력수요는 하루 중 시간대별로 변동성을 보이지만 계절적으로도 변한다. 에어컨 사용이 늘어나는 하계나 난방을 위한 에너지 수요가 늘어나는 동계에 전력수요는 봄이나 가을보다 많을 수밖에 없다. 전력을 필요로 하는 장소와 필요량은 수시로 바뀌므로 안정적으로 전력을 공급하려면 예측되는 수요량보다 항상 더 많은 용량의 발전설비를 보유하고 수요에 맞도록 전기를 생산해야만 정전을 막을 수 있다. 이 때문에 전력계획은 예측수요량보다 일정수준 더 많은 발전용량(예비전력)을 항상 유지하고 준비한다.

탄소중립을 위해 기존의 원자력발전이나 화석연료(석탄이나 LNG)를 사용하는 발전을 태양광이나 풍력과 같은 재생에너지로 대체하게 되면, 재생에너지의 간헐성 때문에 전력의 수요와 공급의 균형을 맞추는 것이 점점 더 어렵게 된다. 태양광발전의 경우 햇빛이 비치는 낮 시간대에 전력생산이 집중되며 가정에서 전력수요가 늘어나기 시작하는 일몰 직후부터는 더 이상 전기생산이 불가능하다. 흐린 날씨가 지속되어도 태양광이 만들어내는 발전량은 줄어든다. 풍력발전도 바람을 에너지원으로 하므로 자연적인 바람의 방향이나 강도의 변화에 따라 발전량의 변화폭이 크다. 초속 4m 이하로 거의 바람이 불지 않으면 발전이 불가능하고, 초속 25m 이상의 강풍이 불어도 과부하를 방지하기 위해 풍력발전기는 자동으로 멈추도록 되어있다. 이처럼 재생에너지는 통제할 수 없는 자연환경 때문에 전력량이 크게 변하는 간헐성이 문제가 된다. 이 변동성 때문에 전력망 운영이 어려워지는 것이다.

재생에너지가 초래하는 간헐성의 문제를 보여 주는 대표적인 사례가 미국 캘리포니아주의 '덕 커브_{Duck Curve}' 현상이다. '덕 커브'란 태양광 발전량이 증가하면서 태양이 떠 있는 일출에서 일몰 사이인 낮 시간대에 전력생산이 늘어나 전기부하_{Electricity Load}가 급감하면서 나타나는 부하 곡선을 오리 모양으로 상징화한 것이다 ([그림 5-2] 참조). 일반적으로 전력수요로 인해 발생하는 전기부하는 하루 두 차례(오전 9시, 오후 8시 전후) 소폭 상승하는 형태의 그래프 모양을 보여준다. 이를 낙타가 가진 두 개의 혹과 닮았다고 해 '카멜 커브_{Carmel Curve}'라 부른다. 하지만 최근에는 태양광발전 비중이 크게 증가하면서 해가 떠 있는 시간대의 전기부하가

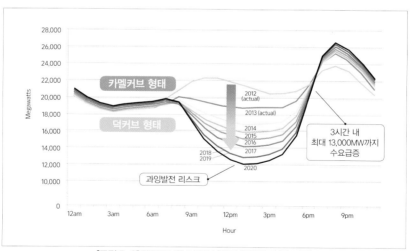

[그림 5-2] 캘리포니아 덕 커브 (연도별 전기부하의 변동)
(출처: 캘리포니아 계통운영기구(CAISO, California Independent System Operator))

급격하게 감소하고 있다. 이러한 전기부하 그래프의 모양이 앉아 있는 오리의 모습을 닮았다고 해서 '덕 커브'라는 용어가 만들어졌다.

[그림 5-2]는 에너지 믹스에서 재생에너지의 비중이 30%를 넘어선 미국 캘리포니아 지역의 전기부하 변화 추이를 보여주고 있다. 재생에너지 비중이 상대적으로 낮았던 2012년의 하루 중 전기부하 패턴은 하루 두 차례(오전 9시와 저녁 8시) 전기부하가 상승하는 카멜 커브의 모양을 보여준다. 하지만 태양광발전의 비중이 늘어나면서 낮 시간대의 전기부하가 점점 감소해 2020년의 전기부하는 뚜렷이 덕 커브의 모양을 나타낸다. 즉 낮 시간대에는 과잉발전의 위험이 늘어나고, 반대로 전력수요가 증가하는 저녁 시간대에는 전기부하가 늘어나 정전의 위험이 그만큼 커진 것이다. 재생에너지의 확대가 전력망 운영을 어렵게 한다는 사실을 덕 커브가 보여주고 있는 셈이다.

'탄소 없는 섬'을 추진하면서 재생에너지의 비중이 높아진 제주도의 사례도 유사하다. 제주도는 전체 전력원 가운데 재생에너지의 비중이 우리나라에서 가장 높다. 2009년에는 재생에너지 비중이 3%에 불과했으나 2020년에는 재생에너지 비율이 전체 발전량의 16.2%까지 치솟았다. [그림 5-3]은 2020년 4월 13일 제주도의 시간대별 전력수급현황을 나타낸 것인데, 하루 중 시간이 변하면서 태양광과 풍력발전을 사용한 전력공급이 어떻게 변하는지를 보여주고 있다. 그림에서 3개의 실선은 전체 전력공급(해당일과 그 전날, 그리고 일주일 전)을 나타내고 있으며, 붉은색 면적은 태양광발전량을, 푸른색 면적은 풍력발전량을 의미한다. 전력사용량이 가장 많은 피크 시간대에는 태양광과 풍력발전이 이미 전

에너지 민주주의와 디지털 혁신

체 에너지공급의 60% 수준에 이르고 있음을 알 수 있다. 재생에너지의 비중이 늘어나면서 전력수요보다 발전량이 너무 많아져 전력망에 부담을 주는 경우가 빈번하게 발생하면서 제주도는 이미 전력망 관리에 어려움을 겪고 있다. 특정 시간에 바람이 많이 불고 일조량이 커 전력생산이 급격하게 늘면 전력공급이 수요보다 많아져 전력망에 과부하가 걸린다. 과부하는 전력설비 고장을 일으켜 정전으로 이어진다.

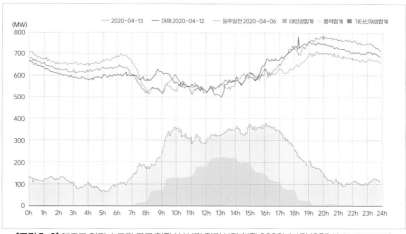

[그림 5-3] 제주도 전력 수요와 공급 현황 (실시간 전력시장 현황 2020년 4월 13일) (출처: 그리드위즈)

제주도는 이런 문제를 막고자 발전량이 수요보다 많으면 재생에너지 발전가동을 강제로 중단하는 출력제어 조치를 단행하고 있는데, 출력제어 횟수가 해를 거듭하면서 계속 늘어나고 있다. 2017년 4건이었던 출력제어 횟수가 2019년에는 46회로 10배 이상 뛰어올랐고, 2020년에는 77건으로 크게 증가했다. 2021년에는 65건으로 줄어드는가 싶었지만, 2022년에는 상반기 6개월 동안만 82건의 출력제어가 발생했다. 지금과 같은 추세가 지속되면 2030년에는 1년 중 절반 이상인 179일 동안 태양광과 풍력발전을 완전히 멈추어야 하는 문제가 발생한다. 전통적인 전력 공급에서는 기저부하와 첨두부하 발전영역에 원자력 – 석탄 – 천연가스 – 양수 발전이 수요대응을 위해 순서대로 배치되어 체계적으로 운영되고 있지만, 재생에너지가 기존의 발전시스템을 대부분 대체하게 되면 수급 불일치와 공급 불안 현상이 늘어날 수밖에 없다. 전력수급불안 문제는 제주도에 국한된 것이 아니다. 2050년 탄소중립을 위해 재생에너지가 전체 에너지원의 70% 이상이 되면 전국 어디에서도 발생할 수 있는 심각한 문제다.

에너지저장장치 Energy Storage System

재생에너지의 간헐성 문제를 해결하는 방법 가운데 하나가 여유 전력을 에너지 형태로 저장해 두었다가 필요할 때 사용하는 것이다. 마치 남은 물을 저장했다가 목이 마를 때 마시는 것처럼 남은 전력을 저장할 수 있다면 재생에너지의 간헐성 문제를 극복할 수 있을 것이다. 에너지 저장은 저장방식에 따라 물리적 저장과 화학적 저장으로 나뉜다. 물리적 저장방법에는 양수발전과 압축공기 에너지저장 방법이 있으며, 화학적 저장의 대표적인 예는 수소에너지와 배터리저장 방식이다.

양수발전은 첨두부하 발전의 주요한 수단이므로 이미 앞에서 설명한 바 있다. 기본적인 원리는 물이 갖는 위치에너지를 기계에너지로 변환하는 수력발전을 위해 하부에 저수지 하나를 더 설치하는 것이다. 생산된 전기가 남을 때 여유전력을 활용해 하부저수지의 물을 상부 저수지로 올려 두었다가, 전기가 필요할 때 하부저수지로 물을 떨어뜨려 전력을 생산하는 방식이다. 압축공기 저장시스템Compressed Air Energy Storage은 사용하고 남은 전력으로 공기를 고압으로 압축시켜 두었다가, 전력이 부족할 때 압축된 공기로 터빈발전기를 돌려 전기를 생산한다. 대규모로 압축된 공기를 저장할 수 있고 수명이 길다는 장점이 있지만 에너지 밀도가 낮다는 단점이 있다. 반면 양수발전은 두 개의 저수지(상부와 하부저수지)가 필요해 발전소 부지선정에 제약이 있지만, 압축공기 에너지 저장방식은 대도시에도 설치할 수 있다는 장점이 있다.

앞장(chapter 4 「재생에너지 혁명」)에서 소개한 수소에너지도 화학적으로 에너지를 저장하는 수단이다. 태양광이나 풍력과 같은 재생에너지가 사용량보다 많은 전력을 생산하면, 여유전력을 사용해 물을 전기분해한 후 그 부산물로 나온 수소(그린 수소)를 저장해 두면 필요할 때 연료전지를 통해 전기를 만들 수 있다. 저장된 수소와 공기 중의 산소가 결합하면 전기와 함께 물이 만들어지기 때문이다. 수소는 간헐성이 큰 재생에너지의 단점을 보완할 수 있는 미래의 에너지 저장 수단이다.

배터리도 화학적으로 에너지를 저장하는 중요한 기술이다. 화학전지, 또는 배터리는 1차전지와 2차전지로 나뉜다. 1차전지란 화학반응으로 방전한 뒤에는 충전으로 본래의 상태로 되돌릴 수 없는 배터리를 말하며, 2차전지는 외부로부터 전기에너지를 공급받아 화학에너지로 충전하여 재사용할 수 있는 배터리다. 2차전지는 수백 번에서 수천 번까지 충전과 방전이 가능해 휴대폰과 같은 가전제품이나 전기자동차의 동력원으로 사용되고 있다. 전력시스템에서 2차전지는 가장 많이 사용되고 있는 에너지저장장치ESS다. 사용하고 남은 재생에너지를 ESS에 저장했다가 필요할 때 언제든지 꺼내 쓸 수 있기 때문이다. 제주도의 사례에서 보았듯이 에너지를 아무리 많이 생산해도 이를 저장하지 못하면 전력망에 과부하를 주어 정전을 일으킬 수 있으며 전력을 저장해 두지 않으면 필요할 때 활용할 수 없게 된다. 따라서 에너지저장장치는 재생에너지의 비중이 커지는 미래의 전력망에 반드시 필요한 기술이다.

전력시스템에서 에너지저장장치$_{ESS}$는 크게 세 가지 기능을 위해 사용된다([그림 5-4] 참조). 첫째 주파수 조정용은 전력수요와 공급의 불일치로 발생하는 주파수 변동에 대응하기 위해 ESS를 사용하는 경우다. 전력의 공급 과다로 규정주파수(60Hz)를 초과하면 남는 전력을 사용해 ESS를 충전하고, 전력공급이 부족해 규정주파수보다 떨어지면 ESS 방전을 통해 전력망에 전기를 공급함으로써 주파수를 안정화시킨다. 두 번째는 재생에너지의 간헐성을 보완하기 위해 ESS를 사용하는 경우다. 전력수요가 적은 심야에 풍력발전에서 만들어진 전기로 ESS를 충전했다가 주간에 전력수요가 늘어나면 ESS의 방전을 통해 전력을 공급하는 것이 대표적인 예다. 세 번째는 피크 저감용으로 ESS를 활용한다. 하계나 동계 기간에 전력수요가 피크로 늘어나는 시간대에 ESS에 저장해 둔 전기를 방전하고, 방전된 ESS 배터리는 전력수요가 적은 시간대에 충전해 둠으로써 전력운영의 최적화를 도모하는 것이다.

에너지저장장치$_{ESS}$는 어디에 설치하는 것일까? ESS는 전기를 생산하는 발전소, 발전된 전기를 전달하는 송배전시설(변전소), 그리고 가정이나 공장과 같은 소비지에 주로 설치된다([그림 5-5] 참조). 발전소에서는 전력수요가 없을 때 남는 전력을 ESS에 저장해 두었다가 수요가 피크에 이를 때 공급한다. 송배전 영역에서는 생산된 전력의 출력이 불안정하게 되는 경우 주파수를 60Hz에 맞추고 안정시키기 위해 ESS를 사용

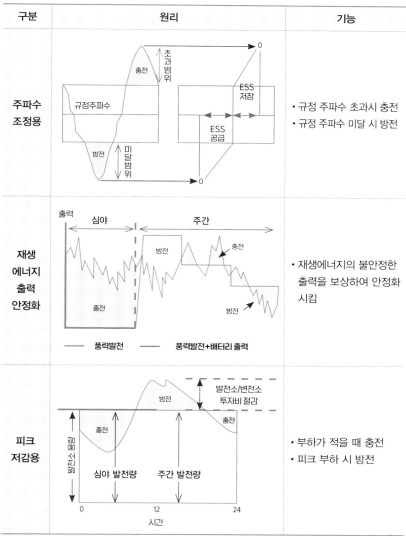

구분	원리	기능
주파수 조정용		• 규정 주파수 초과시 충전 • 규정 주파수 미달 시 방전
재생 에너지 출력 안정화		• 재생에너지의 불안정한 출력을 보상하여 안정화 시킴
피크 저감용		• 부하가 적을 때 충전 • 피크 부하 시 방전

[그림 5-4] 전력시스템에서 에너지저장장치(ESS)의 활용 (출처: 한국전력공사)

한다. 가정이나 산업체에서는 사용하고 남은 재생에너지를 ESS에 저장해 두었다가 필요할 때 사용하거나 ESS에 저장해 둔 전기를 판매할 수도 있다. 이처럼 ESS를 필요로 하는 장소는 다양하다.

[그림 5-5]는 배터리를 사용하는 에너지저장장치ESS의 내부구조도 함께 보여주고 있다. ESS는 배터리Battery, 배터리관리시스템BMS, Battery Management System, 전력변환장치PCS, Power Conversion System, 그리고 에너지관리시스템EMS, Energy Management System으로 구성된다. 배터리는 주로 2차전지인 리듐이온 배터리를 사용한다. BMS는 수십 개에서 수천 개의 배터리 셀을 하나의 배터리처럼 움직이게 하고 전압, 전류, 온도의 이상을 감지해 충전 및 방전을 중단시키는 등 안전기능을 담당한다. PCS는 교류를 직류

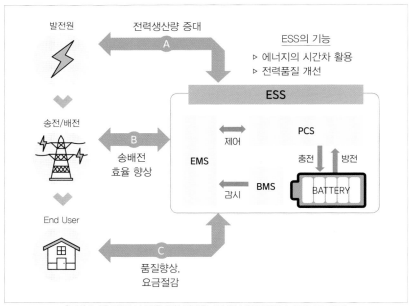

[그림 5-5] 전력시스템을 위한 ESS의 설치장소와 구성요소 (출처: EG-TIPS)

로, 직류를 교류로 바꿔주는 역할을 한다. ESS에 저장되는 전기는 직류이고 소비자가 사용하는 전기는 교류이므로 충전할 때는 교류에서 직류로, 방전할 때는 직류에서 교류로 전환해야 하기 때문이다. EMS는 ESS에 저장된 전기량을 감시하고 제어하는 프로그램으로, 충전과 방전의 조건을 정하고 ESS를 효율적으로 운영하게 해준다.

현재 ESS는 주로 리튬이온 배터리를 사용하고 있는데, 미래에는 전고체 배터리로 대체될 가능성이 크다. 리튬이온 배터리는 양극, 음극, 그리고 그 사이에 있는 전해질로 구성되어 있다. 현재 핸드폰이나 전기자전거, 전기자동차를 위한 리튬이온 배터리는 액체 상태의 전해질을 사용한다. 반면 전고체 배터리는 전기를 흐르게 하는 배터리의 양극과 음극 사이의 전해질이 액체가 아닌 고체로 된 2차전지다. 리튬이온 배터리 사용자가 가장 우려하는 부분은 안정성 문제다. 액체로 된 전해질을 사용하다 보니 온도변화로 인한 배터리의 팽창이나 외부 충격에 의한 누액 등 배터리 손상 위험이 크다. 수명도 상대적으로 짧고 전해질이 가연성 액체여서 고열에 화재가 나거나 폭발할 위험도 많다.

전고체 배터리는 전해질이 고체이기 때문에 충격으로 액체가 흘러나오는 누액의 위험이 없고, 인화성 물질이 포함되지 않아 발화 가능성이 낮아 상대적으로 안전하다. 또한, 액체 전해질보다 에너지 밀도가 높으며 충전시간도 리튬이온 배터리보다 짧다. 대용량 저장이 쉬워 향후 전기자동차와 ESS에 사용되는 리튬이온 배터리를 대체할 미래기술로 주목받고 있는 것이 전고체 배터리다. 다만 고체 전해질은 액체 전해질보다 전도성이 낮아 에너지 효율이 떨어진다는 문제점은 앞으로 풀어야 할 과제로 남아있다.

가상발전소_{Virtual Power Plant}

재생에너지 사용이 늘어나면서 주택이나 아파트 베란다에 태양광패널을 설치하는 소비자가 늘어나고 있다. 하지만 이들 소비자가 생산하는 전력은 규모가 작아 사용하고 남은 전력을 전력거래시장에서 판매하기 쉽지 않다. 이 문제를 해결하기 위해 소규모 분산전원들을 모아서 어느 정도 규모로 발전량을 확대한 후 이를 전력시장에서 거래하는 중개사업자$_{Aggregator}$가 태동했다.

가상발전소$_{Virtual Power Plant}$란 중개사업자가 지역별로 흩어져 있는 재생에너지 발전설비와 에너지저장장치$_{ESS}$를 통합한 뒤 하나의 발전시설처럼 관리하는 발전소를 의미한다. 가상발전소를 운영하는 중개사업자는 소규모 태양광발전과 풍력발전, ESS 뿐만 아니라 전기자동차에 내장된 배터리의 전력$_{EV}$까지 모아서 하나의 발전소처럼 운영하며 전력망 운영자에게 전기를 판매한다. [그림 5-6]은 중개사업자가 운영하는 가상발전소의 개념을 도식화한 것이다. 중개사업자는 소규모의 분산전원을 모아 전력망 운영자에게 전력을 판매한 후, 그 금액을 가상발전소에 참여하는 소규모 분산전원 설비보유자들과 정산 형태로 나누게 된다.

우리나라에서는 2019년부터 중개사업자들이 출현해 가상발전소를 운영하고 있는데, 가상발전소의 출현 배경을 이해하기 위해서는 태양광발전에 참여하는 소비자 형태를 알아야 한다. 국내의 재생에너지는 태양광을 중심으로 보급이 확대되어 재생에너지 가운데 태양광발전의 비

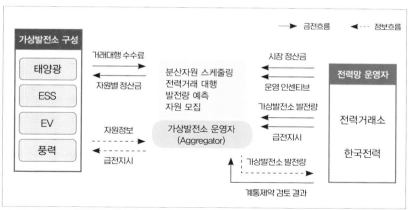

[그림 5-6] 중개사업자가 운영하는 가상발전소(VPP) (출처: 전기저널)

율이 70%에 달한다. 소비자는 태양광발전에 세 가지 형태로 참여하고 있다. 첫 번째는 '상계거래형 태양광'으로, 태양광 패널을 설치한 고객이 자가소비 후 잉여전력을 한국전력에 공급하고, 전기요금을 납부할 때 한전에 제공한 잉여전력량만큼 전력사용량에서 차감함으로써 전기요금을 절감하는 제도다. 상계거래형 태양광은 발전규모가 10kW 이하인 소규모 태양광 고객들을 대상으로 한다. 두 번째는 태양광에서 발생한 전기를 사용하고 남은 잉여전력을 한전에 팔 수 있는 '자가용 태양열 PPAPower Purchase Agreement'다. 자가용 태양열 PPA 고객은 태양광 발전용량이 1MW 이하여야 하며, 한국전력과 전력수급계약인 PPA를 통해 잉여전력을 판매한다. 마지막으로 규모가 큰 발전소(500MW 이상)가 발전용량의 일정규모 이상을 의무적으로 재생에너지로 한국전력에 판매하도록 한 'RPSRenewable energy Portfolio Standard 발전사업'이 있다.

우리나라의 가상발전소는 두 번째 사용자 그룹인 1㎿ 이하의 '자가용 태양광 PPA' 사업자를 대상으로 하고 있다. 전체 태양광 중에서 1㎿ 이하의 소규모 태양광이 차지하는 비중이 80%로 대부분을 차지하고 있기 때문이다. 자가용 태양광 PPA 고객들의 개별 발전량은 매월 수동검침을 통해 확인하기 때문에 실시간으로 발전량을 파악하기 어렵다. 개별 고객의 시간대별 발전량에 대한 가시성이 떨어지므로 햇볕이 뜨거운 낮 시간대에는 전력부하가 줄어드는 덕커브Duck Curve 현상이 발생하지만 전력부하가 얼마나 감소하는지 그 규모를 파악하기 어렵게 된다. 소규모 태양광에 대한 가시성 부족은 발전량 예측을 어렵게 하고 그 결과 전력예비율을 늘려야 하므로 한전의 전력망 효율을 저하시킨다. 따라서 중개사업자가 소규모 태양광 PPA 고객들을 모아 실시간으로 전기의 생산과 소비를 모니터링하고, 이들의 잉여전력을 모아 한전에 공급함으로써 태양광발전량의 가시성을 높여 효율적인 전력망 운영을 가능하도록 한 것이 가상발전소다.

중개사업자는 인공지능 기술을 활용해 가상발전소에 참여하는 다양한 분산전원들을 효율적으로 통합하고 관리한다. 소규모 태양광발전과 풍력발전뿐 아니라 에너지저장장치ESS와 전기자동차에 내장된 배터리EV와 같은 분산전원의 소비정보를 수집하고 분석한 뒤 그때그때 필요한 전력만 생산하는 맞춤형 발전사업이다. 수백 개의 발전소가 매 순간 서로 짝을 바꿔 가며 각 지역을 담당하는 수십 개의 가상발전소를 구성하는 셈이다. 상황에 맞춰 발전량 조절을 하므로 발전 효율성도 크게 높아진다.

에너지 민주주의와 디지털 혁신

모빌리티 시장에서 전기자동차의 비중이 높아지면서 주차되어 있는 전기자동차에 탑재된 배터리도 소형 '발전소'의 역할을 수행하며 가상발전소에 참여하는 사례도 늘어나고 있다. 미국의 서부지역 전기공급업자인 PG&E Pacific Gas and Electric Company는 자동차 회사인 BMW와 파트너십을 맺고 전력수요가 공급을 초과할 때(피크 시간대) 전기자동차의 남는 전기를 기존 전력망에 공급하기 위해 가상발전소를 사용하고 있다. PG&E가 전력을 공급하는 샌프란시스코 지역에는 이미 32만 대 이상의 전기자동차가 등록되어 있으며, 2030년이면 이 지역의 전기자동차가 500만 대 이상으로 늘어난다. 가상발전소에 참여하는 전기자동차 운전자는 차량이 주차되어 있는 동안 가상발전소의 전력망에 전기자동차를 연결해 전력을 공급하고, 그 대가로 매달 250달러까지 무료로 자동차를 충전할 수 있는 인센티브를 받는다.

국내에서는 2021년 3월 현재 53개의 중개사업자가 소규모 전력자원을 모집해 가상발전소를 운영하고 있다. 이들 중개사업자는 분산된 전력자원(재생에너지, ESS, 전기자동차)의 사용현황을 측정하고 모집해 전력을 거래하고, 거래 후 수익을 정산하는 기능을 수행하는 새로운 유형의 시장참여자다. 디지털 기술의 발전으로 개별적으로만 관리가 이루어졌던 분산전력 자원들을 통합하고 제어하는 것이 가능해졌기에 생겨난 새로운 사업자인 셈이다. 전력수요를 예측할 때 개별 자원별로 예측하는 것보다 자원들을 합산해 예측하는 것이 오차를 줄이고 예측 정확성을 높인다. 가상발전소는 분산된 전력자원을 모아서 발전량 예측의 정확성을 높이고 발전량과 사용량, 잉여전력에 대한 가시성을 확보해 전력망 안정화에 기여하고 있다.

가상발전소는 전력공급을 위해 소규모 발전원들을 모아 관리한다는 측면에서 수요반응$_{DR}$ 서비스를 위한 수요관리자 역할과 유사한 면이 있다. 수요관리자는 전력수요를 줄일 의사가 있는 고객들을 모은 후, 감축할 수 있는 전력수요의 양을 집합해 이를 전력거래소에서 거래한 후 정산하는 역할을 수행한다. 반면 가상발전소를 운영하는 중개사업자들은 소규모의 재생에너지 발전원(태양광과 풍력)과 에너지저장장치, 그리고 전기자동차의 전원을 모집해 특정 규모의 전력량을 만들어 한국전력에 판매한 후, 그 수익을 참여자들과 배분한다. 따라서 가상발전소(중개사업자)는 전력공급 측면에서, 수요반응(수요관리자)은 전력수요 측면에서 전력생산과 소비를 모집하는 기능을 통해 재생에너지의 증가가 야기하는 전력망의 수급 불일치 문제를 해결하는 역할을 수행한다고 볼 수 있다.

에너지 민주주의와 디지털 기술

전기는 그것을 배분하는 전력망과 분리될 수 없다. 기존의 화력발전과 원자력발전 중심의 중앙집중형 에너지는 정부 주도로 운영되며, 일반 시민은 에너지가 어떻게 생산되어 분배되는지 알 수 없다. 시민은 중앙집중형 위계 시스템의 말단에 존재하는 일개 소비자에 불과했다. 반면 분산전원은 사회구성원이 직접 재생에너지 생산에 참여하고 그 편익을 나누어 갖는 체제다. 소비자가 객체가 아닌 에너지 시스템의 주체가 되어 전력시스템에 참여한다. 기존의 중앙집중형 전력망에서는 에너지 정책 결정 과정에서 중앙정부가 독점적 지위를 누렸다면, 분산전원하에서는 소비자와 지역사회의 역할이 커진다. 지역사회가 주민에게 재생에너지의 확대를 설득하고 환경과 생태계에 미치는 영향과 사회적 갈등을 최소화하는데 주도적인 역할을 해야 하기 때문이다.

매튜 버크Mattew Burke와 제니 스티븐스Jennie Stephens은 '에너지 연구와 사회과학'에 게재한 논문[58]에서 재생에너지가 주도하는 분산전원이 '에너지 민주주의Energy Democracy'를 실현하고 있다고 역설하고 있다. 탄소중립을 위한 에너지 전환은 단순히 기술적인 문제에 머무는 것이 아니라, 사회와 깊은 연관을 맺으며 진행되는 자기조직화 과정을 통해 에너지 민주주의를 이루어 낸다. 궁극적으로 탈탄소화는 기존의 독점적이며 지배적인 에너지 전력시스템에 맞서, 에너지 생산의 분권화와 시민참여를 가져온다는 것이 이들 주장의 핵심이다.

재생에너지가 화석연료보다 분권적이기 때문에 탄소중립을 위한 에너지 전환과정에서 일반시민이나 지역사회에 보다 많은 책임과 권한을 이양해야 한다는 것이 에너지 민주주의가 지향하는 방향이다. 에너지 민주주의에 대한 담론을 가장 먼저 제기했던 그룹은 노동운동 진영이었다. 2013년 북미지역에서 설립된 '에너지 민주주의 노동조합Trade Unions for Energy Democracy'은 기후변화라는 지구적 환경문제를 해결하려면 녹색경제와 같은 계량적 해결책에서 벗어나 사회시스템의 근본적인 변화가 필요하다며 에너지 민주주의를 선언했다. 세계 각국이 추진하는 개별적인 기후변화정책이나 탄소배출권 거래제만으로는 재생에너지로의 전환에 한계가 있다는 것이다. 이들은 기후문제를 해결하고 저탄소 에너지원으로 전환하려면 노동자, 지역사회, 일반대중에게 권한 이양이 이루어지는 에너지 민주주의가 반드시 선행되어야 한다고 강조했다.

....

58 Mattew Burke and Jannie Stephens "Political power and renewable energy futures: A critical review", Energy Research and Social Science, Vol. 35 (2018), pp.78~93.

비슷한 시기에 유럽에서도 재생에너지 협동조합을 중심으로 에너지 민주주의에 대한 논의가 시작됐다. 로자 룩셈부르크 재단[59]은 2014년에 '유럽에서의 에너지 민주주의Energy Democracy in Europe'라는 제목의 보고서를 발표했다. 이 보고서의 저자들은 에너지 민주주의라는 개념이 기후변화 운동의 일환으로 출발했음을 밝히면서, 에너지 민주주의를 달성하기 위한 다양한 방법론을 제시하고 있다. 구체적으로는 에너지의 탈중앙집중화, 자본으로부터 독립, 송배전망에 대한 권한의 이양, 에너지 공급기관에 대한 지역사회의 통제와 이해관계의 조정이 필요하다고 역설하고 있다.

유럽연합의 지원을 받고 있는 '유럽 재생에너지 협동조합 연합회Euro-pean Federation of Renewable Energy Cooperatives'도 2015년에 발표한 보고서를 통해 에너지 전환이라는 목적을 달성하기 위해서는 에너지 민주주의가 필요하다고 선언했다. 특히 이 연합회는 에너지 민주주의를 실현하기 위해 재생에너지의 경제성 확보와 에너지 자립의 중요성을 강조하고 있다. 중앙집중적인 전력망에서 벗어나 분산형 에너지로 탈바꿈하는 과정에서 시민들의 민주적인 참여를 보장해야 하며, 이를 위해서는 노동조합과 지역사회의 역할이 중요하다는 것이 이들 주장의 핵심이다.

한국은 수출제조업이 주도하는 경제를 기반으로 빠른 성장을 이루어 왔고, 이를 위해 값싸고 안정적인 전력을 공급하는 것이 에너지정책의 근간이었다. 정부는 충분한 전력공급을 확보하기 위해 대규모 석탄

---

59 독일의 혁명적 사회주의자였던 로자 룩셈부르크(Rosa Luxemburg)를 기리기 위해 설립한 재단법인으로 사회주의 성향의 독일 내 정치단체다.

발전과 원자력발전 시설을 증설하면서 에너지 집약적인 산업구조를 유지해 왔다. 하지만 탈탄소화Decarbonization를 위해서는 화석연료 위주의 발전을 태양광이나 풍력발전과 같은 재생에너지원으로 대체해야 한다. 분산전원은 전기를 소비만 하던 사용자를 전력생산도 동시에 수행하는 에너지 프로슈머로 탈바꿈시킨다. 중앙정부 내 소수의 관료를 중심으로 결정되어 왔던 에너지 정책 결정 과정에 분산전원을 운영하는 소규모 소비자와 지역사회를 참여시키는 에너지 민주주의가 우리에게도 필요한 이유다.

　재생에너지는 전력원의 분산화와 전력생산의 간헐성이라는 특징에 맞는 전력망을 필요로 한다. 태양광 패널과 풍력 터빈 설치를 늘린다고 탄소중립을 위한 에너지 전환이 이루어지는 것은 아니다. 새로운 에너지 체계에 맞도록 기존 전력망의 구조를 함께 바꾸어나가야 한다. 화력발전과 원자력발전 중심의 중앙집중형 에너지는 한 방향으로만 정보가 흐르는 공급 위주의 시스템이지만, 재생에너지 위주의 전력망은 수많은 생산자(프로슈머)와 소비자 간의 양방향 정보소통을 요구한다. 과거의 중앙집중형 에너지와 달리 많은 수의 소규모 분산전력들이 상호협력을 통해 자동적으로 전력수급을 맞추고, 나아가서는 프로슈머와 소비자 사이에 직접적인 전력거래도 가능해야 한다.

　전력망에 연결되는 모든 기기에 사물인터넷과 같은 센서 장비를 설치해 모니터링하고, 이들 장비를 통해 실시간으로 데이터를 수집해 분석하고, 인공지능 소프트웨어를 사용해 개인 간 전력거래를 스마트하게 지원하는 플랫폼이 필요하다. 디지털 플랫폼과 4차산업혁명의 대표적인 기술인 사물인터넷, 빅데이터, 인공지능과 같은 신기술이 에너지 민주주의를 위한 중요한 인프라가 될 수밖에 없는 이유다.

ENERGY
DEMOCRACY
AND
DIGITAL
TRANSFORMATION

"역사상 거대한 경제혁명은 새로운 커뮤니케이션 기술이 새로운 에너지 체계와 결합할 때 발생한다. 다가오는 시대는 수억 명의 사람이 가정이나 사무실 또는 공장에서 자신만의 녹색 에너지를 생산할 것이며, 현재 우리가 인터넷에서 정보를 창출하고 교환하듯 '에너지 인터넷'으로 에너지를 주고받을 것이다."

_제레미 리프킨, 3차산업혁명에서, 2012.

PART 3

에너지와
디지털의 만남

- 인터넷과 스마트폰이 가져온 디지털 민주주의란 무엇인가? 디지털 기술이 민주주의를 가속화할 수 있을까?

- 금융시장의 분권화$_{De-Fi}$를 초래하고 있는 블록체인 기술이 기업이나 기관의 탈중앙화된 자율조직$_{DAO}$을 확대시킬 수 있을까?

- 3D 프린팅 기술의 출현이 '제조업의 민주화'를 일으키는 이유는 무엇일까?

CHAPTER 6

디지털 민주주의와 분권화

정보(지식)공유와 민주주의

인류 역사는 분권화를 통해 민주주의를 점차 확대하는 방향으로 발전해왔다. 군주에게 모든 권력이 집중되어 있었던 기원전 5세기경 그리스 아테네에서 민주화의 싹이 트기 시작했다. 인류의 민주주의 역사가 무려 2,500년 전에 시작된 셈이다. 도시국가인 아테네에서는 시민들이 직접 민회에 참석해 다수결로 국가의 주요 정책들을 결정했다. 아테네 시민은 민회개회를 준비하고 그 의제를 결정했던 평의회와 시민법정의 배심원으로 참여하며 그들의 영향력을 행사했다. 그리스 민주주의는 이후 로마 시대의 공화정으로 이어진다. 로마의 경우 시민권을 가진 평민이 귀족에 대항해 민회를 설립하고, 그들의 이익을 대표하는 호민관을 통해 공화정 운영에 참여했다.

물론 그리스와 로마 시대의 민주정이 모든 시민에게 참정권을 보장했던 것은 아니다. 아테네 민주주의의 경우 여성과 노예 그리고 외국인은 민회에 참여할 수 없었고, 로마 공화정도 로마가 정복한 모든 지역의 사람에게 시민권을 부여한 것은 아니었다. 이 시기에는 시민이나 평민에 비해 명문가문의 유력자나 귀족이 훨씬 큰 정치적 영향력을 발휘할 수 있었기에 완전한 민주주의로 보기 어려운 측면도 있다. 그럼에도 불구하고 먼 고대 시기, 왕이 절대권력을 행사하는 군주제가 일반적이었던 시대에 시민 또는 평민이 정치공동체 운영에 직접 참여하고 국가적 결정에 영향력을 행사할 수 있었다는 사실은 민주주의의 관점에서 매우 주목할 만한 일이다.

고대 이후 민주주의는 오랫동안 그 모습을 감추었다가 17~18세기에 시민혁명을 통해 다시 등장한다. 기원후 11세기 이후에 이탈리아 중북부의 도시국가에서 일부 공화정이 등장하기도 하지만 온전한 민주주의 체제로 보기는 어렵다. 오히려 근대 민주주의는 17세기 영국의 청교도혁명과 명예혁명, 18세기 프랑스대혁명, 그리고 19세기 미국의 독립전쟁 등을 통해 그 모습을 드러내었고, 이후 유럽을 비롯한 전 세계로 확산되었다. 이들 혁명으로 시민이 군주나 귀족의 권력을 제한하거나(입헌군주제), 아예 공화정으로 군주정을 전복하면서 민주주의 제도가 등장하게 된다.

그러나 시민혁명을 통한 민주주의의 등장에도 불구하고, 실제로 자유와 권리가 모든 사람에게 제공되었던 것은 아니었다. 유럽의 선진국에서도 여성에게 선거권을 부여한 것은 20세기가 되어야 실현된다. 19세기에 들어와서는 자본주의가 발전하면서 부르주아가 새로운 지배계급으로 등장하며 그들의 정치적인 지배권이 강화되기도 했다. 20세기에는 자본주의에 바탕을 둔 자유민주주의가 새로운 위기에 직면하기도 하는데, 그 첫 번째 도전이 강대국 간의 제국주의적 전쟁이었던 제1차 세계대전이었다. 이후 1920년대 후반에 발생한 경제 대공황으로 이탈리아와 독일을 중심으로 파시즘이 출현해 일시적으로 민주주의가 위협을 받기도 했다. 하지만 제2차 세계대전을 겪으면서 파시즘에 대항했던 연합국이 승리하면서 자유와 평등이 강화된 민주주의가 다시 꽃을 피우게 된다. 즉 성별이나 재산, 신분과 상관없이 모든 시민에게 정치참여의 기회가 제공되고 선거권이 주어지는 등 진정한 민주주의가 뿌리를 내리게 된 것이다. 이처럼 인류의 역사는 권력이 일부 군주나 특정집단에 집중된 군주제에서 모든 시민에게 균등하게 기회를 제공하고 권력을 분산시키는 민주주의로 발전해 왔다.

민주주의의 핵심은 '어느 누구에게도 치우치지 않는 세력의 균형'에 있다. 그렇다면 지금부터 2,500년 전 고대 아테네 시민이 성숙한 민주주의 의식을 갖게 된 기반은 무엇일까? 오늘날 대다수의 정치사政治史 학자들은 그 해답을 '정보공유'에서 찾는다. 아테네엔 '정신적 중심지'로 불린 판테온 신전이 있었으며, 아고라[60]는 그 바로 아래쪽에 자리 잡고 있었다. 당시 세상을 좀 안다는 사람은 매일 아고라에 모여 자신의 주장을 피력했고, 그 주변엔 이들의 얘기에 귀 기울이려 틈날 때마다 아고라를 찾는 군중이 끊이지 않았다. 아테네 시민이 자신의 폴리스(도시국가)는 물론, 인근 지역의 정세까지 훤히 알 수 있었던 것은 그 덕분이었다.

영국의 철학자 프랜시스 베이컨Francis Bacon은 '아는 게 힘이다.'라고 말했는데, 실제로 사람들은 정보나 지식을 가지고 있으면 그 상황을 움직

---

60 고대 그리스의 도시국가(폴리스)에서 시민들이 자유롭게 토론을 벌이던 장소를 의미한다. 아고라(Agora)라는 단어 자체는 '집결지(Gathering Place)'라는 뜻이다.

일 수 있는 힘을 갖게 된다. 고대 아테네에선 시민 누구나 비슷한 수준의 지식과 정보를 보유하고 있었다. '권력의 균등분배'를 전제로 한 민주정치가 이곳에서 시작될 수 있었던 배경이다. 고대 아테네 이후 오랫동안 실종상태였던 유럽의 민주주의가 17세기에 들어와 다시 고개를 들기 시작한 것도 구텐베르그의 인쇄술이 정보공유를 위해 큰 역할을 했기 때문이다. 프랑스혁명이 왕정을 뒤엎고 민주주의의 토대를 닦을 수 있었던 비결이 당시 파리에서 성업 중이던 인쇄소였다는 사실이 설득력 있는 이유다.

20세기에 들어와 인터넷과 스마트폰이 대표하는 디지털 기술의 보급이 확대되면서 시민의 정보 공유는 더욱 가속화되었고, 그 결과 권력의 분산화를 통한 민주주의는 더욱 강화되는 추세다. 소셜네트워크 서비스$_{SNS}$는 고대 도시국가 아테네의 직접 민주주의를 연상시킨다. 이제는 시민 모두가 스피커를 들고 SNS라는 거대한 광장에서 다양한 목소리를 낼 수 있다. SNS는 정보공유를 민주화하고, 고립된 개인이 빠르고 쉽게 다른 이들과 의견을 공유할 수 있도록 한다. 전통적인 신문이나 방송 등 기성언론의 의제설정기능 상당 부분이 이제는 SNS로 넘어갔다. SNS가 다수에 의해 선택된 대표에게 의사를 전달할 수 있는 조력자 구실을 하면서, 정치권에서는 SNS를 대의민주주의를 보완할 수 있는 도구로 인식하기 시작했다.

디지털 민주주의는 SNS에만 국한되지 않는다. 디지털 기술은 중앙에 집중된 권력을 분산하고, 소외된 계층에게 기회를 제공할 수 있는 힘을 가지고 있기 때문이다. 거래데이터를 중앙서버에 저장해 두고 중앙집중형 서비스 관리를 하는 은행과 달리 블록체인Blockchain은 데이터를 네트워크에 참여하는 모든 사람들에게 분산해 저장함으로써 디파이De-Fi 라고 불리는 금융분권화의 새로운 장을 열었다. 데이터 저장의 분권화는 DAODecentralized Autonomous Organization라 불리는 '탈중앙화된 자율조직'을 탄생시키고 있다. DAO는 중개인이나 관리자 없이 누구나 자유롭게 만들고 참여할 수 있는 디지털 협업모델이다. 분권화된 민주주의 조직의 디지털 버전인 셈이다. 3D 프린터의 등장은 새로운 제품에 대한 아이디어만 있으면 누구나 시제품을 쉽게 제작하고 창업할 수 있는 '제조업의 민주화'를 가속화하고 있다. 이 장에서는 권력의 분산과 참여의 확대로 민주주의에 공헌하고 있는 디지털 기술들의 특성과 사례에 대해 좀 더 구체적으로 살펴보기로 한다.

인터넷과 스마트폰이 바꾼 세상

앨빈 토플러Alvin Toffler에 의하면 인류는 세 번에 걸친 커다란 혁명을 통해 엄청난 생산성의 향상을 경험하며 오늘날에 이르렀다. 원시수렵을 위해 유목생활을 하던 인류가 농경사회로 정착하면서 농업생산량이 크게 늘어난 농업혁명이 첫 번째 변혁이었다면, 18세기 증기기관의 개발로 산업 생산성의 급격한 증가를 가져온 산업혁명이 두 번째 변화다. 그리고 20세기에 들어와 컴퓨터와 네트워크의 출현으로 정보화 사회가 도래하면서 초래된 정보혁명이 세 번째 변화에 해당한다.

최근에 벌어지고 있는 정보혁명(또는 디지털 혁명)이 과거 농업혁명이나 산업혁명과 크게 다른 점은 변화 속도에 있다. 농업혁명이 신석기 시대에 들어서면서 수천 년에 걸쳐 서서히 일어난 변화라면, 산업혁명은

200여 년 정도에 걸쳐 진행되었다. 하지만 정보혁명은 불과 수십 년에 불과한 짧은 기간 안에 이루어졌으며, 시간이 지날수록 변화의 속도도 점점 더 빨라지고 있다.

정보혁명을 주도하는 컴퓨터와 네트워크 기술의 역사는 그리 오래된 것이 아니다. 최초의 컴퓨터는 펜실베이니아 대학의 존 모클리_{John Mauchly}와 프레스퍼 에커트_{Presper Eckert}가 1946년에 완성한 에니악_{ENIAC}[61]이다. 에니악은 미국방부의 대포탄도 계산을 위해 만든 군사용 컴퓨터다. 십진수 10자리의 덧셈을 초당 5천 번 수행할 수 있어 당시에는 획기적인 컴퓨터였지만, 지금과 비교하면 디지털 손목시계가 사용하는 프로세서보다도 느린 컴퓨터다.[62] 에니악 개발 이후 18년이 지난 1964년에 IBM360이라는 컴퓨터가 기업체에서 처음으로 사용되기 시작했다. 따라서 컴퓨터의 상용화 역사는 이제 겨우 60년 정도에 불과하다. 이전에는 개인이 컴퓨터를 전용으로 사용한다는 것은 상상도 하기 어려웠다. 하지만 디지털 기술의 발전은 휴대폰을 스마트폰으로 변화시켰고, 컴퓨터가 내 손안의 작은 기기로 진화하며 개인이 컴퓨터를 한 대가 아니라 여러 대(PC, 노트북, 스마트폰)를 보유하는 시대로 바뀌었다.

....

61 ENIAC(Electronic Numerical Integrator And Computer)는 1943년부터 3년에 걸쳐 개발되어 1946년 2월 14일 완성된 최초의 전자 컴퓨터다. ENIAC은 1955년 10월까지 활용되었으며, 현재는 스미소니언 박물관과 펜실베이니아 대학에 분산 보관되고 있다.

62 2022년 현재 세계에서 가장 빠른 슈퍼컴퓨터는 미국 오크리지 국립연구소의 프런티어(Frontier)다. 컴퓨터 연산속도는 플롭스(FLOPS, 컴퓨터가 1초 동안 수행할 수 있는 연산의 횟수)로 표현하는데, 에니악은 5,000 플롭스인 반면, 프런티어는 무려 1.1엑사(10^{18}) 플롭스의 속도를 보인다. 프런티어가 에니악보다 200조 배나 빠른 컴퓨터인 셈이다.

그러면 인터넷의 역사는 얼마나 되었을까? 네트워크 시대를 연 인터넷의 전신인 아파넷_{ARPANet}[63]은 1969년 미국방부 프로젝트의 결실로 만들어졌다. 1960년대 후반은 미국이 소련과 대치하던 냉전 시대였다. 당시 미국방부의 군사네트워크는 주로 전화통화를 위해 만든 전화망을 사용했는데, 전화망은 소련의 핵 공격을 받아 회선이 손상되면 통신이 두절되는 문제가 있었다. 아파넷은 소련의 공격을 받아 대부분의 회선이 붕괴되더라도 살아있는 선로가 하나만 있어도 통신이 가능한 데이터전용 네트워크로 개발되었는데, 이것이 이후에 그대로 인터넷으로 발전하게 된다. 초기에는 인터넷을 홍보나 광고 같은 상용을 목적으로 사용하는 것을 금지하는 정책이 시행되었으나, 1990년대 중반에 이 제도를 폐지함으로써 기업들이 인터넷을 사용할 수 있는 길이 열렸다. 그렇게 보면 인터넷 상용화의 역사도 30년이 채 되지 않는 셈이다.

스마트폰의 역사도 그리 길지 않다. 최초의 상용 휴대폰은 1983년 모토로라가 출시한 '다이나택_{DynaTAC}'[64]이었다. 당시 가격이 4,000달러에 달해 그야말로 부의 상징이었지만, 블릭폰(벽돌폰)이라 불릴 만큼 크고 무거웠으며 음성통화 이외의 기능은 거의 없었다. 세계최초의 스마트폰은 IBM이 1993년에 만든 '사이먼_{Simon}'으로 알려져 있다. IBM의 사이먼

---

63 아파넷(ARPANet)은 미국방부 산하 연구소인 ARPA(Advanced Research Project Agency)의 주도하에 만든 세계 최초의 패킷스위칭 네트워크로 오늘날 인터넷의 전신이다. ARPA가 주관해 만든 네트워크였기에 아파넷(ARPANet)이라고 불렀다.

64 모토로라가 만든 최초의 휴대폰인 다이나택(DynaTAC)은 20개의 대형버튼과 본체에 LED 디스플레이, 그리고 30개의 전화번호를 저장할 수 있는 메모리를 장착했는데, 무게가 1.3kg이나 되었다.

은 3Inch 크기의 터치스크린을 사용했고, 음성통화 이외에 간단한 컴퓨터기능(계산기, 주소록, 세계시각, 메모장, 이메일, 팩스송수신, 게임 등)이 내장된 휴대폰이었다. 이후 2000년에 노키아가 컬러스크린이 탑재된 스마트폰을 내놓은 후 곧 와이파이와 카메라기능이 휴대폰에 추가된다.

휴대폰을 컴퓨터와 같이 사용할 수 있는 스마트폰으로 바꾼 기업은 애플이다. 애플은 2007년 '아이폰'을 시장에 출시하면서 '스마트폰 신드롬'을 만들었다. 당시 스마트폰이라고 불렸던 휴대폰들은 모두 쿼티 QWERTY[65] 키보드를 탑재했지만, 아이폰은 쿼티 키보드를 없애고, 터치스크린을 채택해 이용자가 손가락만으로도 휴대폰을 조작할 수 있도록 함으로써, 진정한 스마트폰 시대를 열었다. 휴대폰을 진짜 컴퓨터처럼 사용하는 것이 가능해진 것이다.

인터넷과 스마트폰의 등장은 우리의 삶을 송두리째 바꾸어 놓았다. 시계를 되돌려 인터넷과 스마트폰이 일반화되기 전인 1994년으로 잠시 돌아가 보자. 1994년은 김영삼 대통령 문민정부 2년 차로 인기 드라마 '응답하라 1994'의 배경이 된 해이기도 하다. 지금부터 29년 전에도 아파트, 자동차, TV, 전화기, 컴퓨터, 맛집, 배달 음식, 상점, 은행이 있었고, 이런 점에서 지금과 크게 차이가 나지 않는다. 하지만 당시에는 크게 활성화되지 않았던 인터넷과 아예 존재하지 않았던 스마트폰이 이후 세상을 완전히 바꾸어 놓았다. 1994년에는 없었지만, 지금은 존재하는

----

65 쿼티(QWERTY)는 전 세계에서 가장 보편적인 키보드 디자인으로 자리 잡은 배열을 의미한다. '쿼티'라는 명칭은 키보드 문자열 좌측 상단의 키 배열이 QWERTY로 되어 있다는 데에서 유래했다.

상품이나 서비스 대부분이 인터넷 또는 스마트폰과 관련돼 있다. 1994년 이전에는 휴대전화로 뉴스와 동영상을 시청하고, 게임과 쇼핑을 하며, 음식주문과 결제, 그리고 송금까지 하는 삶을 상상할 수 없었다. 인터넷과 스마트폰은 불과 30년이 되지 않는 짧은 시간에 산업 전반에 근본적인 변화를 가져왔다. 미디어, 유통, 배송 및 물류산업은 패러다임이 완전히 바뀌었고 금융도 큰 변화를 겪고 있다.

당연히 주식시장에도 엄청난 변화가 일어났다. 1994년 당시 우리나라 시가총액 1위와 2위는 한국전력과 포스코였으며 삼성전자는 한참 뒤떨어진 3위였다. 당시 삼성전자의 기업가치는 한국전력의 절반에도 미치지 못했다. 코스피 시장의 상위 30위권에는 은행주와 증권주가 대거 포진해 있었다. 하지만 2022년 12월 기준 삼성전자는 시가총액 기준으로 국내 증권시장에서 부동의 1위를 차지하고 있으며, 한국전력 기업가치의 31배가 넘는다. 그리고 과거에는 없었던 네이버와 카카오와 같은 디지털 관련 기업들이 시가총액 상위권을 차지하고 있는데, 이들 기업은 1994년에는 존재하지도 않았던 기업들이다. 해외에서도 아마존, 애플, 구글, 알리바바와 같은 모바일과 인터넷에 기반을 둔 디지털 기업들이 주식시장을 주도하고 있다. 1994년에 설립된 아마존은 모바일과 인터넷 혁명을 기반으로 세계 최고기업 반열에 올랐으며, 구글과 알리바바, 메타(페이스북)는 1994년에는 이 세상에 없었던 기업이다. 디지털 경제시대로 진입하면서 주식시장에 상전벽해가 벌어진 것이다.

소셜네트워크와 디지털 민주주의

2022년 다보스포럼은 미래의 비전을 기술이 아닌 '인간 중심'의 사회라고 제시했다. 미래 디지털 사회의 핵심은 '개별 인간이 좀 더 중시되는 분권화Decentralization' 현상이 될 것이란 전망이다. 분권화란 중앙집권화의 반대, 즉 권력이 한곳으로 쏠리지 않고 책임과 권한이 배분된다는 의미다. 디지털 기술에 힘입어 우리의 경제사회 전반에 분권화 경향이 확산되고 있는데, 가장 대표적인 분야가 정보(지식)공유의 확산을 통해 디지털 민주주의를 구현하고 있는 소셜네트워크 서비스SNS, Social Network Service다.

사회관계망, 또는 SNS란 사용자 간의 자유로운 의사소통과 정보공유, 그리고 인맥 확대 등을 통해 사회적 관계를 생성하고 강화시켜 주는 온라인 플랫폼을 의미한다. 페이스북과 트위터와 같은 SNS가 대중화되기 이전에도 사람들은 인터넷에서 타인들과 소통하고 관계를 맺고 있었다. 국내의 대표적인 SNS 서비스인 '싸이월드'가 등장한 것이 1999년인데, 그전에도 하이텔이나 천리안과 같은 PC 통신을 통해 게시판에 글을 남기고 대화를 하는 것이 일반적이었다.

1990년대 후반에 들어와 웹을 사용하는 인터넷 서비스가 늘어나면서 PC 통신은 쇠퇴하기 시작한다. 국내에서는 1999년 KAIST의 MBA 출신 학생들이 만든 '아이러브스쿨'이 서비스를 시작했고, 2001년 SK커뮤니케이션즈가 이를 인수하면서 '싸이월드'로 명칭을 바꾸게 된다. 싸이월드는 '사이버월드Cyber World'의 약자이지만, 한국어로 '사이'가 '관계'를 나타내므로(예를 들면 '친구 사이') 자연스럽게 소셜네트워크라는 것도 의미하게 된다. 싸이월드는 본격적인 실명제 미니홈피라는 블로그형 서비스를 제공하기 시작하면서 대중적인 인지도와 인기를 얻기 시작했다. 싸이월드 열풍은 싸이질, 싸이페인, 싸이홀릭[66]과 같은 신조어를 만들어내며 단순한 네트워크 서비스 모델이 아니라 하나의 라이프 스타일로 한국인의 삶에 깊숙이 자리 잡았다.

싸이월드는 한때 국내 회원 수 2,000만 명을 보유하는 소셜네트워크로 성장했지만, 성공을 계속 이어가지는 못했다. 스마트폰의 보급이 가져온 모바일 환경에 제대로 대응하지 못한 결과였다. 애플이 2007년 아이폰을 출시한 이후 모바일이 빠르게 PC 환경을 대체하기 시작했지만, 싸이월드는 모바일 앱을 출시하지 않고 웹 환경만을 고수했기에, 회원들은 스마트폰에서 사용이 편리한 페이스북으로 갈아타기 시작했다. 비즈니스 모델의 한계도 싸이월드의 성장에 걸림돌이었다. 싸이월드는 미니홈피에서 사용할 수 있는 아바타, 배경음악과 같은 콘텐츠(일명 도토리)를 직접 판매하는 수익모델을 택했다. 반면 페이스북은 광고주와 앱 개발자가 광고수익을 낼 수 있는 시스템을 제공하고 그 수익을 나누어 가지는 비즈니스모델을 채택했다. 싸이월드는 처음부터 자신만 돈을 버는 작은 원을 그렸지만, 페이스북은 모두가 공생할 수 있는 큰 원을 그렸던 것이다.

------

66 싸이질은 미니홈피를 꾸미고 자료를 업데이트하며 일촌들의 홈피를 방문해서 방문록에 글을 남기는 행동을 의미한다. 싸이페인은 싸이질에 빠져 페인이 된 사람을 뜻했으며, 싸이홀릭은 싸이질에 중독된 사람을 일컫는 용어였다.

페이스북은 마크 저커버그Mark Zuckerberg가 2004년 하버드대학에 다닐 때 만든 SNS다. 당시 하버드대학은 다른 학교와 달리 학생들의 기본적인 정보와 사진이 들어있는 디렉터리(이를 보통 '페이스북'이라 부른다)를 제공하지 않았다. 2003년 어느 날 밤 저커버그는 대담하게도 하버드대학의 전산시스템을 해킹해서 학생들의 기록을 빼내 페이스매쉬Facemash라는 간단한 사이트를 제작하였고, 학부 학생들의 사진을 쌍으로 올리면서 어느 쪽이 더 마음에 드는지 고르게 했다. 페이스매쉬는 하버드 재학생들의 호응을 받아 오픈 4시간 만에 2만 회가 넘는 조회수를 기록했다. 이 사건으로 저커버그는 하버드대학으로부터 '6개월 근신 처분'을 받게 되지만, '인물 및 사진'과 '인맥'에 대한 사람들의 관심이 많다는 것을 확인하게 되었고, 2004년 2월에는 페이스매쉬를 더욱 발전시켜 새로운 사이트인 '페이스북Facebook'을 오픈하게 된다.

페이스북이 개설되자 한 달 만에 하버드대학 재학생의 50%가 가입하였고, 두 달 만에 MIT와 예일대학을 포함한 아이비리그 대학으로 사용자가 확대되었다. 2005년부터는 고등학생도 가입이 가능해지면서 전 세계 7개국 2만 5천 개의 고등학교와 2,000개 이상의 대학교가 페이스북에 들어오게 된다. 이를 계기로 저커버그는 하버드대학을 중퇴하고, 실리콘밸리로 옮겨 본격적으로 페이스북을 사업화하기 시작한다. 2007년에는 5,800만 명의 가입자를 유치하면서 당시 SNS 1위 기업이었던 마이스페이스MySpace를 누르고 소셜네트워크 분야의 선두 자리를 차지하는 쾌거를 이룬다. 그해(2007년) 야후Yahoo가 10억 달러에 페이스북 인수 제안을 했지만, 저커버그는 이를 거절했다. 당시 페이스북은 야후가 제안한 인수 가격을 훌쩍 뛰어넘는 기업가치를 인정받기도 했지만 저커

버그는 독자적으로 계속 성장한 후 직접 기업공개를 하길 원했기 때문이다.[67]

이후 페이스북은 전 세계에서 가장 큰 소셜네트워크로 성장한다. 페이스북의 가장 큰 수익모델은 광고다. 페이스북은 전 세계 29억 명에 이르는 이용자가 어디에서 살고 있으며, 무엇을 좋아하고, 어떤 음식을 선호하는지에 대한 상세한 정보를 가지고 있다. 이러한 정보는 기업들이 맞춤형 타겟 광고를 하기에 너무나도 소중한 자산이다. 페이스북은 SNS 가입자의 개인정보를 활용해 엄청난 광고시장을 만들어 낸 셈이다.

페이스북은 인수합병을 통해 기업의 몸집을 키우기도 했는데, 가장 대표적인 합병이 인스타그램과 오큘러스 인수다. 페이스북은 인스타그램을 2012년 10억 달러에 인수했다. 인스타그램Instagram은 인스턴트 카메라Instant Camera와 텔레그램Telegram의 합성어로 사진을 공유하는 소셜미디어 플랫폼이다. 사용자는 자신의 스마트폰으로 사진을 찍은 후 디지털 필터 효과를 적용해 인스타그램에 올릴 수 있었고, 페이스북이나 트위터와 같은 다양한 SNS에서 사진을 공유할 수도 있었다. 2022년 기준으로 인스타그램의 이용자 수는 14억 명에 이른다. 2018년 블룸버그가 산정한 인스타그램의 기업가치가 1,000억 달러였으므로, 페이스북 인수 후 6년 만에 인스타그램의 기업가치가 100배 이상 뛰어오른 셈이다. 페이

<hr>

67 결과적으로 야후의 인주 제안을 거절한 저커버그의 결정은 옳았다고 볼 수 있다. 페이스북이 2012년 나스닥에 상장했을 때 공모가 기준으로 1,040억 달러의 기업가치를 기록했기 때문이다(야후가 제시한 인수가격의 100배가 넘는 가치다). 페이스북은 창업 8년 만에 시가총액 기준 미국 대기업 23위에 오르며, 디즈니, 맥도날드, 휴렛 팩커드는 물론 아마존까지 단번에 따라잡는 성과를 올리게 된다.

스북은 2014년 가상현실을 위한 HMD_{Head Mounted Display} 기기를 만드는 오큘러스를 20억 달러에 인수했다. SNS 사업자인 페이스북이 오큘러스를 인수한 이유는 저커버그가 가지고 있는 미래 SNS에 대한 비전 때문이다. 모바일이 현재의 SNS를 위한 플랫폼이라면, 미래에는 많은 사람이 가상현실을 통해 다른 사람과 대면하는 SNS가 중요한 플랫폼이 될 것이라고 보았기 때문이다.

하지만 최근에 불거진 개인정보 유출사건으로 페이스북은 많은 어려움을 겪고 있다. 2018년 페이스북 사용자 5,000만 명의 개인정보가 영국의 데이터 분석기업인 캠브리지 애널리티카에 유출되었고, 미국의 대통령 선거기간에 트럼프 캠프가 이 정보들을 불법적으로 선거운동에 활용했다는 비판이 제기되며, 미국의 연방거래위원회가 조사에 착수했다. 2021년에는 5억 3천만 명에 이르는 페이스북 사용자들의 이름과 연락처, 생일, 거주지와 같은 개인정보가 유출되는 사건이 발생했다. 그뿐만 아니라 애플이 아이폰의 보안기능을 강화하면서, 애플 사용자의 개인정보 수집은 점점 더 어려워지고 있다. 현재 페이스북 사용자의 대부분이 모바일로 페이스북에 접속하고 있으므로, 애플의 이러한 보안강화 정책은 페이스북의 맞춤형 광고를 어렵게 만들고 결과적으로 페이스북의 광고수익을 크게 줄일 수 있기 때문이다.

저커버그는 2021년 페이스북의 회사명을 '메타_{Meta}'로 변경했다. '메타'라는 단어는 '저 너머_{Beyond}'를 의미하는 그리스어에서 유래했다. 저커버그는 메타버스라는 가상현실이 인터넷의 미래라고 보고 있다. 메타버스에 있는 사람들은 컴퓨터 대신 HMD라 불리는 헤드셋을 이용해 모든

에너지 민주주의와 디지털 혁신

종류의 디지털 환경을 연결하는 가상세계에서 사람들과 교류한다. 미래에는 가상세계가 직장, 놀이, 콘서트뿐만 아니라 친구와 가족과의 사교에 이르기까지 모든 것에 활용된다는 것이 저커버그의 비전이다. 최근 불거진 개인정보 유출사건이나, 애플의 스마트폰 보안강화로 페이스북에서 광고수익의 감소가 불가피하게 된 것이 사명변경의 배경이라고 보는 견해도 있지만, 저커버그가 2014년에 HMD를 만드는 오큘러스를 인수할 당시부터 미래의 SNS는 가상세계가 중요한 플랫폼이 될 것이라고 주장해 왔으므로 앞으로 시간을 두고 메타(페이스북)의 성장을 지켜볼 일이다.

페이스북과 함께 정보공유와 소통을 통해 디지털 민주주의에 크게 공헌한 또 다른 소셜네트워크는 트위터Twitter다. 2006년 소수 그룹을 위한 단문메시지 시스템으로 출발한 트위터는 온라인 정보의 공유와 전파 방법을 극적으로 바꾼 강력한 의사소통 도구로 발전했다. 트위터는 군중에 의해 움직이는 트렌드의 지표가 되었고, 뉴스기관보다 훨씬 더 빨리 속보를 전하는 강력한 미디어의 역할을 담당하며, 여론을 형성하고 사회변화를 이끄는 혁신을 이루기도 했다.

트위터는 오데오라는 회사에 근무하고 있던 잭 도시Jack Dorsey, 비즈 스톤Biz Stone, 그리고 플로리안 웨버Florian Weber 세 사람이 2006년에 시작한 서비스다. 오데오는 팟캐스트Podcast 서비스를 제공하는 기업이었다. 팟캐스트는 이용자가 원하는 프로그램을 선택해 자동으로 구독할 수 있는 인터넷 방송서비스다. 당시 미국의 인터넷 인프라는 생방송 스트리밍을 할 수 있는 초고속 서비스가 잘 갖추어지기 전이었기에 동영상 방송서비스를 제공하는 팟캐스트 사업은 어려울 수밖에 없었다. 오데오는 시장에서 타 기업들과의 경쟁으로 고군분투하고 있었고, 혁신을 주도해야 한다는 압박에 시달리고 있었다. 새로운 비즈니스 기회가 절실했던 세 사람은 '해커톤Hackaton'[68]에 참여하거나 하루 종일 토론을 이어가는 '브레인스토밍' 모임을 꾸준히 진행했다.

이 과정에서 잭 도시가 한 가지 제안을 하게 되는데, 팀원 간에 서로 자신들이 지금 무엇을 하고 있는지 공유할 수 있도록 SMS(휴대폰 문자서비스) 기반의 서비스를 만들자는 아이디어였다. 2006년 당시는 공용 와이파이와 스마트폰, 모바일 인터넷이 아직 대중화되기 이전이었다. 따라서 대부분의 사람들은 휴대폰 문자서비스SMS로 주로 소통하던 시기였다. 오데오는 잭 도시의 아이디어를 받아들여 트위터 프로젝트를 진행하게 된다.

트위터 서비스 개발은 완료했지만, 팀원들은 트위터 서비스가 성공할 수 있을지에 대해서는 확신할 수 없었다. 그러던 어느 주말, 집안에서 카페트 청소를 하고 있던 비즈 스톤의 주머니에 있던 휴대폰이 울렸는데, 오데오사의 동료가 지금 피노우아Pinot Noir(포도주의 일종)를 마시고 있다는 트윗이었다. 이를 계기로 트위터 팀들은 지인이나 동료가 지금 무엇을 하고 있는지에 대한 정보를 실시간으로 공유하는 서비스가 시장성이 있다는 믿음을 가지게 된다. 특히 2007년에 개최된 'SXSW'[69] 행사

---

68 해커톤(Hackathon)은 해킹(**Hack**ing)과 마라톤(Mar**athon**)의 합성어로, 기획자, 개발자, 디자이너 등의 직군이 팀을 이루어 제한 시간 내에 주제에 맞는 서비스를 개발하는 공모전을 뜻한다.

에서 참가자들이 좋은 세션의 내용을 요약해서 트위팅을 하고, 그에 대한 반응들이 나타나는 것을 보면서 트위터가 많은 사람에게 유용한 도구가 될 수 있다고 확신하게 된다.

초창기에는 트위터에 글자 수 제한(140자)이 없었다. 장문의 메시지가 입력되면 이를 여러 개의 작은 문자메시지로 나누어 상대방 휴대폰에 전송했다. 하지만 당시 미국의 휴대폰 통신요금체계는 우리나라와 달리 문자를 받을 때도 수신자가 요금을 지불하는 구조였다. 메시지를 길게 보내면 수신자가 요금 폭탄을 맞을 수 있었다. 이 때문에 트위터 메시지가 SMS 최대 문자 수(160자)를 넘지 않도록 입력이 가능한 글자 수에 제한을 만들었다. 트위터 글자 수가 SMS의 최대 문자 수인 160자가 아닌 140자로 설정된 이유는 메시지 이외에 사용자 이름과 콜론(20자)이 들어갈 자리가 필요했기 때문이다.

그렇다면 왜 트위터Twitter라는 이름을 사용했을까? 트위터 아이디어를 처음 제안했던 잭 도시는 '트윗이 도착하면 친구의 주머니를 윙윙 울리도록 진동시키고 있다는 느낌'을 확실하게 담아낼 수 있는 이름을 원했다. 따라서 맨 처음 생각했던 이름은 트위치Twitch(실룩거리다 또는 경련하다.)였다. 하지만 트위치라는 발음이 자연스럽지 않아서 이와 유사한 단어를 사전에서 찾기 시작했고, 그렇게 해서 우연히 발견한 단어가 트위터Twitter였다. 트위터에서 짧은 메시지를 전송하는 것을 트윗Tweet이라고

....

69 SXSW(South by Southwest)는 매년 봄(보통 3월) 텍사스 오스틴에서 개최되는 일련의 음악, 영화, 게임, 인터랙티브 미디어에 대한 컨퍼런스다.

하는데, 트윗_{Tweet}의 사전적 정의가 '작거나 어린 새들의 울음소리'이므로 의미가 있는 이름이었다.

2006년 시작한 트위터는 엄청나게 빠른 속도로 성장해 2022년 기준 전 세계에서 2억 3,000만 명의 이용자가 매달 트위터를 사용하고 있다. 트위터 내에서 운영되고 있는 채널 수도 1억 3천만 개가 넘는다. 글자 수를 제한해 모바일에 적합한 방식이라는 점, 그리고 한 사람이 다수와 동시에 소통할 수 있다는 특성이 트위터 성장에 큰 도움을 주었다. 웹 접속 없이도 사용할 수 있고, 팔로워를 통해 순식간에 메시지가 확산될 수 있다는 장점 때문에 연예인, 정치인, 스포츠 선수, 기업인이 개인홍보를 위한 마케팅 도구로 활용하면서 사용자가 크게 늘어났다. 2022년 4월에는 일론 머스크_{Elon Musk}가 트위터를 440억 달러에 인수해 큰 화제가 되기도 했다.

페이스북과 트위터와 같은 SNS가 민주주의의 확산에 끼친 영향을 보여주는 사례로 가장 대표적인 것이 중동에서 일어난 '아랍의 봄' 사건이다. 2010년 12월 아프리카 북부 튀니지에서 한 청년이 분신자살을 시도했다. 노점상에 대한 경찰의 과잉단속에 대해 항의하고자 한 행동이었다. 당시 튀니지는 30%에 이르는 청년실업으로 인해 노점상으로 뛰어든 젊은이가 많았다. 이 사건이 튀니지 전체를 격분시킨 '재스민 혁명_{Jasmine Revolution}'[70] 으로 번지게 된 데에는 SNS의 힘이 컸다. 분신장면이

....

70 재스민이 튀니지의 국화(國花)이므로 '재스민 혁명'이라 불린다.

담긴 동영상이 페이스북에 업로드되면서 전국의 청년들이 시위를 일으켰기 때문이다.

튀니지 정부를 전복시킨 재스민 혁명은 이듬해 중동지역의 아랍권 곳곳으로 번져나갔다. 모로코, 알제리, 리비아, 이집트 등 튀니지 인근의 북아프리카 국가뿐만 아니라 요르단, 시리아, 예멘, 이란 등 중동국가에서도 대규모 반정부시위가 일어났다. 세계언론은 2011년 봄까지 지속된 갑작스러운 혁명의 물결에 대해 '아랍의 봄'이라는 이름을 붙였다. 중동 국가들은 비상사태를 선언하고 통신망을 차단하는 등 진화에 나섰지만, 아무리 중앙집권적 통제국가라 해도 모든 소통채널을 막을 순 없었다. 성난 시위대는 트위터와 페이스북을 통해 동향을 살피고 정보를 교환했다. 철권통치로 군림하던 독재자, 대통령, 국가원수들은 결국 권좌를 내주거나 해외로 도피할 수밖에 없었다. 중동혁명은 인터넷의 파고를 타고 인근 지역으로 계속 번져 갔으며, 지구 반대편 중국, 미국에서도 연계시위가 벌어졌다 '트위터 혁명'이라고도 불린 중동혁명은 SNS의 위력을 제대로 보여주었다.

SNS는 메시지 전달과 확산 속도를 엄청나게 빠르게 만들었을 뿐만 아니라 메시지 전달비용도 크게 줄였다. 네트워크를 통한 정보의 전파가 용이해지면서 한 개인의 의견도 SNS를 거치면 강력한 정치·사회적 담론으로 발전할 수 있게 된 것이다. SNS를 통해 제도변화나 입법청원을 쉽게 할 수 있고, 정치인에게 직접 메시지를 전달할 수도 있으며, 다른 시민과 주요 현안에 대해 온라인 논의도 바로 할 수 있다. SNS를 통한 정보습득과 의견교환 과정에 참여하면서 제공되는 정보를 단순히 수용하는 데에서 발전해 적극적으로 정보를 찾고 수집하며, 정보의 관계망을 형성하는 스마트 시민으로 성장하게 된다. 이 과정에서 SNS가 사회적 공론장으로 변화해 나가면서 시민참여의 질을 향상시켰다. 즉, SNS는 시민의 정치적 영향력을 증가시켰고, 20세기에 이루어진 분권화를 21세기에 더욱 가속화하며 디지털 민주주의를 위한 인프라의 역할을 담당하고 있다.[71]

블록체인과 탈중앙화된 자율조직DAO

비트코인Bitcoin은 블록체인Blockchain 기술을 기반으로 하는 온라인 암호화폐다. 비트코인은 2008년 10월 사토시 나카모토Satoshi Nakamoto라는 가명을 사용하는 프로그래머가 발표한 한 편의 논문에서 시작됐다.[72] 2009년 1월부터 일반화폐와 다르게 중앙은행과 같은 중개기관 없이 P2P 방식[73]으로 사용자 간에 자유롭게 거래할 수 있는 암호화폐로 발행되기 시작한 것이 비트코인이다. 각국의 중앙은행이 독점적으로 화폐를 발행하고 관리하는 중앙집중형 화폐관리가 아닌, 네트워크에 참여하는 모든 사람이 화폐거래에 대한 기록을 분산 관리하는 체계를 사용하기

....

71 소셜네트워크(SNS)가 지식과 정보의 공유를 통해 민주주의의 확산에 기여한 측면이 있지만, 최근에는 집단 양극화를 심화시킨다는 비판적인 시각도 있다. SNS에서 생각이나 성향이 유사한 사람들끼리 의견을 주고받으면서 진보와 보수 간의 정치적 갈등, 금수저와 흙수저로 대변되는 계층간 갈등, 그리고 성별 갈등처럼 집단 양극화가 우리 사회에 새로운 갈등을 초래하고 있다는 비판이다.

72 사토시 나카모토가 2008년 10월 학술지에 게재한 논문의 제목은 'Bitcoin: A Peer-to-Peer Electronic Cash System'이었다.

73 P2P(Peer-to-Peer)는 기존의 서버(중앙 장치)를 통해 사용자 간에 정보교환을 하는 방식이 아니라, 네트워크로 연결된 개인들이 중앙서버의 개입 없이 직접 정보와 자료를 공유하는 방식을 뜻한다.

때문에 블록체인을 분산원장_{Distributed Ledger}이라 부른다.

비트코인 창시자는 2008년 글로벌 금융위기 이후 각 국가가 경제위기를 타개하기 위해 통화량을 인위적으로 늘리는 것이 불합리하다는 생각에 암호화폐를 설계했다. 한정된 수량의 비트코인을 만들어 두고, 설계자가 디자인한 알고리즘에 따라 기존 거래의 유효성을 검증하는 연산작업을 통해 비트코인을 채굴할 수 있도록 한 것이다. 채굴된 비트코인 거래정보는 암호화한 후 블록체인이라는 공개된 분산원장에 기록해 둔다. 보안성 때문에 경제적인 가치를 담보할 수 있고, 물건이나 서비스의 지급수단으로 사용될 수만 있다면 궁극적으로 기존화폐를 대체할 수 있다는 것이 비트코인 아이디어다.

비트코인은 온라인 결제 플랫폼인 페이팔[74]과는 다르다. 페이팔은 아마존과 같이 전 세계를 대상으로 하는 인터넷 쇼핑몰이 각국 통화나 거래은행에 관계없이 결제할 수 있도록 도와주는 서비스다. 이보다 앞서 개발된 인터넷 뱅킹도 이미 보편적인 결제수단으로 자리 잡았다. 하지만 페이팔이나 인터넷 쇼핑몰에서 거래되는 가상화폐는 모두 누군가가 중앙에서 거래를 매개하고 통제하는 시스템이다. 비트코인은 중앙에서 통제하는 제3자 없이 거래당사자들이 직접 관리하는 통화시스템을 구축해 국경에 제약받지 않고 수수료도 거의 없는 가상화폐에 대한 비

---

74 페이팔(PayPal)은 인터넷을 이용한 결제서비스로, 페이팔 계좌 간에 또는 신용카드로 송금, 입금, 청구를 할 수 있도록 해준다. 거래 당사자 간에 신용카드번호나 계좌번호를 알려주지 않아도 되기 때문에 온라인상에서 안전한 결제시스템 역할을 하고 있다.

전으로 고안한 것이다.

[그림 6-1]은 기존 거래방식과 블록체인을 비교하고 있다. 블록체인
은 네트워크 내의 모든 참여자가 공동으로 거래정보를 검증, 기록, 보관
함으로써 은행과 같은 공인된 제3자가 없어도 거래기록의 신뢰성을 확
보하는 기술이다. 은행을 포함한 금융회사들은 거래장부를 안전하게 기
록하고 관리하기 위해 접근성을 제한하는 보안방법을 사용해왔다. 거래
장부를 보관하는 서버는 아무나 접근할 수 없는 건물 깊숙한 곳에 두고
각종 보안프로그램과 장비를 설치한다. 24시간 경비를 서고 서버를 관
리해야 함은 물론 컴퓨터접속을 통제하기 위해 강력한 보안프로그램을
설치해야 하므로 상당히 많은 비용이 발생한다. 반면 블록체인은 중요
한 정보를 깊숙이 숨겨야 한다는 전통적인 보안 상식을 뒤엎고, 오히려
모든 사람이 정보를 공유하게 함으로써 거래 내역을 조작하지 못하게

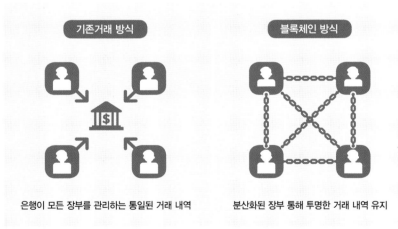

[그림 6-1] 기존 거래방식과 블록체인 방식의 비교

에너지 민주주의와 디지털 혁신

막는 방법을 사용한다. 블록체인이 분권화를 위한 기술이라고 평가되는 이유가 여기에 있다.

블록체인의 첫 번째 특성은 중앙집중형 중개자가 없는 완전히 분산화된 시스템이라는 것이다. 블록체인은 모든 참여자가 정보를 공유하고 함께 거래의 신뢰성을 검증하는 네트워크를 구성하므로 은행이나 금융기관과 같은 중앙집중형 관리조직이 필요 없다. 따라서 거래상에 발생하는 불필요한 비용들을 최소화할 수 있으며, 이는 복잡한 거래기록 관리 및 추적을 손쉽게 한다. 여러 기관이 참여할 때도 시스템 통합에 따른 복잡한 프로세스가 필요 없어 큰 비용이 들지 않는다. 블록체인이 금융거래를 위해 사용될 경우 수수료가 없어지거나 낮아져 금융비용이 절감될 수 있는 이유가 여기에 있다.

블록체인의 두 번째 특성은 강력한 보안성이다. 블록체인을 도입하면 중앙 데이터베이스에 모든 자료를 저장하는 것보다 상대적으로 안전하다. 모든 거래 데이터를 한곳에 보관하고 관리한다면 해커들이 단 하나의 데이터베이스만 침입하는 것으로 치명적인 피해를 줄 수 있다. 하지만 블록체인처럼 분산된 거래 장부에 침입하는 것은 현실적으로 매우 어렵다. 블록체인 기반의 네트워크를 해킹하는 것은 사실상 불가능에 가까우며, 일부 시스템에 오류나 성능저하가 발생하더라도 전체 네트워크가 타격을 입을 가능성도 적다.

마지막으로, 블록체인은 공개성이라는 특징을 가지고 있어서 투명성이 높다. 모든 참여자들이 장부를 공유하고 있기 때문에 기본적으로 모든 거래기록이 공개될 수밖에 없어 투명성이 높아진다. 금융거래와 회계관리와 같이 투명성이 중요한 분야에서 블록체인의 활용 가능성이 큰 이유가 여기에 있다.

　탈중개성, 보안성, 그리고 투명성이 높다는 특성 때문에 블록체인 기술은 비트코인과 같은 암호화폐 뿐만 아니라 다양한 분야에서 활용될 수 있다. 블록체인은 공유원장기술을 핵심으로 하므로 생산－제조－유통－거래의 모든 단계에서 발생하는 정보를 기록할 수 있으며 특히 보안에 강하다는 장점 때문에 정보의 신뢰성을 제고할 수 있어 응용분야가 무궁무진하다.

　블록체인 활용이 기대되는 분야 가운데 대표적인 것이 스마트계약이다. 블록체인 플랫폼을 통해 일정조건을 만족시키면 자동으로 거래가 실행되도록 프로그래밍하는 것으로, 소유권 이전이나 상속과 증여에도 활용될 수 있다. 스마트계약을 부동산 임대에 적용하는 벤처기업도 이미 설립되어 운영 중이다. 이 기업은 부동산 보증금과 임대료 지급이 확인되면 스마트폰을 이용해 건물에 부착된 스마트 도어락를 열 수 있도록 해준다. 이 모든 과정이 프로그래밍을 통해 자동화할 수 있다는 점이 스마트계약의 장점이다.

　블록체인은 투명하고 위·변조가 불가능한 공공장부라는 특성 때문에 다양한 기록을 관리하기에 효율적인 기술이다. 블록체인을 이용해 다이아몬드 유통과정을 기록함으로써 다이아몬드의 진위여부를 가리고 불법거래를 방지하는 서비스도 이미 출현했다. 40가지의 척도를 사용해 다이아몬드의 디지털 지문을 만들면, 해당 다이아몬드의 소유권 이전경로가 블록체인에 기록되고 이를 통해 인증을 받는다. 이 정보는 아무도 변경할 수 없으므로 특정 다이아몬드의 합법적인 출처가 밝혀지지 않는다면 블러드 다이아몬드[75]이거나 장물이라고 의심할 수 있다.

중앙의 통제 없이 권력을 분산하는 블록체인의 특성 때문에 '탈중앙화된 자율조직DAO, Decentralized Autonomous Organization'도 출현하고 있다. 특정한 중앙집권 주체의 개입 없이 개인들이 모여 자율적으로 제안하며, 투표와 같은 의사표시를 통해 다수결로 의결하고 이를 통해 운영되는 조직이 DAO다. 경영진과 정관에 의한 물리적이고 인위적인 경영이 아니라, 사전에 프로그래밍이 된 스마트계약에 의한 코드경영이 가능할 뿐 아니라, 별도의 입사과정 없이 누구든지 자율적으로 DAO 조직에 가입해서 활동할 수 있다. 근무장소나 시간, 그리고 작업방법에 대한 자율성이 강화되고, 임금이나 급여 같은 전통적인 보상이 블록체인 기반의 암호화폐 보상으로 변환된다. 개인은 하나의 조직과 체결된 경직된 고용관계를 떠나 다수의 DAO에서 작업시간을 분할해가며 탄력적으로 근무할 수도 있다.

DAO의 가장 큰 특징은 조직 및 단체에서 운영규칙을 스스로 만들고 여기에 중앙통제 형태의 기구가 개입할 수 없게 만든다는 점이다. 운

---

75 블러드 다이아몬드(Blood Diamond)는 '피의 다이아몬드'라는 뜻으로 전쟁 중인 지역(주로 아프리카)에서 생산된 다이아몬드를 지칭한다. 주로 다이아몬드로 인한 수익금이 테러나 전쟁 수행을 위한 자금원으로 사용된다.

영규칙은 DAO 구성원들의 의견수렴 과정을 거쳐 결정되며, 규칙이 결정되면 추후에 변경되기 전까지 자동적으로 적용된다. 구성원들은 누구나 조직운영과 관련된 의견을 제시할 수 있으며 투표로 의견이 취합되면 운영규칙에 포함되거나 기존의 규칙을 수정 또는 폐기하게 된다. DAO는 의결과정에서 시공간에 구애를 받지 않는 전자식 투표를 통해 구성원 모두가 의결권을 행사하는 가장 공정한 민주주의 형태를 취하고 있다.

DAO는 우리 일상의 소소한 문제를 해결하는 차원을 넘어 점차적으로 공동체의 이슈를 해결하거나, 국가적 이슈를 해결하는 수단으로 진화하고 있다. 동네에 쌓인 눈을 치우는 문제부터, 비어 있는 개인 주차장이나 주택을 공유하는 문제를 해결해 나가다 보면, 지역 공동체를 위한 '협동조합' 또는 '계 조직'으로 발전할 가능성이 크다. 거래나 투자 목적으로 가상자산 프로젝트에 주로 등장했던 DAO가 최근에는 우주탐사, 문화재 수집같이 가치관을 공유하는 도구로서 다양한 영역으로 활동범위를 넓히고 있다. DAO는 디지털 기술에 의한 분권화의 극치를 보여주는 새로운 조직형태다.

3D 프린팅과 제조업의 민주화

인쇄기술의 발전은 인류 문명사의 진화에 중요한 역할을 했다. 인쇄술 이전의 책은 노동집약적인 필사 작업을 통해 복제되었기에 비싸고 귀할 수밖에 없었다. 중세시대에 책을 가장 많이 보유한 수도원조차 20권 정도의 책만 소장하고 있었다. 당연히 대부분의 사람들은 평생 동안 책을 한 권도 가질 수 없었다. 하지만 금속활자의 등장으로 책의 대량생산이 가능해지면서 보다 싼 값으로 책을 구해볼 수 있게 되었고, 일부 계층에게만 국한되었던 교육과 지식보급이 일반인에게까지 확대되었다. 인쇄술은 정치적으로는 절대왕정에서 근대 시민사회로 바뀌는 원동력이 되었고, 종교적으로는 성서 보급을 확대해 종교개혁이 일어나게 했으며, 사회적으로는 권위주의가 무너지고 자유주의가 싹트는데 지대한 역할을 했다.

4차산업혁명으로 태어난 새로운 인쇄술인 3D 프린팅이 우리 사회에 또 다른 변화를 가져오고 있다. 3D 프린터는 소프트웨어로 설계한 3차원 도면을 바탕으로 물건을 손으로 만질 수 있는 3차원 실물로 제작하는 프린터다. 액체나 분말 형태의 원료를 분사해 얇은 막을 쌓아 올리거나 합성수지를 깎아서 3차원 실물을 제작한다. 3D 프린팅은 3D 프린터로 입체적인 물건을 제작하는 것으로, 인쇄뿐만 아니라 물건을 인쇄하기 위한 디자인과 인쇄 후 마무리 공정까지 포함하는 모든 과정을 뜻한다.

3D 프린터는 원래 목업Mockup을 쉽게 만드는 용도로 개발되었다.[76] 목업이란 실제 제품을 만들기 전 디자인이나 기능검토를 위해 실물과 비슷하게 제작한 제품의 모형을 뜻한다. 제품설계를 위한 소프트웨어로 디자인한 제품을 실물모양으로 빠르게 만들어보고, 수정할 부분이 없는지 살펴보는 용도로 3D 프린터를 주로 사용했다. 하지만 최근에는 목업

---

76 3D 프린팅 기술은 1984년 찰스 헐(Charles Hull)이 항공이나 자동차 산업 등에서 신속하게 부품의 시제품을 만드는 '쾌속 조형(Rapid Prototype)'을 위해 개발했다.

이 아닌 실제 상품을 생산하기 위해 3D 프린터를 활용하는 사례가 늘어나고 있다. 3D 프린터가 다양한 소재를 커버할 수 있게 되었고 프린트 속도도 상당히 향상되었기 때문이다. 의료용 인공장기, 신발, 항공기 부품에서 초콜릿과 같은 과자까지 3D 프린터로 만들지 못하는 게 없을 정도다. 심지어 3D 프린터로 주택도 짓고 자동차도 만들고 있다. 3D 프린터 자체가 생산설비 또는 공장 역할을 담당하고 있는 셈이다.

3D 프린팅이 새로운 혁신이라고 불리는 이유는 전통적인 생산시설로 제작이 어려운 제품을 쉽게 만들 수 있을 뿐 아니라, 기존 제조방식보다 비용과 시간을 대폭 줄일 수 있기 때문이다. 전통적인 생산에서 사용되는 절삭가공 방식은 복잡한 형상의 제작이 어렵고, 제작 인력의 기술숙련에 많은 시간이 소요되지만, 3D 프린팅을 사용하면 형상에 구애받지 않으면서 비교적 빠른 시간 안에 제작할 수 있다. 여러 소재와 색상을 동시에 사용해 제작할 수 있다는 점도 3D 프린팅의 장점이다. 금형을 제작해 생산하는 기존의 제조방식에서는 한가지 재료로 만든 제품만 지속적으로 만들 수 있지만 3D 프린터는 플라스틱과 고무 등 다양한 재료를 동시에 사용해 출력(제작)할 수 있다.

전통적인 제조업에서는 다수의 부품을 별도로 제작한 후 이들을 조립해야 하는 경우가 많은 반면, 3D 프린터는 제품 모양에 구애받지 않으므로 부품조립을 최소화할 수 있다. 제너럴 일렉트릭은 부품 20개를 각각 주조한 후 이들을 조립해서 만들던 기존의 제트엔진을 3D 프린팅을 활용하여 한 번에 인쇄함으로써 제조비용을 75%나 절감할 수 있었다.[77] 3D 프린팅은 대형 설비의 설치와 그에 따른 공간의 필요성도 없

에너지 민주주의와 디지털 혁신

앤다. 미항공우주국NASA은 우주 정거장에서 부족한 부품의 설계데이터를 지상으로부터 송신 받아 정거장에 설치된 3D 프린터로 제작하고 있다. 생산시설이 없는 항공모함 내에서 3D 프린터를 활용해 필요한 부품을 제조할 수 있는 것도 3D 프린터의 장점이다.

전통적인 제조업에서는 설비와 금형 등을 제작하는 초기비용 때문에 다품종 소량생산이 쉽지 않다. 하지만 3D 프린터를 사용하면 저렴한 비용으로 금형을 제작할 수 있을 뿐만 아니라, 설계도면의 변경만으로 다양한 제품을 필요한 수량만큼 생산할 수 있어 다품종 소량주문제작이 쉬워진다. 고객이 원하는 디자인과 특성에 맞는 제품을 생산하는 고객맞춤화도 저렴하게 구현할 수 있다.

맞춤형 제작기술을 가장 필요로 하는 분야 가운데 하나가 의료와 헬스케어 산업이다. 모든 사람의 신체가 각기 다른 특징과 형상을 가지고 있기 때문에 맞춤형 기술인 3D 프린팅이 가장 요긴하게 사용될 수 있기 때문이다. 3D 프린터로 인공장기를 제작하는 기술을 '바이오 3D 프린팅'이라고 한다. 바이오 3D 프린팅 기술을 활용하면 손상된 근육, 치아, 조직과 장기를 3D 프린터로 출력해 사람에게 이식할 수 있다. 불의의 사고로 손발이나 팔다리가 절단된 환자에게 꼭 맞는 신체 일부를 제공하고, 심장이 고장 난 환자에게는 정교한 인공심장을 만들어 제공할 수

....

77　제너럴 일렉트릭의 경우 제조비용만 절감된 것이 아니라 3D 프린팅으로 제작한 연료 노즐이 장착된 제트엔진은 기존의 엔진보다 연료효율이 10%나 향상되었다. 연료비가 항공사 운영비의 19%를 차지하는 가장 큰 비용요소임을 고려하면 연료효율의 증가는 상당히 의미 있는 결과다.

있다([그림 6-2] 참조). 노화로 인해 기능을 상실한 인체기관, 피부노화, 탈모를 위해 3D 프린팅 기술과 줄기세포 재생치료를 함께 적용하는 연구도 진행 중이다. 환자 개인에게 '맞춤형' 형태로 제작되어 손상된 인체조직과 기관을 구현할 수 있는 점은 '바이오 3D 프린팅'의 가장 큰 장점이다. 맞춤제작이어서 재료의 낭비를 막고, 제작 시간을 단축할 수 있어 산업 측면의 가치도 높다.

3D 프린팅 기술은 공급망 관리와 유통관리 분야에도 새로운 혁신을 몰고 올 것으로 보인다. 이전에는 공장에서 제품을 생산한 뒤 시장에 유통했지만, 3D 프린팅은 언제 어디서든 생산이 가능하다. 소비자가 설계도면을 다운로드 받아 가까운 프린팅 센터에서 제품을 인쇄하면 유통비용과 재고비용을 동시에 절감할 수 있게 된다. 고객이 필요로 하는 시점에 상품을 바로 공급할 수 있다는 장점도 있다.

[그림 6-2] 인공장기를 제작하는 바이오 3D 프린팅 (출처: 로봇신문)

에너지 민주주의와 디지털 혁신

교육분야에서는 학생들의 이해력과 창의력을 향상시키기 위해 3D 프린팅을 활용한다. 학생들이 직접 설계하고 제작하는 과정에서 많은 것을 배울 수 있기 때문이다. 시각장애 학생들을 위한 교재인 3차원 입체 점자책을 제작하기 위해 3D 프린팅 기술이 유용하게 사용되기도 한다. 그림을 넣기 어려웠던 기존의 점자책에 3차원 형태의 촉각교재를 포함하는 것이 대표적인 사례다. 3차원 입체 교구는 고인돌, 석굴암, 첨성대와 같은 유물뿐만 아니라 꽃의 성장 과정과 빛의 굴절에 이르기까지 다양한 그림들을 입체적으로 표현해 시각장애인들의 교육 효과를 크게 높이고 있다.

3D 프린팅이 일반 제조업에 광범위하게 확산되면 다품종 소량생산이 보편화되고, 고객 맞춤형 생산이 많이 늘어나리라는 것이라는 것은 쉽게 예측할 수 있다. 이는 별도의 금형 제작이 필요 없고 디자인을 쉽게 수정할 수 있기 때문에 가능하다. 따라서 미래에는 제품을 미리 만들어두고 판매하는 방식보다는 주문형 제작방식이 확대될 가능성이 크다.

크리스 앤더슨Chris Anderson[78]은 그의 베스트셀러인 『Makers』에서 3D 프린팅이 전통적인 제조업과는 다른 '메이커스 운동Makers Movement'이라 불리는 근본적인 변화를 제조업에 가져올 것이라고 강조했다. 앤더슨은 그 근거로 크게 3가지 이유를 들었는데, 첫째 개인이 3D 프린터를 사용해

78 크리스 앤더슨은 '롱테일(The Long Tail)'과 '프리코노믹스(Freeconomics: 공짜 경제학)' 이론의 창시자다. 그가 2013년 출간한 『메이커스(Makers)』는 제조업과 디지털 기술의 융합으로 세상이 앞으로 어떻게 바뀔지를 분석하고 있다.

제품을 설계하고 제작하는 사례가 늘어나고 있고, 둘째 설계정보를 온라인 커뮤니티에서 다른 사람들과 공유하고 협업하고 있으며, 셋째 제조사업자에게 설계정보를 보내서 원하는 개수만큼 제작하거나 가공 기계(금형)를 만들어 직접 생산하는 추세가 증가하고 있기 때문이라는 것이다. 그는 1980년대에 PC가 온라인에서 '소통의 민주화'를 가져온 것처럼 3D 프린터가 '제조업의 민주화'를 가져올 것이라고 역설했다.

3D 프린터가 어떻게 '제조업의 민주화'를 가져올 수 있을까? 18세기 영국에서 시작된 산업혁명 이후, 대부분의 물건들은 공장에서 만들어졌다. 공장에서 물건을 만들려면 먼저 공장을 세울 땅이 필요하고, 물건을 제조할 기계와 숙련된 노동자를 확보해야 한다. 제품을 제작하려면 기술과 자본이 필요했기에 아무나 쉽게 시작할 수 없는 것이 제조업이었다. 아무리 뛰어난 아이디어가 있어도 이를 만들어줄 제조업체를 만나지 못하면 그 아이디어를 현실화하는 것도 불가능했다. 하지만 3D 프린팅 덕분에 특별한 기술이나 대형설비가 없어도, 설계도만 있으면 누구나 쉽게, 원하는 제품을, 원하는 대로, 원하는 장소에서 생산할 수 있게 되었다. 다양한 형태의 'DIYDo-It-Yourself' 프로젝트를 통해 과거에는 꿈꾸지 못했던 제품들을 스스로 만들고 이를 바탕으로 창업하는 것이 훨씬 용이해진 것이다. 3D 프린팅 기술이 보다 많은 사람으로 하여금 보다 쉽게 제조업에 참여할 수 있도록 기회의 문을 활짝 넓히고 있는 것이다.

- 디지털 플랫폼이 다양한 분야에서 프로슈머Prosumer가 출현하도록 유도하는 이유는 무엇일까?

- 위키피디아에서 일반인(프로슈머)이 지식 콘텐츠를 제공하는데 그 내용이 정확할까? 무료 콘텐츠 플랫폼인 위키피디아는 무엇으로 돈을 벌까?

- 유튜브가 지식공유와 검색시장을 장악한 배경은 무엇일까? 유튜브에서 수많은 '크리에이터(프로슈머)'가 출현한 특별한 이유가 있을까?

- 우버와 에어비앤비가 공유경제 시장에서 성공한 이유는? 우버와 에어비앤비 비즈니스 모델은 어떠한 제도적인 문제점을 가지고 있나?

CHAPTER 7

디지털 플랫폼과 프로슈머

디지털 플랫폼과 양면시장Two-Sided Market

페이스북, 구글, 아마존, 에어비앤비, 우버와 같이 최근 잘 나가는 기업을 살펴보면 한 가지 공통점이 있다. 이들 모두 '플랫폼 기업'이라는 점이다. 플랫폼 기업이란 사업자가 직접 제품 또는 서비스를 제공하는 것이 아니라 제품이나 서비스를 제공하는 생산자그룹과 이를 필요로 하는 소비자그룹을 연결하는 기업이다. 플랫폼 기업은 생산자와 소비자가 자사의 플랫폼 내에서 활발하게 거래하도록 유도함으로써 수익을 창출한다. 오늘날 제조, 유통, 전자, IT와 같은 다양한 분야의 기업이 플랫폼 사업자가 되는 것을 궁극적인 목표로 삼고 있다. 디지털 경제시대에 시장에서 경쟁해야 하는 현대 기업에 플랫폼 전략이 매우 중요해졌기 때문이다.

휴대폰시장에서 존재감이 없었던 애플이 노키아, 블랙베리, 모토로라와 같은 유수의 경쟁자들을 물리치고 스마트폰 시장의 강자로 군림하게 된 이유도 플랫폼 전투에서 승리했기 때문이다. 애플의 스티브 잡스Steven Jobs는 아이폰이 단순한 전화기가 아니라 소비자의 일상생활에 깊숙이 들어가 삶의 방식을 변화시키는 개인 컴퓨터처럼 사용되길 원했다. 이를 위해서는 아이폰이라는 하드웨어에서 사용 가능한 다양한 앱과 콘텐츠가 필수적이다. 애플은 '앱스토어'라는 플랫폼을 만들고 앱을 개발하는 개인과 기업(생산자그룹)을 플랫폼으로 끌어들였다. 아이폰 사용자(소비자그룹)가 앱스토어에서 유료 앱을 다운로드 받으면 개발자에게 수익의 70%를 돌려주는 생태계를 구축했던 것이다. 그 결과 50만 개가 넘는 개발자가 200만 개 이상의 앱을 아이폰 사용자에게 제공하는 플랫폼이 만들어졌다.

아이폰의 성공은 하드웨어의 경쟁력만으로 설명하기 어렵다. 아이폰에서 사용할 수 있는 엄청나게 다양한 앱과 콘텐츠를 제공하는 플랫폼(앱스토어)이 아이폰 차별화에 큰 공헌을 했음을 부인하기 어렵다. 플랫폼 없이 애플이 자사의 스마트폰에서 가동되는 앱을 직접 개발해서 제공했다면, 아이폰 사용자가 200만 개의 다양한 앱을 사용할 수 있었을까? 절대로 불가능하다.

플랫폼Platform은 사람들이 기차를 쉽게 타고 내릴 수 있도록 평평하게 만든 기차역 내의 장소를 의미한다. 평평하다는 뜻을 가진 라틴어 플랫Flat과 모습을 나타내는 포메Forme가 합쳐진 용어다. 즉, 플랫폼은 많은 사람이 쉽고 편하게 이용할 수 있는 장소라는 뜻을 가지고 있다. 디지털 플랫폼은 생산자와 소비자가 쉽게 정보와 콘텐츠를 주고받으며 거래를 수행할 수 있도록 도와준다. 디지털 플랫폼에서는 생산자그룹과 소비자그룹이 랜덤하게 연결되는 구조를 가지는데 이를 '양면시장Two-sided Market'이라 부른다. 사용자가 새로운 제품을 구매하기 위해 상점을 찾아가는 모습은 전형적인 '단면시장'이다. 단면시장에서는 판매자가 구매자를 직접 상대한다. 하지만 양면시장은 플랫폼 내에서 다양한 판매자와 구매자 간에 상시적으로 거래가 이루어진다([그림 7-1] 참조).

양면시장은 우리 주위에서도 흔히 볼 수 있다. 예를 들어 신문사나 잡지사는 비교적 저렴한 가격으로 독자에게 콘텐츠를 제공하고 지면에 광고를 게재함으로써 수익을 창출하는데, 이는 전형적인 양면시장의 사례에 해당한다. 신문사와 잡지사는 독자(소비자)와 광고주(생산자)라는 두 개의 다른 집단을 상대하고 양쪽을 잇는 연결고리 역할을 함으로써 양쪽 고객 모두를 만족시킨다. 전통적인 유통업도 양면시장으로 볼 수 있다. 도매업의 경우 공장과 소매업을 연결하는 비즈니스모델을 사용하므로 양면시장의 구조를 가진다.

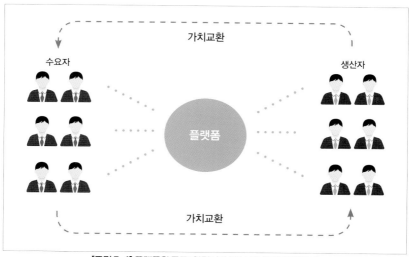

[그림 7-1] 플랫폼의 구조: 양면시장 (출처: 하나금융경영연구소)

플랫폼은 다양한 분야에서 소비자그룹을 프로슈머Prosumer(또는 생산소비자)로 다시 태어나게 만든다. 프로슈머는 생산자Producer와 소비자Consumer의 합성어로 생산자와 소비자의 역할을 동시에 수행하는 플랫폼 참여자를 뜻한다([그림 7-2] 참조). 프로슈머는 미래학자인 앨빈 토플러Alvin Toffler가 1980년에 출간한『제3의 물결』[79]에서 처음 사용한 용어다. 그는 기술혁신과 소비자 참여로 생산활동과 소비활동의 경계가 모호해지면서 소비자가 생산에 참여하는 프로슈머가 늘어날 것이라고 내다봤다. 누구나 쉽게 참여할 수 있는 플랫폼의 확장성 덕분에 소비자가 쉽게 생산자의 역할을 함께 수행할 수 있게 되었기 때문이다.

생산자
Producer

소비자
Consumer

생산소비자
Prosumer

[그림 7-2] 생산과 소비를 동시에 수행하는 프로슈머

재생에너지가 증가하면서 소비자가 전력생산을 겸하는 에너지 프로슈머가 늘어나고 있다. 프로슈머의 출현은 에너지 분야에 국한된 것이 아니다. 인터넷과 스마트폰의 증가는 다양한 영역에서 이전에는 소비만 하던 이용자가 서비스 제공주체가 될 기회를 크게 확대하고 있다. 소셜

79 『The Third Wave』 Alvin Toffler, William Morrow, 1980.

에너지 민주주의와 디지털 혁신

미디어 플랫폼 덕분에 인터넷에서 정보를 탐색하고 소비만 하던 네티즌이 이제는 페이스북과 유튜브 같은 SNS에 자신의 콘텐츠를 직접 생산해서 올리고 수많은 사람들과 소통한다. 스마트폰의 대량보급은 콘텐츠 제작의 진입 장벽을 획기적으로 낮추었다. 누구나 스마트폰으로 사진이나 동영상을 제작할 수 있게 되었고, 이들 콘텐츠를 편집하는 앱의 출현으로 사진이나 동영상 편집도 이전보다 훨씬 쉬워졌다. 네티즌은 자신이 만든 콘텐츠를 소셜미디어를 통해 수많은 사람들과 공유한다. SNS는 콘텐츠 소비자가 콘텐츠 생산을 함께하는 공간으로 진화했다.

디지털 플랫폼이 단순 소비자를 프로슈머로 전환하는 사례는 이외에도 많다. 온라인 백과사전인 위키피디아에서는 백과사전 소비자가 직접 콘텐츠를 제작해서 공급하는 지식생산자로 변모한다. 유튜브는 1인 미디어 시대를 열며, 미디어 시장에서 크리에이터라 불리는 수많은 프로슈머를 만들어냈다. 공유경제의 대표적인 모델인 우버는 일반승객(소비자)을 운전자(생산자)로 전환하고, 에어비앤비는 여행객(소비자)을 호스트(생산자)로 탈바꿈시키고 있다.

지식 Prosumer를 위한 플랫폼 : 위키피디아_{Wikipedia}

백과사전을 의미하는 인사이클로피디아_{Encyclopedia}라는 용어는 고대 그리스어에서 파생된 것으로 대중교육이라는 뜻을 가지고 있다. 최초의 백과사전으로 알려진 사이클로피디아가 1728년에 출시된 이후 영국에서 다수의 백과사전이 출판되었으나 결국 시장을 장악한 것은 브리태니커_{Britannica}였다. 브리태니커 백과사전은 1768년 스코틀랜드에서 세 권의 책으로 시작했다. 1790년에는 미국에서도 판매되기 시작했으며 조지

워싱턴George Washington, 토마스 제퍼슨Thomas Jefferson, 알렉산더 해밀턴Alexander Hamilton과 같은 초기 미국 대통령을 지낸 지도층 인사들이 브리태니커 백과사전을 보유했을 정도로 명성이 높았다. 오늘날의 브리태니커 백과사전과 유사한 모습을 갖추게 된 것은 1911년 총 29권으로 이루어진 11번째 판을 출판하면서다. 11번째 판은 귀족이나 상류층이 아닌 일반대중을 대상으로 편집한 백과사전으로, 그때까지 출간된 어떠한 백과사전보다도 읽기 쉽게 만들어졌을 뿐 아니라 내용도 충실하고 포괄적이었다. 이후 1980년대까지 브리태니커는 백과사전 시장에서 타의 추종을 불허하는 최고의 브랜드로 성장하게 된다.

위키피디아Wikipedia는 지미 웨일즈Jimmy Wales가 2000년에 시작한 누피디아Nupedia 플랫폼이 기원이다. 웨일즈는 사업 초기에는 원거리에 있는 전문가들이 공동으로 백과사전 콘텐츠를 편집할 수 있도록 누피디아를 개발했다. 처음 시작 당시는 브리태니커처럼 전문가로 이루어진 집필진이 공동으로 백과사전을 온라인으로 편집할 수 있는 플랫폼으로 시작했던 것이다. 하지만 2001년 누피디아를 위키피디아로 명칭을 바꾸고 전문가가 아닌 일반인 누구나 플랫폼에 들어와 지식 콘텐츠를 제공할 수 있는 형태로 바꾸었다. 브리태니커와 같은 기존의 백과사전은 권위 있는 소수의 학자가 집필진을 구성해 지식 콘텐츠를 편집하고, 만들어진 콘텐츠에 대해서도 이들 전문편집인 그룹이 책임을 진다. 즉 중앙집중형 지식생산인 셈이다. 반면 위키피디아는 누구나 백과사전의 콘텐츠를 만들어 올릴 수 있으며 다른 사람이 만든 콘텐츠를 무료로 사용하거나 저자의 동의 없이 자유롭게 수정할 수도 있다. 백과사전 제작을 분권화했을 뿐만 아니라, 백과사전 이용자를 지식콘텐츠 생산도 함께 수행

에너지 민주주의와 디지털 혁신

하는 프로슈머Prosumer로 전환한 것이 위키피디아다.

전문가가 아닌 일반소비자가 지식을 제공하는데 백과사전의 콘텐츠가 정확할 수 있을까? 일반인이 지식을 생산하도록 개방한 위키피디아는 사람들의 우려와는 달리 상당히 정확한 편이다. 전문 과학잡지인 네이처Nature가 브리태니커와 위키피디아에 소개된 과학지식을 비교 분석한 적이 있는데, 두 사전의 과학분야 콘텐츠의 오류에서 큰 차이가 없었다. 일반대중이 만든 위키피디아의 정확도가 전문가그룹에 의해 편집된 브리태니커만큼 정확하다는 것이 밝혀진 셈이다. 위키피디아는 바로 이것이 대중이 참여하는 플랫폼의 힘이라고 주장한다. 수많은 대중이 위키피디아의 콘텐츠를 동시에 보고 있으므로 잘못된 콘텐츠는 실시간으로 발견되고 즉시 수정되기 때문에 정확해진다는 것이다.

기존의 백과사전과 비교할 때 위키피디아는 콘텐츠의 수정속도가 매우 빠르며 편집도 끊임없이 이루어진다. 위키피디아Wikipedia는 위키Wiki와 백과사전Encyclopedia의 합성어다. '위키 위키Wiki Wiki'는 하와이 원주민의 언어로 '빨리빨리'라는 뜻이다. 즉 위키피디아는 콘텐츠가 빠르게 편집되는 백과사전이라는 의미를 가지고 있다. 누군가 새로운 아이템에 대한 지식콘텐츠를 위키피디아에 올리면 아무나 자유롭게 그 콘텐츠를 수정할 수 있기 때문에 업데이트 속도가 실시간에 가까울 정도로 빠르며, 수정도 끊임없이 이루어진다. 위키피디아는 모든 지식 아이템의 수정내역에 대한 히스토리 정보를 함께 제공한다. 수정이 이루어진 히스토리 내역을 보면 개별 콘텐츠가 처음부터 현재까지 어떻게 수정됐는지를 한눈에 볼 수 있어 잘못된 수정작업은 쉽게 복원할 수 있다. 위키피디아 사용자 가운데 위키피디안Wikipedian이라고 불리는 수천 명의 자원봉사자가 위키피디아에 올라오는 콘텐츠를 모니터링하고, 필요하면 수정도 한다.

위키피디아는 콘텐츠의 정확성을 담보하기 위해 세 가지 원칙을 고수하고 있다. 첫째, 모든 콘텐츠는 중립적인 시각에서 작성되어야 한다. 과학이론과 같이 객관적인 서술이 가능한 분야가 있는 반면, 종교나 정치 같은 사회과학 분야에서는 중립적인 견해를 유지하기 어려운 영역도 많다. 객관적인 서술이 어려운 분야는 주장이 다른 상반된 내용을 모두 소개함으로써 가급적 중립적인 입장을 지켜야 한다는 것이 첫 번째 원칙이다. 둘째, 위키피디아에 올라오는 모든 지식은 반드시 출처를 밝혀야 한다. 위키피디아는 지식내용의 진위여부를 콘텐츠의 출처나 소스를 가지고 검증하기 때문이다. 셋째, 아직 전문학술지에 게재되지 않은 독창적인 연구결과는 원천적으로 금지하고 있다. 아무리 독창적인 연구결과라 하더라도 신뢰할 만한 전문학술지에 의해 검증되고 게재되어야 위키피디아에 출처와 함께 소개될 수 있도록 한 것이다.

콘텐츠 내용에 대한 이견으로 갈등이 발생할 경우 이를 해결하기 위한 '위키 에티켓Wiki Etiquette'도 마련되어 있다. 위키 에티켓은 타인에 대한 신뢰Good Faith와 예의Civility, 그리고 토론Discussion의 세 가지로 이루어져 있다. 콘텐츠에 대한 이견이 발생할 경우 토론을 통해 합의를 이루는 과정에서 쌍방이 반드시 지켜야 할 일종의 규범이다. 타인에 대한 신뢰Good Faith는 토론하는 양쪽 모두 위키피디아를 최고의 사전으로 만들기 위해 자발적으로 참여하는 공동체의 일원이라는 믿음을 가지고 소통해야 함을 의미한다. 타인에 대한 예의Civility는 소통과정에서 상대방에 대한 존중을 유지해야 함을 뜻한다. 마지막으로 토론은 특정 콘텐츠에 대한 이견이 해소되지 않을 경우, 갈등해결을 위한 가이드라인을 제공한다. 쌍방간의 토론으로도 이견이 해소되지 않으면 일차적으로 조정위원회Mediation Committee를 통해 합의를 도출하고, 그래도 쌍방이 동의하지 않으면 최종적으로 중재위원회Arbitrary Committee의 결정에 따르도록 하고 있다.[80]

2022년 말 기준으로 위키피디아에는 영어로 된 지식 아이템이 660만 개나 올라와 있다. 브리태니커 백과사전이 제공하는 12만 개의 콘텐츠에 비하면 55배가 넘는 규모다. 더구나 위키피디아 지식의 양은 시간이 지나면서 지속적으로 늘어나고 있다. 콘텐츠 확보를 위해 소수의 특정 전문가 집단을 활용하는 기존의 백과사전은 결코 따라올 수 없는 지식의 규모다. 위키피디아가 일반 대중을 지식생산자인 프로슈머로 변모시켰기에 가능한 결과다.

위키피디아는 현재 인터넷상에서 15번째로 가장 많은 네티즌이 방문하는 사이트로 성장했다. 위키피디아는 콘텐츠를 무료로 제공하므로 별도의 수익원이 없다. 위키피디아를 운영하는 위키미디어 재단Wikimedia Foundation은 사이트 운영에 필요한 경비를 전적으로 기부금에 의존하고 있다. 위키피디아에 지식콘텐츠를 제공하는 사람은 위키피디아 플랫폼

---

80 조정위원회(Mediation Committee)는 위키피디아 콘텐츠를 관리하는 위키피디안들로 구성하지만, 중재위원회(Arbitrary Committee)는 해당 분야의 외부 전문가 그룹으로 구성한다. 중재위원회의 결정은 최종적이며, 따라서 토론 쌍방은 그 결정을 반드시 받아들여야 한다.

이 유용한 지식을 무료로 제공한다는 철학에 동의하기 때문에 자발적으로 참여한다. 위키피디아가 온라인 광고모델을 채택하거나 콘텐츠 유료화로 전환하게 되면 이들은 자발적인 활동을 중단하고 위키피디아를 떠날 가능성이 크다. 오픈소스 모델[81]을 사용하는 위키피디아가 수익원을 확보하기 위한 별도의 비즈니스 모델을 채택하기 어려운 이유가 여기에 있다. 일반인 누구나가 프로슈머로 참여해 지식 콘텐츠를 제공하는 위키피디아가 전문가 집필진이 중앙집중 방식으로 백과사전을 제작하던 브리태니커를 포함한 대부분의 백과사전을 시장에서 퇴출시킨 셈이다.

1인 방송시대를 연 유튜브YouTube

디지털 기술의 발전으로 미디어 산업에서 아날로그 매체였던 비디오테이프가 디지털 저장매체인 DVD로 대체되었다. 영화나 드라마를 디지털 포맷으로 저장하는 DVD는 1995년 필립스와 소니가 공동으로 개발했다. DVD는 비디오테이프에 비해 영화의 화질이나 음향이 월등히 우수했기 때문에 할리우드 영화사들의 대대적인 환영을 받았다. 1996년에 개봉된 할리우드 영화 '트위스터Twister'가 최초로 DVD로 출시된 이후 DVD는 빠른 속도로 비디오테이프를 대체하면서 영화제작사의 가장 큰 수익원으로 자리 잡았다. 할리우드 영화제작사의 매출 가운데 영화상영관 매출의 비중은 25%인 반면 DVD 판매와 대여매출은 40%를 차지해 DVD가 영화제작사의 중요한 수익원 역할을 해왔다.

....

81 오픈소스(Open Source) 모델은 개방형 협업을 장려하는 탈중앙 방식의 소프트웨어 개발 모델이다. 소프트웨어 개발에 누구나 참여할 수 있도록 개방하고, 소프트웨어의 소스코드도 대중이 무료로 자유로이 이용할 수 있도록 허용한다. 위키피디아는 소프트웨어 개발 분야의 오픈소스 모델을 백과사전 제작에 도입한 케이스다.

에너지 민주주의와 디지털 혁신

2000년대에 들어와 브로드밴드 인터넷(초고속 인터넷)의 등장으로 네트워크 속도가 빨라지면서 온라인 스트리밍을 이용하는 고객이 빠르게 늘어나고 있다. 온라인 스트리밍 서비스의 등장은 비디오 유통시장을 완전히 바꾸어놓는 계기가 되었다. 원하는 영화나 TV 프로그램을 어디에서나 온라인으로 즐길 수 있다면 DVD는 사라질 수밖에 없다. 온라인 스트리밍은 영화 시장의 변화만 초래한 것이 아니다. 소비자가 원하는 동영상 프로그램을 언제 어디서나 원하는 단말기로 시청할 수 있어서 광고수익 의존도가 높은 기존의 TV 방송시장에도 큰 영향을 미치고 있다. 특히 넷플릭스의 성공에 자극받은 월트디즈니가 '디즈니 플러스'를 출시하며 OTT[82] 서비스 시장을 크게 확대했다. OTT 서비스는 기존의 대형 미디어 기업 간의 인수합병을 유도하며 미디어 시장을 완전히 재편하고 있다. OTT 서비스는 유튜브$_{YouTube}$가 처음 시작한 서비스다.

유튜브는 페이팔$_{Paypal}$이라는 온라인 결제서비스를 만드는 벤처기업에서 일하던 스티브 첸$_{Steve\ Chan}$이 동료들과 공동으로 창업한 회사다. 2005년 초 20대의 젊은 청년이었던 스티브 첸은 페이팔에서 함께 근무하던 채드 헐리$_{Chad\ Hurley}$를 비롯한 10여 명의 동료를 자신의 집으로 초대해 조촐한 파티를 열었다. 디지털카메라로 파티 모습을 동영상으로 촬영한 후 이를 친구들에게 이메일로 보내려고 했는데, 동영상 파일용량이 너무 커 메일에 첨부할 수가 없었다. 스티브 첸은 여기서 사업적인

---

82 OTT(Over The Top)는 인터넷을 통해 영화, 방송 프로그램, 교육 등 각종 미디어 콘텐츠를 제공하는 서비스다. 영문 이름에서 'Top'은 TV 셋톱박스를 의미하므로, 별도의 단말기 없이 인터넷에 연결해 바로 동영상을 즐길 수 있는 서비스를 의미한다.

영감을 얻어 누구나 쉽게 동영상을 올리고 이를 감상할 수 있는 웹사이트를 제작할 결심을 하게 된다.

페이팔이 이베이_{eBay}에 인수되자 회사를 퇴사한 스티브 첸과 채드 헐리는 유튜브를 창업했다. 스티브 첸이 기술 부분을 책임지고, 채드 헐리는 디자인을 맡았다. 사이트 이름 유튜브_{YouTube}에서, 'You'는 당신을, 'Tube'는 TV를 의미하므로 두 단어를 합하면 '당신의 동영상 플랫폼'이란 뜻이 된다. 유튜브는 시작단계부터 미디어 시장에서 소비자를 프로슈머로 전환하기 위해 만든 플랫폼임을 이름에서부터 알 수 있다.

2005년 2월 인터넷 도메인을 확보한 후, 4월에는 첫 번째 동영상을 유튜브 사이트에 올렸다. 유튜브에 업로드된 최초의 동영상은 공동창업자 가운데 한 명인 조드 카림_{Jawed Karim}이 샌디에이고 동물원에서 촬영한 것으로 19초 분량의 영상물이었다. 2005년 6월부터 외부에서 동영상을 퍼갈 수 있는 기능을 추가하면서 유튜브는 폭발적인 성장을 하게 된다. 새로 추가한 '퍼 나르기' 기능은 유튜브에 로그인하지 않고도 동영상을 감상할 수 있도록 했다. 일부 전문가들은 유튜브 사이트에 로그인하는 사용자가 많아야 성공할 수 있는 벤처기업에 '퍼 나르기' 기능은 자살행위와 다름없다고 경고하기도 했지만, 당시 블로그와 소셜미디어 사용이 늘어나면서 '퍼 나르기'는 유튜브의 명성을 전파하는 데 가장 중요한 가교역할을 했다. 인터넷을 통해 전파되고 재생되는 동영상에 유튜브라는 마크와 링크가 늘 따라다녔기 때문이다. '동영상을 보고, 전파하고, 퍼 나르고 싶다면 유튜브로 오세요.'라는 문장은 회사의 모토가 되었다.

드디어 2005년 9월 호나우지뉴[83]가 등장하는 나이키광고가 유튜브 최초로 100만 뷰를 기록했다. 사용자들이 늘어나면서 서버를 계속 확충해야 했기 때문에 초창기의 자본금은 곧 바닥나고, 빚을 내서 계속 투자를 해야만 했다. 사용자가 늘어날수록 서버를 추가해야 했고, 회선비용도 만만치 않았다. 늘어나는 비용을 충당하기 위해 2005년 11월부터 2006년 4월 사이에는 1,150만 달러 규모의 벤처투자도 유치했다. 2006년 7월에는 하루에 67,000개의 동영상이 업로드되고, 조회 수도 하루 1억 건을 돌파했다.

2006년 10월 구글이 유튜브를 16.5억 달러에 인수했다. 스티브 첸과 체드 헐리가 구글에 유튜브를 매각하기로 결정한 것은 단순히 젊은 시절에 큰돈을 벌기 위해서가 아니었다. 유튜브를 시작할 당시만 하더라도 하루에 비디오 업로드 건수가 100만 건 정도를 넘어가지 않을 것으로 예상했는데, 1년도 지나지 않아 1억 건이라는 엄청난 수의 동영상이 업로드되자 제대로 된 서비스를 제공하는 것이 점점 어려워졌다. 무엇보다도 자신들만의 기술과 자본만으로는 서비스의 확장성을 보장하기 어렵다는 판단에, 구글의 막강한 서버 운영기술과 자본의 힘을 빌리고자 인수에 동의했던 것이다.

당시 유튜브를 지배하던 영상들은 대부분 UGC_{User Generated Contents}라고 불리는 짧은 영상들이었다. 애완동물이나 재미있는 농담 같은 가벼

---

83 2000년대 중반 FIFA 월드컵 우승, UEFA 챔피언스리그 우승 등을 달성한 브라질 축구선수다.

운 영상들이 많았는데, 날이 갈수록 스포츠 영상이나 뮤직비디오같이 저작권을 가지고 있는 영상들이 늘어나면서 문제가 발생하기 시작했다. 마이크로소프트의 CEO인 스티브 발머Steve Ballmer는 유튜브가 저작권의 함정에 걸려 결국에는 냅스터[84]처럼 문을 닫게 될 것이라고 경고하기도 했다. 하지만 소비자가 제작한 콘텐츠가 자유롭게 공유되는 민주적인 플랫폼이 결국 창의적인 콘텐츠를 활성화할 수 있다는 믿음을 버리지 않았던 구글은 방송국과 미디어 기업의 압력에 굴하지 않고 소비자들이 자신들이 만들고 싶은 콘텐츠를 제작하고 업로드하는 것을 도와주는 데에 집중했다.

결국, MTV를 소유한 세계적인 미디어그룹인 바이아컴Viacom이 유튜브를 상대로 저작권 침해소송을 제기했다. 바이아컴은 유튜브가 자사의 콘텐츠를 사용자가 무단으로 업로드하는 것을 방치함으로써 자사의 재산권을 침해했다는 명목으로 10억 달러의 배상금을 요구했다. 바이아컴 소송에 대해 유튜브는 디지털 밀레니엄 저작권법DMCA, Digital Millennium Copyright Act으로 대응했다. DMCA는 1998년에 미국에서 제정된 저작권법으로, 저작권 소유자로부터 지적 재산권 위반을 통보받았을 때 문제되는 콘텐츠를 적극적으로 삭제하는 경우 저작권 침해책임이 면제된다는 법률이다. 구글은 DMCA에 나와 있는 '안전한 항구Safe Harbor' 개념을 이용해 미디어 기업으로부터 콘텐츠를 삭제해 달라는 요청이 들어오는 경우, 이

....

84 냅스터(Napster)는 1999년 6월 시작한 P2P(Peer-to-Peer) 음원 공유 서비스다. 한때 이용자 수가 8천만 명에 달할 정도로 성장했지만, 미국 음반 협회로부터 음반저작권 침해로 거액의 소송을 당했고, 결국 법원으로부터 서비스 정지명령을 받아 2001년 7월 서비스를 중단했다.

를 성실하게 제거해 주기만 하면 책임을 면할 수 있다는 논리로 대응했다. 결국, 유튜브가 법적 소송에서 승리하며 동영상 서비스를 지속할 수 있었다.

구글이 인수한 후 유튜브는 엄청난 속도로 성장한다. 2021년 현재 전 세계에는 20억 명이 넘는 사람들이 유튜브를 사용하고 있는데, 매일 3천만 명이 넘는 넷티즌이 유튜브에 접속하고 있다. 유튜브는 트래픽 기준으로 전 세계 넷티즌이 가장 많이 방문하는 사이트 1위에 올라 있으며, 매일 10억 시간 분량의 동영상이 시청 되고 있다. 유튜브에서 활동하고 있는 채널 수는 3,800만 개에 달하는데, 이들 가운데 구독자 수를 100만 명 이상 보유하고 있는 채널 수만 22,000개가 넘는다([표 7-1] 참조).

유튜브가 이처럼 빠르게 성장할 수 있었던 이유는 무엇일까? 첫 번째는 '편리한 동영상 플랫폼' 덕분이었다. 기존의 인터넷 동영상 서비스는 파일을 원본 그대로 이용자에게 제공하는 방식으로 별도의 동영상 서버를 구축해야 했다. 이 때문에 서버에 높은 트래픽 부담을 주어 동영상 지연 현상이 아주 잦았다. 또한, 이용자는 동영상 시청을 위해 특정한 소프트웨어를 설치하는 불편함을 겪어야 했다. 유튜브는 이런 문제를 해결하기 위해 동영상 파일을 '플래시 비디오Flash Video'[85] 형태로 변환

----

85 플래시 비디오(Flash Video)는 과거에는 매크로미디어사가, 지금은 어도비 시스템즈사가 개발하고 있는 동영상 파일 포맷이다. 특정 프로그램을 설치하지 않아도 동영상을 볼 수 있도록 함으로써 인터넷에서 동영상 재생서비스에 큰 공헌을 한 기술이다.

[표 7-1] 유튜브 통계 (2021년 기준, 출처: YouTube)

유튜브 이용자 통계		유튜브 채널 통계	
No 1. 전 세계에서 가장 많이 방문하는 사이트	90% 미국 내 Digital Consumer 가운데 YouTube 이용 비율	3,800 만 Active 채널 수	22,000 100만 명 이상 구독자 보유 채널 수
20억 명 Monthly active 사용자	3천만 명 Daily active 사용자	1,500 만 명 Content Creator 수	+9,000 YouTube 파트너 기업 수

해 공유할 수 있도록 만들었다. 이는 서버 트래픽을 획기적으로 낮추고 동영상 스트리밍을 위한 별도의 프로그램 없이도 서비스를 이용할 수 있게 했다. 이러한 편리함 때문에 유튜브 이용자 수가 빠르게 늘어난 것이다.

둘째, 엄청나게 다양한 콘텐츠가 유튜브의 성장을 이끌었다. 유튜브의 가장 큰 특징 가운데 하나는 누구나 방송을 할 수 있다는 점이다. 진입 장벽이 높은 기존의 TV 방송과는 다르게 누구나 '유튜브 크리에이터YouTube Creator'로 활동할 수 있다. 새로이 탄생한 수많은 크리에이터는 기존의 연예, 문화, 언론, 스포츠와 같은 한정된 주제의 콘텐츠에서 벗어나 음식, 게임, 음악, 영화를 포함한 모든 분야에서 콘텐츠를 생산하고 있다. 단순히 자신의 일상생활을 다룬 '브이로그Vlog'[86]도 유튜브에선 방

---

86 브이로그(Vlog)는 Video와 Log의 합성어로 자신의 일상생활을 동영상으로 찍어 인터넷에 공개한 일련의 게시물을 뜻한다.

송 콘텐츠로 인기가 많다. 음악이나 게임 콘텐츠와 다르게 특별한 재능이 필요 없기 때문에 진입 장벽도 낮다. 단순해 보이는 브이로그는 나와 비슷하지만 다른 삶을 사는 타인의 일상을 공유할 수 있어 공감과 흥미를 이끌어낸다.

셋째, 유튜브의 차별화된 수익구조 역시 성공의 열쇠로 작용했다. 구글은 2007년부터 시행한 '유튜브 파트너 프로그램'을 통해 일정 조회 수 또는 구독자 수에 도달한 크리에이터에게는 수익금을 지급하고 있다. 유튜브 파트너 프로그램은 크리에이터가 동영상 콘텐츠를 유튜브에 올리고 광고를 원하면 유튜브 측에서 광고를 허가해 준 다음, 광고수익 일부를 분배한다. 많은 수의 구독자를 보유한 크리에이터는 높은 수익을 올릴 수 있는 구조로 되어있다. 실제 유튜브 채널 가운데, 1억 명이 넘는 구독자를 보유한 크리에이터는 연간 수백억 원에 달하는 수익을 올리고 있다. 자신이 만든 콘텐츠로 큰 수익을 올릴 수 있는 구조가 되자 'IT 금광'을 찾아 수많은 크리에이터가 유튜브로 몰리는 'IT 골드러시'가 일어나고 있다.

유튜브는 미디어 산업의 지형을 완전히 바꾸어 놓았다. 전통적으로 영상유통 창구는 소수 방송국이 독점해 왔으며, 영상 콘텐츠를 제작하는 일은 전문적인 지식과 장비를 가진 사람만이 할 수 있는 영역이었다. 그러나 스마트폰과 편집 프로그램 기술이 빠르게 발전하면서 누구나 마음만 먹으면 쉽게 동영상을 제작할 수 있고, 구글 아이디만 있으면 바로 채널을 만들어 자신의 동영상을 유튜브를 통해 방송할 수 있게 되었다. 일반인 누구나 다양한 콘텐츠를 자유롭게 기획, 촬영, 방송할 수 있는 '1인 미디어 시대'가 열린 것이다. 수천억 원을 투자한 할리우드 블록버스터 영화도, 자기 방에서 스마트폰 카메라를 켜놓고 혼자 말하는 유튜버와 동등한 조건에서 경쟁해야 하는 시대다. 몸의 균형을 잃고 개천에 떨어지는 소년, 피자를 끌고 가는 쥐, 언니를 노려보는 두 살짜리 여자아이같이 폭발적인 인기를 누린 유튜브 영상들은 과거에는 기획서를 만들어 방송국을 찾아갔다면 대부분 퇴짜 맞았을 콘텐츠들이다. 유튜브 플랫폼 덕분에 대중이 방송시장에서 단순한 소비자가 아니라 적극적인 생산자의 역할을 하는 프로슈머가 된 것이다.

공유경제 플랫폼과 프로슈머

자본주의 체제에서 생산된 재화는 기본적으로 특정인에게만 소유권과 사용권이 이전된다. 국방, 소방, 도로와 같은 공공재는 모두에게 혜택이 돌아가지만, 개인마다 서로 다른 가치를 가지는 재화는 소비자들이 직접 구매해서 사용하는 것이 일반적이다. 공유경제Sharing Economy는 '사용하고자 하는 재화를 소유하는 것이 아니라 서로 대여해 주고 차용해 사용하는 경제활동을 의미'한다.

공유경제라는 용어는 2008년 하버드대학의 로런스 레시그Lawrence Lessig 교수가 처음 사용했다. 그는 한번 생산된 재화를 다수의 사람이 공유해 사용함으로써 자원의 가치를 극대화하는 협력적 소비형태의 경제방식과 소비문화를 통틀어 공유경제라고 불렀다. 공유경제는 자동차, 공간, 의류, 도서와 같은 유형의 자산에서 시작되어, 시간, 재능과 같이 형태가 없는 무형자산으로 확대되고 있다. 미국의 미래학자인 제러미 리프킨Jeremy Rifkin은 『소유의 종말』[87]에서 '이제 소유의 시대는 끝이 나고 공유의 시대가 오고 있다'고 역설하고 있다.

공유경제는 2008년 글로벌 금융위기와 함께 시작되었다. 금융위기로 경제성장이 정체되고 가계수입이 줄면서, 공유를 통해 소비비용을 줄이거나, 자신의 차량이나 여유 자산을 이용해 추가소득을 얻고자 하는 사람이 크게 늘어났기 때문이다. 도시 집중화의 증가도 공유경제 규모를 확대시켰다. UN이 발간한 '2020 세계도시보고서'에 의하면 현재 전 세계 인구의 56.2%가 도시지역에 거주하고 있으며, 도시 경제규모는 전 세계 국민총생산의 80% 이상을 차지하고 있다. 도시인구의 수는 앞으로 점점 늘어나 2050년에는 인류의 66%가 도시에 거주할 것으로 보인다. 우리나라의 도시 집중화는 더욱 심해 이미 총인구의 91.8%가 전체 국토의 17%에 불과한 도시에 몰려있다. 특정한 지역에 모여서 생활하는 사람들이 많아지면 물건을 소유하지 않고 공유하고자 하는 수요가 늘어날 뿐 아니라 공유 자체도 쉬워진다.

MZ세대[88]와 같은 젊은 층들이 소비주체로 떠오르면서 '소유'에 대한 개념이 많이 바뀌고 있는 것도 공유경제 발전에 기여하고 있다. 이전에는 소비자가 특정 재화를 이용하려면 구매를 통한 소유가 전제되었지만, 젊은 세대는 소유 대신 이용만 하고 거기에 대한 비용을 지급하는 것을 선호한다. 즉 '소유보다는 사용'을 더 중요하게 생각하는 소비자가

---

87 『소유의 종말(The Age of Access)』 제러미 리프킨(Jeremy Rifkin), 이희재 역, 민음사, 2001.

88 MZ세대란 1980년대 초부터 1990년대 중반 사이에 출생한 '밀레니엄(M) 세대'와 1990년대 중반부터 2000년대 초반 출생한 'Z세대'를 아우르는 대한민국의 신조어다.

늘어나면서 공유경제가 확대된 것이다.

　디지털 플랫폼은 공유경제를 가능하게 한 인프라이자 일등공신이다. 스마트폰의 보급이 늘어나고, 가정, 직장, 학교와 같은 모든 장소가 인터넷에 연결됨에 따라 공유경제를 위한 서비스 공급자와 소비자를 플랫폼으로 연결하는 것이 훨씬 용이해졌다. 재화를 공유하고자 하는 사람이 플랫폼에 정보를 올리면 이를 사용하고자 하는 소비자가 네트워크를 통해 공유재화에 쉽게 접근할 수 있게 된 것이다. GPS_{Global Positioning System}와 온라인 결제시스템과 같은 디지털 기술도 공유경제의 성장에 큰 몫을 담당했다. 우버의 경우 GPS 덕분에 운전자(공급자)와 승객(소비자)을 쉽게 연결할 수 있을 뿐 아니라, 운송 서비스 자체를 위해서도 큰 도움을 받고 있다. 온라인 지급 결제 시스템 기술도 마찬가지다. 우버 사용자는 등록해 둔 신용카드로 서비스 사용료를 편리하게 지급할 수 있으며, 에어비앤비에서 여행자(소비자)는 호스트(숙박시설 제공자)에게 온라인으로 간편하게 예약비용을 지급할 수 있다.

　'온라인 평가시스템'은 공유경제의 위험과 불확실성을 크게 줄였다. 우버의 경우, 서비스 제공자(차량 운전자)는 택시운전자와 같은 면허를 가지고 있지 않으며, 이용자와 일면식도 없는 사람이다. 그럼에도 불구하고, 승객이 우버를 믿고 사용할 수 있는 것은 서비스 이용 이후 운전자를 평가할 수 있는 시스템 덕분이다. 승객들로부터 나쁜 평가를 지속해서 받는 운전자는 우버에서 배제되고, 유사한 조건이라면 평가가 좋은 운전자가 선택될 가능성이 크기 때문에, 우버 운전자는 친절하게 최선을 다해 서비스를 제공하게 된다. 우버 운전자도 승객을 평가하므로

　에너지 민주주의와 디지털 혁신

나쁜 피드백을 받은 승객은 서비스 요청 시 우버 드라이버들로부터 서비스를 거부당할 수 있다.

에어비앤비도 여행자가 숙박시설 소유자(호스트)의 평가를 참조해 예약장소를 선택하도록 돕고 있다. 피드백이 좋은 숙박시설 제공자는 '슈퍼호스트'라는 자격을 부여해 여행객들이 선택할 확률을 높여준다. 호스트도 여행객을 평가하기 때문에 좋지 않은 피드백을 받은 여행객은 추후 숙박시설 예약 시 호스트로부터 거부당하게 된다. 플랫폼이 제공하는 평가(피드백) 시스템이 서로 알지 못하는 호스트와 여행객이 상호 신뢰를 가지고 자산을 공유할 수 있도록 불확실성을 줄여주는 역할을 하는 셈이다.

공유경제 플랫폼은 소비자를 프로슈머로 전환하는 순환경제 시스템이다. 우버 드라이버는 택시기사가 아닌 일반 소비자다. 우버에서는 일반소비자$_{Consumer}$가 운전서비스를 제공하는 운전자$_{Producer}$로 탈바꿈한다. 에어비앤비의 호스트(서비스 제공자)도 전문 숙박업체 면허를 가진 사업자가 아닌 일반 시민이다. 공유경제 플랫폼이 일반인을 숙박서비스 제공자로 변모시킨 것이다. 이처럼 공유경제를 위한 디지털 플랫폼은 일반 소비자를 프로슈머로 바꾸는 힘을 가지고 있다.

승객을 운전자로 바꾸는 플랫폼 : 우버$_{Uber}$

우버는 차량서비스가 필요한 승객과 주변에 있는 우버 등록 운전사의 차량을 연결해 주는 공유경제 플랫폼이다. 승객이 앱으로 차량을 예약하면 예약차량의 위치가 실시간으로 제공된다. 승객은 앱에 등록된 운전자정보를 미리 확인할 수 있고, 검색부터 요금결제까지 모든 작업이 앱으로 이루어진다. 우버는 택시면허를 소유하고 있지 않아도 누구나 택시서비스를 제공할 수 있으며, 누구나 승객이 될 수 있는 운송시스템이다. 우버는 디지털 플랫폼으로 이 둘(운전자와 승객)을 연결하는데, 운전기사와 승객이 직접적으로 운임을 주고받지 않으며, 결제와 송금은 우버를 통해서만 이루어진다. 이 과정에서 우버는 운임의 20%를 수수료로 가져가는데, 이것이 우버의 주요 수익원인 셈이다.

우버를 창업한 트래비스 캘러닉Travis Kalanick은 캘리포니아 주립대학인 로스앤젤레스 캠퍼스에서 컴퓨터과학을 전공했다. 20대 초반 몇몇 친구들과 P2P 파일공유 서비스 분야에서 창업하며 사업에 뛰어들어 실패와 성공을 반복하다가 우버를 창업했다. 캘러닉이 우버를 구상한 것은 2008년 프랑스 파리에서 열린 유럽 최대 웹 컨퍼런스인 '르웹 컨퍼런스'에 참석했을 때다. 교통이 불편하기로 유명한 파리에서 택시를 잡지 못해 큰 불편을 겪은 후, 터치만 하면 차량이 달려오는 스마트폰 앱에 대한 사업구상을 했던 것이다.

2009년 3월 샌프란시스코에서 처음 창업했을 당시 회사명은 우버캡UberCab이었다. '우버Uber'는 영어 '오버Over'의 독일어인데, 오버가 '~보다 낫다.'라는 의미를 가지고 있으므로, 우버캡은 '택시(캡)보다 나은 서비스'라는 뜻이었다. 사업화 이후 택시업계와의 갈등이 심화되면서 회사명에서 택시Cab라는 단어가 빠지고 현재의 '우버'로 바뀌었다. 초기에는 택시업계와의 마찰을 피하고자 대형 고급자동차 위주의 리무진 서비스(우버 블랙 서비스)로 시작했지만 2012년부터 일반 운전자들이 자신의 차량으로 택시와 유사한 서비스를 제공할 수 있는 서비스를 시작했다.

대도시의 승객들은 우버를 환영했다. 택시를 잡기 위해 오랜 시간을 기다리지 않아도 스마트폰을 사용해 실시간으로 빈 차량을 찾고 예약할 수 있었기 때문이다. 5분 안에 차량을 탈 수 있다는 우버의 원칙은 대중들을 열광시키기에 충분했다. 주변에 있는 우버 차량의 운전자 정보를 미리 확인할 수 있고, 운전자를 선택할 수 있다는 점도 승객에게는 매력적이었다. 승객이 미리 등록한 신용카드로 편리하게 요금을 결제할 수 있게 한 것도 중요한 성공 요인이었다. 우버를 타기 전에 이미 가격에 대한 합의가 이루어졌기 때문에 이동 중에 불필요한 갈등이나 분쟁의 요소도 없었다.

우버는 자신의 차량으로 운전 서비스를 제공하는 드라이버를 위한 웹을 별도로 개발했다. '우버 운전자 앱'에는 'Heat Map' 기능이 있는데, 이는 우버의 빅데이터를 실시간으로 분석해, 시간대별로 어느 지역에 가면 승객의 콜을 받을 확률이 높은지에 대한 정보를 제공한다. 'Earning Icon'은 운전자가 그동안 벌어들인 수익을 세분해서 보여주며, 'Feedback Icon'은 승객이 자신을 평가한 내역을 분석한 것이다. 우버는 일반 운전자의 참여 인센티브를 높이기 위해 역동적인 서비스 요금제도를 도입하고 있다. 즉 출퇴근 시간이나 폭설로 길이 막혀 택시 서비스 수요가 급증할 때는 운임이 높아지게 설정함으로써 더 많은 운전자가 참여할 수 있도록 동기를 부여하고 있다.[89]

대도시의 소비자는 우버의 등장을 환영한 반면, 택시업계는 엄청나게 반발했다. 택시는 메달리온Medalion이라 불리는 면허가 있어야 서비스를 제공할 수 있다. 우버가 서비스를 제공하는 지역의 택시업계는 우버를 불법 택시와 다를 바 없다고 비판하며 법적 소송을 제기하며 맞섰다. 우버를 불법으로 간주하고 영업허가를 내주지 않은 도시도 많다.[90] 택시업계의 강력한 반발에 우버는 맞소송으로 대응했다. 우버는 택시 서비스가 아니며, 소비자들이 차량을 공유할 수 있도록 연결해 주는 플랫폼임을 강조하며, 단순히 운전자와 승객을 연결해 주고 수수료를 받는 것이므로 불법 택시와 관계가 없다고 항변했다. 이러한 주장이 일부 받아들여져 미국에서는 우버와 같은 차량공유 서비스를 TNCTransportation Network Company로 분류한 후, TNC 기업에 사회적 책임을 부과하는 조건으로 서비스를 허가하고 있다. TNC 사업자는 차량공유에 참여하는 모든 운전자의 범죄 이력을 자체적으로 검증해야 하는 책임을 진다. 또한, 별도의 운전자 교육프로그램을 운영해야 하며, 사고당 최대 100만 달러의 보험에도 가입해야 한다. 다만 택시와 달리 몇 대를 운영할지, 요금을 어떻게 정할지에 대해서는 TNC 기업의 자율에 맡기고 있다.

우버와 같은 차량공유 서비스 업체와 관련된 또 다른 사회적 이슈는 우버 운전자의 법적 지위에 관한 것이다. 우버 운전자를 '고용된 근로자'로 인정할 것인지, 아니면 '독립사업자(프리랜서)'로 볼 것인지에 대한

---

89 서비스 초기 단계에는 교통상황에 따라 일반요금의 최고 7배까지 요금을 받을 수 있도록 설정했으나, 승객들의 불만이 제기된 후 현재는 러시아워 시간대에 일반요금의 최고 2.8배까지만 요금을 받을 수 있도록 하고 있다.

90 우리나라에서도 서울시가 2015년 우버를 불법 택시영업으로 간주하고 100만 원의 포상금을 걸며 단속을 시작했다. 국내에서는 우버가 불법이며 따라서 허용되지 않고 있다.

논쟁이다. 우버 운전자를 노동법상 근로자가 아닌 독립계약자로 본다면, 운전자가 자신의 비용지출 책임을 져야 하므로 실업수당이나 건강보험의 수급자격이 없어진다. 근무시간을 자유롭게 설정하고 일반적인 근로자보다 노동의 독립성을 유지할 수 있는 '기그Gig 노동자'[91]로 간주하는 견해다.

반면 운전자를 '고용된 근로자'로 인정하면, 실업수당과 건강보험은 물론 법정 최저임금을 보장해야 하고, 유급휴가제도와 같은 기본권리를 인정해주어야 하므로 차량공유기업의 비용부담이 크게 늘어난다. 미국 캘리포니아주 법원은 2020년 판결에서 차량공유 서비스 업체의 운전자는 '고용된 근로자'로 인정해야 한다는 결론을 내렸지만, 2021년 시행된 캘리포니아 주민투표에서 이들을 독립계약자인 '기그 노동자'로 봐야 한다는 안에 주민의 과반수(58.3%)가 찬성하면서 이 이슈는 논쟁이 지속되고 있다. 하지만 영국, 네덜란드, 스페인과 같은 유럽국가에서는 차량공유서비스 운전자를 '고용된 근로자'로 인정하는 법안이 정착되고 있는 추세다.

택시업계의 반발과 운전자의 법적인 지위에 대한 논쟁에도 불구하고 우버는 성장을 계속해 현재 전 세계 10,000개가 넘는 도시에서 차량

....

91 기그(Gig)는 1920년대 미국의 재즈클럽에서 단기로 섭외한 연주자들의 공연에서 유래했다. 클럽주인이 재즈 밴드에 매월 지급하는 급여를 줄이기 위해 필요할 때에만 연주자를 섭외해 공연하는 방식을 의미한다. 기업은 필요할 때만 단기계약이나 임시직으로 근로자를 고용하고, 노동자는 자신이 원하는 일을 선택해서 원하는 시간만큼만 일하는 유연한 고용형태를 기그라고 한다.

공유 서비스를 제공하고 있다. 2019년 5월에는 뉴욕증권시장에도 상장되어, 2022년 말 기준으로 537억 달러의 기업가치를 인정받고 있다. 우버는 '차량공유' 서비스뿐 아니라 '음식배달(우버이츠)'과 '화물운송(우버 플라이트)' 시장에도 진입했다. 특히 음식배달 서비스는 코로나19의 영향으로 차량공유서비스가 내리막을 걷던 시기에 우버를 지탱해 주는 주요 수익원 역할을 했다. 하지만 우버는 아직도 적자운영을 면하지 못하고 있다. 최근 적자규모가 줄어들고 있지만, 조속히 영업손실에서 벗어나 흑자경영을 달성하는 것이 우버가 해결해야 할 가장 큰 과제다.

여행객을 호스트로 만드는 플랫폼 : 에어비앤비Airbnb

에어비앤비는 숙박시설과 여행객을 온라인으로 연결해 주는 공유경제 플랫폼이다. 홈페이지(디지털 플랫폼)에 집주인(호스트)이 임대할 집이나 방을 올려놓으면 고객이 이를 보고 원하는 조건에 예약한다. 집주인으로부터 숙박비의 3%를, 여행객으로부터 예약요금의 6~12%의 수수료를 받는데, 이들이 에어비앤비의 주요 수익원이다. 2008년 창업한 에어비앤비는 2020년 12월 뉴욕증시에 상장했다. 2022년 12월 기준 에어비앤비의 기업가치는 590억 달러에 이른다. 직접 건설한 호텔시설 없이 공유경제 플랫폼만으로 세계에서 가장 큰 호텔기업인 메리어트 인터내셔널보다 더 시장가치가 높은 기업을 만든 셈이다.[92]

....

92　전 세계 7,100개의 호텔과 135만 개가 넘는 객실을 보유해 세계에서 가장 큰 호텔 체인으로 성장한 메리어트 인터내셔널의 기업가치(2022년 12월 기준)는 508억 달러로 에어비앤비 기업가치의 86% 수준이다.

에어비앤비는 동갑내기 친구인 브라이언 체스키Brian Chesky와 조 게비아Joe Gebbia가 2008년 설립했다. 두 사람은 세계적으로 유명한 미술대학인 로드아일랜드 디자인 스쿨Rhode Island School of Design에서 산업디자인을 공부한 동창생이다. 졸업 후 캘리포니아에 정착한 게비아가 친구인 체스키를 샌프란시스코로 불러들여 함께 생활하기 시작했다.

좋은 직장을 구하지 못해 순탄치 못한 삶을 지탱하던 두 사람에게 신규사업의 기회가 찾아온다. 2007년 10월 샌프란시스코에서 국제 디자인 컨퍼런스 연례회의가 열렸는데 무려 1만 명이 넘는 참가자가 몰려 호텔 방이 턱없이 부족해 숙소를 잡지 못하는 참가자가 많았다. 두 사람은 호텔 예약을 못 한 컨퍼런스 참가자에게 자신들의 아파트 일부를 숙박용으로 빌려주고 대가를 받는 서비스를 제공했다. 게비아가 가지고 있던 3개의 에어베드AirBed(공기침대)를 활용해 거실에 잠자리를 마련한 후 사진을 찍어 인터넷에 올렸다. 놀랍게도 하루 만에 이용하겠다는 사람이 3명이나 등장했다. 체스키와 게비아는 1인당 하루 80달러를 받고 공항 픽업과 아침 식사까지 제공하는 풀 서비스를 제공해, 5일 만에 한 달치 월세에 해당하는 1,000달러를 벌어들였다.

여행객은 호텔보다 저렴하게 숙식을 해결하고, 샌프란시스코의 문화를 체험할 수 있어 좋았다고 평가했다. 이에 고무된 체스키와 게비아는 내친김에 이 사업을 키워보자는 생각을 하고 멋진 홈페이지를 만들기 위해 한 명의 동업자를 더 끌어들인다. 게비아의 예전 룸메이트였고 소프트웨어 개발자인 네이선 블레차르지크Nathan Blecharczyk가 공동창업자로 합류한 것이다. 당시 블레차르지크는 하버드대학에서 컴퓨터공학을 전공한 뒤 마이크로소프트에서 일하고 있었다. 세 사람은 2008년 8월 에어베드&블랙퍼스트AirBed & Breakfast라는 회사를 창업하고 웹사이트를 개설했다. 회사이름은 자신들이 빌려준 공기침대AirBed와 아침 식사Breakfast에서 따온 것이다.

하지만 사업은 순탄치 않았다. 당시 미국에는 여행객에게 집을 빌려주는 유사한 서비스가 이미 온라인상에 여러 개 존재하고 있었으므로 에어베드&블랙퍼스트 아이디어가 아주 혁신적인 것은 아니었다. 특히 낯선 여행객에게 자신의 집을 빌려준다는 것이 쉽지 않다고 본 투자자와 벤처캐피털의 반응은 냉담했다.

버락 오바마와 존 메케인 후보가 경쟁했던 2008년 미국 대선 정국이 이들에게 새로운 기회를 제공하게 된다. 체스키와 게비아는 민주당과 공화당의 대통령 후보를 결정하는 양당의 컨벤션 기간에 에어비앤비 서비스를 제공했다. 이들은 컨벤션 참가자들에게 집주인이 아침 식사를 제공할 수 있도록 대선후보를 모토로 한 시리얼을 만들었다([그림 7-3] 참조). 제작한 시리얼을 인터넷을 통해 판매해 3만 달러의 매출도 올렸다. 그런데 시리얼 세트에 대한 내용이 TV 뉴스를 통해 방송되고, 이를 벤처투자가인 폴 그레이엄Paul Graham이 우연히 보게 된다. 당시 그레이엄은 실리콘밸리에서 초기벤처를 지원하고 양성하는 인큐베이팅과 벤처투자를 동시에 진행하는 '와이 컴비네이터Y Combinator'를 운영하고 있었다. 그레이엄은 이들을 와이 컴비네이터 프로그램에 참여해 3개월간 비즈니스 모델을 구체화하도록 지원했을 뿐만 아니라, 벤처캐피탈(세쿼이아 캐피탈)로부터 투자(58만 5,000달러)를 유치하는 데에도 실질적인 도움을

에너지 민주주의와 디지털 혁신

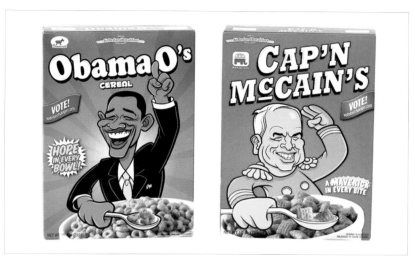
[그림 7-3] 오바마 오스와 캡앤 매케인즈 시리얼 (출처: 에어비앤비 트위터)

주었다.

벤처투자 유치에 성공한 세 사람은 에어베드&블랙퍼스트라는 긴 이름 대신 에어비앤비Airbnb라는 간결한 이름으로 회사와 서비스 명칭을 변경했다. 침대 및 공용공간만 빌려주던 서비스에서 주택 전체, 아파트, 성, 보트, 통나무집 같은 다양한 숙박시설을 제공하는 서비스로 변경한 것도 이때다. 에어비앤비는 땅 위에 세워진 주택뿐만 아니라 티피(아메리칸 원주민의 텐트), 이글루(눈으로 만든 얼음집), 개인이 보유한 섬처럼 사람이 숙박할 수 있는 모든 것을 빌려주는 서비스로 변신했다.

와이 컴비네이터에서 에어비앤비의 비즈니스 모델은 보다 정교해졌다. 호텔예약을 못 한 컨퍼런스 참가자들에게 숙소를 빌려주는 사업에서 일반 여행객을 대상으로 숙소를 공유하는 비즈니스로 모델이 바뀌었다. 서비스 지역을 뉴욕으로 확대하고, 에어비앤비에 참여하고자 하는 호스트의 집을 방문해 사진을 직접 찍어 온라인에 올리는 수고도 마다치 않았다. 뉴욕에서 에어비앤비를 경험한 여행객들은 자신들이 사는 도시에서 에어비앤비의 호스트가 되길 원했고, 이는 에어비앤비가 미국 전역으로 서비스를 확대하는 원동력이 되었다.

이들에게 운도 따랐다. 2008년 미국 서브프라임 모기지 사태로 부동산 거품이 꺼지면서 많은 집 주인들이 대출을 갚기 어렵게 되자, 호스트들은 자신의 집을 관광객에게 제공하기 시작했고, 이들 호스트의 증가에 힘입어 에어비앤비는 빠르게 성장할 수 있었다. 2011년 1월 회사 설립 후 3년 만에 100만 건의 예약을 달성했고, 그 후 2012년 1월에는 1년 만에 예약 건수가 500만 건을 넘었다. 독일의 유사 서비스 업체를 인수해 해외서비스를 개시했고, 런던, 파리, 밀라노, 바르셀로나, 모스크바, 상파울루, 서울, 베이징, 도쿄에 차례로 지사를 설립하며 글로벌 서비스로 거듭났다.

창업 당시 다수의 숙박공유 사이트가 이미 있었음에도 불구하고 에어비앤비가 이처럼 성공한 이유는 무엇일까? 산업디자인을 전공한 체스키와 게비어는 '쉽고 멋지게'라는 핵심가치를 충족시키는 예약플랫폼을 만드는 데 주력했다. 웹사이트 개발을 맡은 블레차르지크는 두 사람의 디자인 철학을 현실화시킬 수 있는 역량을 지닌 개발자였다. 그는 24시간 내내 문제없이 잘 돌아가고, 누구나 이용하기 쉬우며, 사이트에 올라온 숙소들이 멋있게 보이도록 하는 예약플랫폼을 만들어냈다. 마우스를 세 번만 누르면 예약을 완료할 수 있도록 최대한 간편하게 제작했다. 에어비앤비는 호스트들의 숙소가 더욱 멋있게 보일 수 있도록 전문사진사가 숙소를 찍어주는 서비스도 함께 제공했다.

에어비앤비는 창업 당시 활성화되기 시작한 소셜네트워크_{SNS}도 최대한 활용했다. 페이스북과 연동해 집주인에 대한 정보를 제공함으로써 여행객의 불안감을 해소했고, 이전 사용자의 후기를 통해 여행객이 호스트를 신뢰할 수 있도록 했다. 자체적으로 개발한 온라인 결제시스템도 중요한 성공 요인이었다. 원래 에어비앤비는 호스트가 숙소를 올리면 광고료만 받고, 숙박료결제는 호스트와 여행객이 직접 해결하는 사업모델로 시작했다. 하지만 와이 컴비네이터에서 사업을 구체화하는 과정에서 온라인 결제시스템의 중요성을 인식하게 된다. 자신들이 직접 여행객이 되어 뉴욕의 호스트 집에 투숙하는 경험을 하는 과정에서 호스트와 숙박료를 현금으로 주고받는 것이 끔찍한 경험임을 실감했기 때문이다. 글로벌 여행객을 목표로 하므로 전 세계에서 통용될 수 있는 온라인 결제시스템을 자체적으로 개발한 것이 다른 숙박공유 서비스와 차별화하는 데에도 도움이 되었다. 이뿐만 아니라 현지인인 호스트와 밀접한 교류를 통해 여행지역의 문화를 체험할 수 있고, 주변의 맛집, 지역축제, 반드시 방문해야 할 관광지와 같은 유용한 정보를 얻을 수 있다는 점도 에어비앤비만의 차별화된 특성이었다.

공유경제 모델인 에어비앤비도 정부규제와 관련된 문제를 가지고 있다. 통상적으로 호텔업은 여행객을 보호하기 위해 정부의 인허가를 받아야만 서비스할 수 있는 규제산업이다. 숙박업체로 등록하면 면허가 주어지고, 이후 소방시설 점검처럼 여행객을 보호하기 위한 정부관리와 규제를 받게 된다. 하지만 에어비앤비의 호스트에게는 이와 유사한 규제가 없다. 이 때문에 우리나라의 경우, 한국문화를 체험하고자 하는 외국인 여행객을 대상으로만 호스트를 허용하고 있지만, 실제는 내국인 여행자들을 대상으로 숙소를 공유하는 호스트가 더 많은 실정이다. 정부규제가 충분하지 않다 보니 호스트와 여행객 간의 갈등도 간간이 발생한다. 여행객이 호스트의 집을 망쳐놓거나(기물 파손, 마약파티 등), 반대로 호스트가 여행객에게 잘못된 서비스(몰래 카메라 설치 등)를 제공하는 문제가 종종 발생하기도 한다. 호스트와 여행객 모두가 안심하고 사용할 수 있는 공유서비스를 만드는 것이 에어비앤비에게 주어진 중요한 과제인 셈이다.

에어비앤비가 대도시의 주거비를 인상해 젠트리피케이[93]을 심화시키는 주범이라는 비판도 있다. 뉴욕이나 샌프란시스코, 파리처럼 에어비앤비가 인기 있는 도시지역에서 집주인들이 월세로 장기임대를 제공하던 숙소를 거두어들인 후 에어비앤비에 올리는 사례가 늘어나고 있다. 그 결과 이미 부족한 장기 숙박시설의 공급이 더욱 줄어들면서, 주택임대료기 인상되었고, 늘어난 주거비를 감당할 수 없는 도시 저소득 가구들이 더 저렴한 도시 외곽지역으로 쫓겨나고 있다는 비판이다. 실제 에어비앤비에 올라온 숙소가 10% 증가하면 해당 도시의 월 임대료

---

93 젠트리피케이션(Gentrification)이란 도시환경의 변화로 인해 중상류층이 도심에서 상대적으로 낙후된 지역으로 유입되면서 지가, 임대료 등을 상승시키고, 이 지역에 거주하던 원주민들이 비싼 지가와 임대료를 감당하지 못해 더 저렴한 도시 외곽지역으로 쫓겨나는 현상을 의미한다.

(월세)와 주거가격이 함께 상승한다는 연구결과도 있다. 이 때문에 뉴욕과 같은 도시에서는 에어비앤비를 통해 아파트나 주택을 30일 이하의 단기계약으로 제공하는 것을 불법으로 간주하고 있다.[94]

공유경제 모델이 가지는 규제 이슈에도 불구하고 에어비앤비는 지속적으로 성장을 계속해 2016년 이후부터 영업이익을 내고 있다. 유사한 공유경제 모델인 우버가 리프트, 디디추싱, 그랩 등 경쟁기업의 약진으로 적자의 늪에서 벗어나지 못하는 것과 대조적이다. 강력한 경쟁자가 없는 상태에서 에어비앤비가 영업이익을 내기 위해 꾸준히 신규사업을 추진해 온 결과다. 에어비앤비는 단순히 집주인(호스트)과 여행객(게스트)을 연결해주는 서비스에서 벗어나 종합여행사로의 변화를 꾀하고 있다. 대표적인 예가 인스턴트 예약과 트립스Trips다. 인스턴트 예약은 모바일 기기에서 호스트의 승인 없이 객실을 마치 호텔처럼 바로 예약할 수 있는 서비스이며[95], 트립스는 호스트가 게스트를 위해 주변의 관광명소, 음식점, 놀이기구 등을 알려주고 여행일정을 계획해주는 서비스다. 에어비앤비는 관광산업에서 일반 여행객Consumer을 숙박시설을 제공하는 프로슈머Prosumer로 탈바꿈시킨 플랫폼이다.

---

94 뉴욕시는 집 전체가 아니라 호스트가 함께 거기하며 주택 내의 일부 방을 에어비앤비에 제공하는 경우는 예외를 인정해, 한 달 이하의 단기예약도 허용하고 있다.

95 일반적으로 에어비앤비를 통해 숙소를 예약하면 호스트가 승인해줘야 예약이 완료된다.

- 에너지 산업의 생태계와 밸류체인은 어떻게 구성되어 있을까?

- 에너지 생태계가 도입하고 있는 디지털 혁신에는 어떤 것들이 있는가?

- 기후재앙을 피하기 위해 4차산업혁명의 대표적인 기술인 인공지능, 빅데이터, 사물인터넷이 어떻게 활용되고 있나?

- 에너지 민주주의를 위해 스마트그리드가 필요한 이유는 무엇일까?

CHAPTER 8

에너지산업과 4차산업혁명의 융합

에너지산업의 밸류체인

에너지산업의 디지털 혁신을 논의하기 위해서는 전력산업을 구성하고 있는 생태계에 대한 이해가 필요하다. 전통적으로 전기사업은 설비와 네트워크 건설에 대규모 투자가 필요하다는 특성 때문에 독점산업으로 운영되어 왔다. 전기는 발전소에서 생산된 후 소비로 이어지기까지 크게 발전, 전송(송전과 배전), 그리고 판매 단계를 거친다. 국내 전기사업도 2001년 이전까지는 한국전력(이하 한전)이라는 공기업이 이 모든 단계를 독점적으로 운영했다. 그러나 2001년 전력산업 구조개편의 일환으로 한전의 민영화가 이루어졌고 '발전' 영역이 한전에서 분리되어 다수의 발전사업자가 전력시장 안에서 경쟁하는 체제로 바뀌었다.[96] 즉, 다수의 발전기업이 생산한 전력을 시장에서 거래하는 메커니즘이 도입된 것이다.

---

96 한전이 가지고 있던 발전 부분은 수력발전과 원자력발전을 담당하는 한국수력원자력과 주로 화력발전으로 전기를 생산하는 5개의 지역별 발전 자회사(서부발전, 남동발전, 남부발전, 동부발전, 동서발전)로 분리되었다.

그 결과 우리나라의 전력산업은 발전부문, 거래부문, 송배전부문, 소매부문, 그리고 소비부문으로 구성되는 가치사슬(밸류체인)을 이루게 되었다([그림 8-1] 참조). 전력시장 구조개편 이후, 한전의 발전 자회사와 민간기업이 전기를 생산하면 한전이 단일구매자로 입찰에 나온 전기를 모두 구매하는 형태의 전력시장이 형성되었는데, 이것이 바로 거래부문이다. 통상적으로 이 전력시장을 전력의 도매시장이라 부른다. 전력시장에 경쟁이 도입되면서 거래를 위한 컨트롤타워 역할을 맡을 기관이 필요해짐에 따라 '한국전력거래소'가 탄생했다. 한국전력거래소는 발전사업자와 판매사업자 사이에 전력거래가 이루어지도록 입찰을 통해 가격을 결정[97]하고 거래결과를 정산하며 전력시장 운영에 대한 책임을 진다.

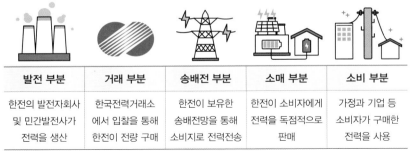

발전 부분	거래 부분	송배전 부분	소매 부분	소비 부분
한전의 발전자회사 및 민간발전사가 전력을 생산	한국전력거래소에서 입찰을 통해 한전이 전량 구매	한전이 보유한 송배전망을 통해 소비지로 전력전송	한전이 소비자에게 전력을 독점적으로 판매	가정과 기업 등 소비자가 구매한 전력을 사용

[그림 8-1] 국내 전력산업의 밸류체인 (가치사슬)

---

97 전력입찰 시장에서 한전이 발전사들로부터 전력을 구매하는 가격을 전력시장가격(SMP, System Marginal Price)이라고 한다. 즉 SMP는 전력 도매가격인 셈이다. 러시아-우크라이나 전쟁 때문에 화석연료 가격이 폭등해 2021년 1월 킬로와트시(kWh) 당 70원 정도 하던 SMP가 2022년 11월에는 250원대로 3배 이상 늘어났다. 하지만 같은 기간 전기소매가격은 kW당 20원 정도만 인상되었다. 전기 도매가격이 소매가격보다 더 비싸지면서 그 차이로 인한 손실은 한전의 몫이 되어 2022년 한해 동안 한전은 31조 원 규모의 손실을 기록했다.

에너지 민주주의와 디지털 혁신

송배전 부문은 거래시장에서 구매한 전력을 수요자에게 전송하는 업무다. 전력시장에서 거래된 전기를 고압의 송전선로를 통해 소비지 근처의 변전소로 보내는 것이 송전업무이며, 변전소에서 전기의 전압을 낮추어 공장이나 건물, 가정 같은 최종 소비지로 전송하는 것이 배전업무다. 우리나라에서는 한전이 전력을 수송하는 선로를 모두 독점 소유하고 있다. 즉 전력거래 시장에서 입찰을 통해 전력을 모두 구매한 한전이 송배전망을 통해 수요자에게 전기를 공급하는 구조다.

다수의 사업자가 경쟁적으로 나타날 수 있는 사업영역이 소매부문이다. 소매사업자는 소비자와 발전사업자 또는 소비자와 도매사업자 사이의 가격을 중계하는 역할을 한다. 소매사업자는 소비자의 수요패턴에 따른 다양한 요금메뉴Tariff Menu를 설계하고 소비자는 자신의 전기사용 패턴에 가장 유리한 소매사업자를 선택해 계약을 체결한다. 최근까지는 한전이 소매사업을 독점하고 있어 한전을 거치지 않고는 전력을 판매할 수 없는 구조였다. 하지만 전력시장에서 재생에너지의 비중이 확대되면서 소매 부분에서도 변화가 서서히 일어나고 있다.

2021년 10월부터 한전의 개입 없이 재생에너지 발전설비를 가진 소비자가 다른 소비자에게 직접 전력을 판매하는 것이 가능해졌는데 이를 '직접 PPA'라고 부른다(직접 PPA에 대한 설명은 제3장 「탄소경제로의 전환」 참조). 이전에는 판매자(재생에너지 발전사업자와)와 소비자 사이에 한전이 끼어들어 계약을 중개하는 '제3자 PPA'만 가능했지만, 신설된 '직접 PPA'로 한전의 개입 없이 판매자와 소비자가 1:1로 직접 전력거래를 할 수 있는 길이 열린 것이다. 미국이나 일본 등 해외 선진국들은 이미 소매 부문을 자유화하고 경쟁을 도입해서 운영하고 있다. 즉 소비자들이 가격 등 다양한 요인을 고려해 전력공급자를 선택하는 구조가 이미 정착되어 있다. 우리나라도 '직접 PPA'를 시작으로 소매 부분을 개방하고 경쟁을 도입해 더 많은 민간 사업자들이 이 시장에 진출할 수 있도록 적극적으로 개방할 필요가 있다. 그래야만 다수의 소비자가 전력시장에 직접 참여하는 에너지 민주주의의 활성화가 가능하기 때문이다.

마지막 소비부문은 가정이나 공장, 건물 등 최종적으로 전력을 사용하는 소비자의 몫이다. 최종 소비자도 효율적인 에너지 사용을 위해 능동적으로 변하고 있는데, 가장 대표적인 추세가 에너지관리시스템EMS, Energy Management System을 직접 설치하는 것이다. 에너지관리시스템은 디지털 기술을 활용해 에너지의 사용현황을 실시간으로 파악하고 관리함으로써 에너지 비용을 줄이는 시스템을 의미한다. 재생에너지 비중이 늘어나면 단순 에너지 소비자가 프로슈머로 탈바꿈하므로, 소비부문의 에너지관리시스템EMS은 단순히 전력사용의 효율만 목표로 하는 것이 아니라 자가설비에서 생산한 재생에너지를 소비하고, 남는 전력은 에너지저장장치ESS에 보관해 두었다가 시장에서 판매하는 등 보다 능동적인 역할을 하고 있다.

2019년에 도입된 '소규모전력중개사업자'의 신설도 일반시민(전력소비자)의 에너지 시장 참여의 기회를 넓히고 있다(소규모전력중개사업자, 또는 가상발전소에 대한 설명은 제3장 「탄소경제로의 전환」 참조). 소규모전력중개사업자는 작은 용량의 재생에너지를 모아 전력시장에서 거래하는 사업자다. 발전설비의 규모가 작아 전문성이나 운영능력이 부족한 재생에너지 설비소유자(프로슈머)가 '소규모전력중개사업자'와 중개계약을 맺고 전력거래나 설비유지보수 등의 업무를 위임해 손쉽게 전력시장에 참여할 수 있도록 한 것이다.

에너지산업과 디지털 혁신

탈탄소화$_{Decarbonization}$와 더불어 에너지산업에서 가장 각광을 받고 있는 트렌드는 디지털화$_{Digitalization}$다. 에너지산업의 디지털화란 에너지 생태계와 ICT$_{Information\ and\ Communication\ Technology}$ 기술의 접목을 뜻한다. 디지털화가 진행되면서 에너지산업의 경쟁력도 부존자원이나 설비중심이 아닌 소프트웨어, 플랫폼 등 디지털 기술력 중심으로 옮겨가고 있다.

디지털화는 에너지산업의 밸류체인(가치사슬) 모든 부분에서 적극적으로 진행되고 있는데, [표 8-1]은 에너지 가치사슬에서 진행되고 있는 대표적인 디지털 혁신의 사례를 정리한 것이다. 발전 부분에서는 '지능형 디지털 발전소$_{IDPP,\ Intelligent\ Digital\ Power\ Plant}$'의 도입이 대표적인 디지털 혁신사례다. 발전소는 지구 상에서 가장 큰 플랜트로 수많은 기기의 조합을 통해 전기를 생산하는 곳이다. 발전소는 다양한 센서를 활용해 발전설비와 부품의 상태를 감시한다. 국내 발전소에서만 현장 센서로부터 초당 3만 5천 개의 데이터가 측정되는데, 연간 수집되는 데이터의 크기가 무료 1,000TB(테라바이트)에 이른다. 국립중앙도서관이 소장하고 있는 전체도서의 4배와 맞먹는 규모다. 즉 발전소가 매년 국립중앙도서관 소장도서의 4배에 해당하는 데이터를 만들어내고 있는 셈이니 가히 빅데이터라고 할 수밖에 없다.

[표 8-1] 에너지산업의 가치사슬에서 디지털 기술의 적용사례

부분	디지털 기술 적용 사례	개 요
발전	• 지능형 디지털 발전소 • 디지털 트윈	• 발전설비에 사물인터넷 센서를 부착해 관리 • 사이버 발전소를 이용한 시뮬레이션
거래	• 전력거래 플랫폼 　(ePower Market)	• 전력거래를 위한 예측, 입찰, 거래 및 정산 수행 　－SMP(전력시장가격) 결정
송배전	• 중앙전력관제센터 • 드론 송전망 감시	• 송전망 설비에 사물인터넷 센서를 부착해 관리 • 드론과 열화상 카메라를 이용한 무인 송전시설 　순시 및 감시
판매	• 1인가구 안부살핌 서비스 • 블록체인 기반 P2P 거래	• 전력소비 데이터와 이동통신 데이터를 접목한사 　회복지 서비스 • 블록체인을 활용한 개인간 전력거래 플랫폼
소비	• 에너지관리시스템(EMS) • 유틸리티 서비스(구글)	• 빌딩, 공장, 가정 등에 설치한 에너지관리시스템 • 소비자의 전기요금 절감을 도와주는 서비스

　지능형 디지털 발전소의 중요한 특징 가운데 하나가 '디지털 트윈'[98]
이다. 디지털 트윈은 그대로 직역하면 '디지털 쌍둥이'라는 뜻으로 현실
에 존재하는 물체를 디지털 세계(사이버 세계)에 똑같이 구현하는 것을
의미한다. 사이버 공간에 현실의 발전소와 유사한 가상의 발전소를 만
들어 두고, 운영자가 설정한 다양한 가상운영 시나리오에 따라 시뮬레
이션을 미리 해 봄으로써 발전소의 효율이나 신뢰도에 대한 사전예측을
수행한다. 현실 세계의 발전소와 똑같은 디지털 트윈이 사이버 공간에

．．．．．．．．．．．．．．．．．．．．．．．．．．．．．．．．．．．．．．．

98　디지털 트윈(Digital Twin)은 2010년 미국 항공우주국(NASA)의 기술 로드맵(NASA Technology
　　Roadmap)에서 언급된 이후 널리 이용되기 시작했다. 디지털 트윈은 컴퓨터에 현실 속 사물의
　　쌍둥이(트윈)를 가상으로 만들고, 현실에서 발생할 수 있는 상황을 컴퓨터 시뮬레이션을 통해 미리
　　예측하는 기술이다.

존재하므로 물리적인 제약에 구애받지 않고 자유롭게 다양한 시뮬레이션을 수행해 본 다음, 이들 결과에 기반해 현실 세계의 설비운영에 대한 의사결정을 내린다. 디지털 트윈의 핵심은 시뮬레이션에 있다. 예를 들면 특정한 발전소 운영 시나리오를 만들고, 설정된 시나리오 하에서 미세먼지나 이산화탄소, 질소산화물과 같은 온실가스 배출이 얼마나 줄어드는지 디지털 트윈에서 시뮬레이션해보는 식이다.

거래부문에서는 한국전력거래소가 전력거래를 위해 '이파워 마켓ePower Market'이라는 디지털 플랫폼을 운영하고 있다. 국내 전력시장도 매년 거래 금액과 거래량이 늘어나면서 전력시장에 참여하는 회원사 수가 3,500개를 넘어섰다(2022년 기준). 이들 시장참여 기업은 입찰 전용 단말장치를 사용해 입찰에 참여하며, 전력거래 실적과 결과를 온라인으로 통보받는다. 국내 전력시장은 거래 하루 전에 발전사의 입찰과 가격이 결정되는 '하루 전 시장Day-ahead Market'이다. 한국전력거래소는 해당 거래일의 전력수요를 예측하고, 하루 전 발전계획을 수립한 후, 입찰정보를 근거로 전력시장가격SMP을 산정하는데, 이 모든 것이 디지털 플랫폼에서 이루어진다. 전력거래 후 정산도 디지털로 진행된다. 전력거래 시장을 공정하고 투명하게 운영하기 위해서 디지털 기술이 필수적인 인프라로 자리 잡게 된 것이다.

한국전력거래소는 전력시장에서 유통되는 전력시장가격SMP을 공표하는데, SMP는 전력의 수요곡선과 입찰에 참여한 발전사들의 공급곡선 교차점에서 결정된다. 이처럼 경제원리와 시장운영규칙에 근거한 가격 결정은 1시간 단위로 이루어지므로, 발전비용을 최소화해 경제적으로 전력을 공급하는 원동력이 되고 있다. 예를 들어 전력수요가 적은 새벽 4시에는 발전비용이 저렴한 원자력과 석탄발전(기저부하 발전)의 비중이 높아 시장가격이 낮아지고, 전력수요가 많은 오후 3시에는 발전비용이 상대적으로 높은 중유발전이나 LNG 발전(첨두부하 발전)을 가동하므로 시장가격이 높아진다. 하지만 현재 운영되는 '하루 전 시장'에서는 수시로 변동하는 재생에너지의 출력 변동성을 전력시장가격에 정확하게 반영하기 어렵기 때문에 미래에는 실시간으로 변동하는 수요와 공급을 정확히 반영할 수 있는 '당일 시장Intra-day Market'으로 전환할 필요가 있다. 차세대 전력시장이 '하루 전 시장'에서 '당일 시장'으로 전환되면 전력거래를 위한 디지털 플랫폼의 역할은 더욱 중요해질 수밖에 없다.

송배전도 디지털화가 빠르게 진행되면서 설비운영의 패러다임이 바뀌고 있는 분야다. 과거에는 송배전 선로 전문가의 지식과 경험에 의존하는 인력중심의 업무방식에 의존했다면, 데이터 분석과 지능형 소프트웨어를 적용한 디지털 방식으로 변하고 있기 때문이다. 발전소에서 생산된 전기를 송전, 변전, 배전을 통해 최종 소비자에게 전달하는 시스템을 '전력계통'이라고 부른다. 전력계통을 통해 좋은 품질의 전기를 소비자에게 전달하기 위해서는 주파수를 일정한 수준(60㎐)으로 유지해야 한다는 점은 이미 앞에서 강조한 바 있다. 실시간으로 주파수를 일정하게 유지하지 못하면 대규모 정전이 일어날 수 있으며, 전기품질도 떨어진다. 특히 우리나라의 경제성장을 이끄는 반도체, 전자, 중화학공업 등의 생산공정에 최고품질의 전기를 공급하기 위해서는 전력계통의 안정화가 무엇보다도 중요하다.

에너지 민주주의와 디지털 혁신

국내의 송전망은 한전이 보유하고 있지만, 전력계통을 안정적으로 운영하는 책임은 한국전력거래소가 담당하고 있다. 한국전력거래소는 '중앙전력관제센터'를 통해 시시각각 변동하는 전력수요에 따라 발전설비의 가동, 정지 및 출력조정과 송배전 설비의 조작을 지시한다. 모든 송배전 시설에 센서를 부착하고, 이들 센서로부터 실시간으로 주파수와 같은 데이터를 수집해, 전력망을 제어하고 관리하기 위해 디지털 기술을 활용한다. 예를 들어 일시적인 전력수급의 불균형으로 주파수가 안정범위를 넘어서면 전력거래소는 수요반응$_{DR}$ 프로그램을 가동하는 '급전 지시'를 통해 전력망을 안정시킨다. 전력계통에 이상 징후가 탐지되면 사전 유지보수와 복구를 통해, 전력망이 멈춤 없이 지속적으로 가동될 수 있도록 하는 것도 송배전 업무의 중요한 역할이다.

드론$_{Drone}$[99]기술도 송배전 분야에서 큰 역할을 하고 있다. 드론은 사람이 타지 않고 원격으로 조종하는 작은 비행장치다. 드론은 헬리콥터처럼 프로펠러를 빠르게 돌려 양력을 발생시키고 이를 통해 하늘로 날아오른다. 최근 상업적으로 활용분야가 늘어나 영상촬영, 농약이나 씨앗살포, 산불감시 등 다양한 분야에서 활용되고 있는 기술이다. 송배전 분야에서는 드론에 열화상 자동분석 시스템을 설치해 산악 등지에 건설한 송전철탑 및 전력설비를 진단하는 데 활용하고 있다. 사람이 직접 순시하고 점검하기 어려운 일을 드론이 대신하는 것이다.

....

99 드론(Drone)은 사전적으로 '낮게 윙윙거리는 소리'라는 뜻인데, 드론이 날 때 프로펠러에서 나는 소리가 벌이나 풍뎅이 같은 곤충이 날개를 빠르게 떨며 내는 소리와 비슷하다고 해서 붙여진 이름이다.

판매부문에서는 디지털 기술과의 접목으로 신규 서비스가 늘어나는 추세다. 가정에 설치된 전기계량기를 통해 축적된 데이터를 분석하고 활용하면 새로운 사회안전 서비스를 제공할 수 있기 때문이다. 취약계층의 일일 전기사용량과 통신데이터를 인공지능으로 분석해 이상 패턴이 감지되면 사회복지 공무원에게 문자메시지로 알려줘 고독사를 예방하는 '1인 가구 안부 살핌' 서비스가 대표적인 예다.

혹서기에 반복되는 아파트 냉난방설비 과부하로 인한 정전사고를 예방하기 위해서도 디지털 기술이 사용되고 있다. 전기수요가 급격하게 늘어날 경우 전력사용량을 분석해 아파트의 전기안전 담당자가 특고압 수전설비[100]를 안전하게 관리할 수 있도록 모바일로 전기품질 모니터링과 경보정보를 보내주는 서비스다. 여름철 전력 과부하 시기에는 정전을 예방하기 위해 과거의 전력 과부하 패턴을 학습한 다음 향후 24시간 동안 최대 수요 발생 시간대와 수요예측 정보를 제공하는 서비스도 이미 시행되고 있다.

가정집 지붕 위에 태양광 패널을 설치해 전기를 생산한 사람이 사용하고 남는 전기를 이웃에게 판매하는 블록체인 기반의 전력거래 플랫폼도 출현하고 있다. 전기를 생산한 에너지 프로슈머가 사용하고 남은 전력을 이웃에게 판매한 대가로 에너지 포인트를 받고, 이를 전기요금 납부, 현금환급, 전기차 충전소에서 결제수단으로 활용하는 시대가 도래

---

100 특고압 수전설비는 공장, 빌딩, 아파트 단지 등에서 특별고압으로 전기를 받은 후, 적정한 저(低)전압의 상용전압으로 전압을 낮추기 위해 설치하는 변전설비를 의미한다.

한 것이다. 미국의 솔라코인Solar Coin은 태양광발전이 가능한 패널을 갖추거나 태양광을 활용해 전기를 생산하면 1MW(메가와트)당 1솔라코인을 지급한다. 지급 받은 솔라코인은 블록체인 네트워크에서 태양광 에너지를 거래하는 데 사용할 수 있다. 솔라코인재단은 1솔라코인이 약 680kg의 이산화탄소 배출감축 효과가 있는 것으로 분석하고 있다.

지역 커뮤니티가 블록체인 기반의 전력거래 시스템을 도입하는 경우도 많다. 네덜란드의 드 꺼블De Ceuvel은 지역사회의 주택 가운데 지붕이 좁거나 나무 그늘이 있는 집을 제외한 모든 가정의 지붕에 태양광 패널을 설치하고, 전력을 많이 생산하는 가정이 전력이 부족한 집에 전력을 제공하게 한다. 이웃에게 전력을 제공할 때마다 암호화폐인 줄리에뜨Joullette를 제공하는데, 주민(프로슈머)은 이 암호화폐로 마을 내 카페에서 음식이나 음료를 구매할 수 있다.

에너지 생태계의 맨 끝 단에 있는 소비자가 전력사용을 효율적으로 사용할 수 있도록 도와주는 신규 서비스도 출현하고 있다. 구글이 2014년 디지털 온도계 제조기업인 네스트Nest를 32억 달러에 인수했다. 네스트의 디지털 온도계는 단순히 온도측정만 하는 것이 아니라 사물인터넷 기능을 포함하고 있다. 구글은 네스트의 디지털 온도계를 서버에 연결한 후 개별 가정의 에너지 소비에 대한 데이터를 실시간으로 수집할 목적으로 네스트를 인수했다. 즉 고객이 전기요금을 줄일 수 있도록 실시간 정보를 제공하기 위해서다. 미국은 전력의 수요와 공급에 따라 실시간으로 전기요금이 바뀐다. 따라서 전기요금이 비싼 피크 시간대에 '지금부터 2시간 동안 에어컨 작동을 멈추면 전기료를 얼마만큼 줄일 수 있다'는 메시지를 소비자의 스마트폰으로 보냄으로써 전기 비용을 절감하도록 도와준다. 구글의 인수로 네스트는 30억 달러 규모의 디지털 온도계 시장에서 6조 달러에 달하는 에너지 시장의 플레이어로 탈바꿈한 셈이다.

4차산업혁명과 기후대응

4차산업혁명을 대표하는 디지털 기술이 탄소중립과 에너지산업을 위해 어떻게 활용될 수 있는지를 논의하기 위해서는 4차산업혁명이 출현한 배경부터 이해할 필요가 있다. 산업혁명이라는 용어는 독일의 사회주의 철학자이자 경제학자인 프리드리히 엥겔스_{Friedrich Engels}가 1844년에 출간한 『영국 노동계층의 실태』에서 처음 사용했으며, 이후 40년이 지난 1884년 역사학자인 아놀드 토인비_{Arnold Toynbee}의 유고집 『영국 산업혁명 강의』가 출간되면서 일반적인 용어로 자리 잡았다. 당시에는 인류가 오랫동안 사용하던 연장을 버리고 기계를 널리 사용하면서 산업발전이 이루어졌고 그에 따른 자본주의적 생산양식이 확립되는 변화를 산업혁명으로 표현했다.

4차산업혁명은 2016년 1월 스위스 다보스_{Davos}에서 개최된 세계경제포럼_{The World Economic Forum}에서 처음 소개된 개념이다. 세계경제포럼(다보스포럼)은 전 세계 기업인, 정치인, 경제학자와 전문가 2천여 명이 한자리에 모여 세계가 당면한 과제와 그 해법을 논의하는 자리다. 1971년 포럼이 시작된 이후 과학기술분야가 주요 의제로 채택된 것은 2016년이 처음이었다. 세계경제포럼은 4차산업혁명을 디지털 혁명인 3차산업혁명에 기반을 두고 있으며 디지털_{Digital}과 물리적_{Physical}, 생물학적_{Biological}인

1차 산업혁명	2차 산업혁명	3차 산업혁명	4차 산업혁명
18세기	19~20세기 초	20세기 후반	(제2차 정보혁명)21세기 초반~
증기기관 기반의 기계화 혁명	전기 에너지 기반의 대량생산 혁명	컴퓨터와 인터넷 기반의 지식정보 혁명	빅데이터, AI, IoT 등의 정보기술 기반의 초연결 혁명

[그림 8-2] 4차례 산업혁명의 주요 내용[101]

기존 영역의 경계가 사라지면서 융합되는 기술혁명으로 정의하고 있다. 포럼은 4차산업혁명을 3차산업혁명의 연장선에서 보았기 때문에 4차산업혁명을 이해하기 위해서는 산업혁명의 역사를 짚어볼 필요가 있다. [그림 8-2]는 1~4차 산업혁명의 개요를 간략히 정리한 것이다.

1차산업혁명은 18세기 후반 영국을 거점으로 방적기, 증기기관, 제련기술이 등장하면서 초래된 변혁이다. 1차산업혁명의 핵심은 이전에 수력(물레방아)이나 풍력(풍차), 그리고 인력에 의존하던 작업을 증기기관을 사용하는 기계가 대체하면서 시간, 장소, 동력규모와 같은 작업의 한계를 극복했다는 점이다. 필요한 시점과 장소에서 조절 가능한 동력을 사용하면서 원하는 장소에 공장이 들어설 수 있는 여건이 조성되었던

---

101 『성당에서 시장으로: 4차산업혁명과 디지털 트랜스포메이션(개정판)』 이호근, 연세대학교 대학출판문화원, 2020.

것이 1차산업혁명이다.

2차산업혁명은 전기에너지의 사용이 가져온 대량생산 혁명을 뜻한다. 19세기 말에서 20세기 초 공장에 전기가 보급되면서 컨베이어 벨트를 이용한 조립생산 라인이 등장했고, 본격적인 대량생산 체제가 만들어지면서 생산성의 획기적인 증가를 가져온 변화다. 자동차 제조기업인 포드가 조립설비와 전기를 사용해 T형 포드를 대량생산하게 된 것이 대표적인 예다. 3차산업혁명은 20세기 후반 컴퓨터와 인터넷의 대량보급이 초래한 지식정보혁명이다. 초고속인터넷의 보급과 고성능 PC의 대중화로 물리적인 제약을 뛰어넘는 정보교류가 가능해지면서 일어난 변화다.

4차산업혁명의 핵심 키워드는 '융합과 연결'이다. 3차산업혁명의 주춧돌인 ICT 기술의 발달은 4차산업혁명의 필요요건이 었다. 4차산업혁명을 3차산업혁명과 연결해서 봐야 하는 이유다. ICT 기술의 발달로 전 세계적으로 소통이 원활해지면서 개별적으로 발달해 온 각종 기술의 융합이 이루어지고 있기 때문이다. ICT 기술과 제조업, 바이오산업 등 다양한 산업에서 벌어지는 연결과 융합이 새로운 부가가치를 만들어내는 변화가 4차산업혁명인 셈이다.

예를 들어 손목에 차는 시계가 '스마트 시계Smart Watch'로 변신하면 하루의 수면시간이나 운동량과 같은 사람의 신체활동에 대한 데이터를 측정하고 저장할 수 있다. 그뿐만 아니라 스마트 시계는 집안의 냉장고, 전등, 텔레비전과 같은 다양한 가전기기와 네트워크로 연결되어 정보를

에너지 민주주의와 디지털 혁신

공유한다. 이러한 데이터를 분석하면 사용자의 패턴을 알아내고 행동을 예측하는 게 가능하다. 기업들은 예측결과를 바탕으로 소비자의 특성에 맞는 물건을 생산해낼 수 있게 된다. 이처럼 4차산업혁명은 초$_{超}$연결성, 초$_{超}$지능성, 그리고 예측 가능성이란 특징을 가지고 있다. 사물과 사람, 사물과 사물이 네트워크로 연결(초연결성)되고, 초연결성이 만들어내는 막대한 데이터를 분석해 일정한 패턴을 파악(초지능성)할 수 있으며, 분석결과를 토대로 인간의 행동을 예측(예측 가능성)함으로써 새로운 가치를 만들어내는 것이다.

세계경제포럼은 4차산업혁명이 가져올 변화의 속도와 범위, 그리고 사회시스템에 미치는 영향이 지금까지 인류가 경험했던 것과는 전혀 다른 규모가 될 것이라고 강조했다. 4차산업혁명 이전의 3번에 걸친 산업혁명은 거의 1세기를 주기로 발생했지만, 4차산업혁명은 훨씬 빠른 속도로 진행되고 있다. 변화의 범위도 ICT 분야가 아닌 거의 모든 제조업과 서비스산업을 포괄한다. 시스템의 영향도 기업의 생산, 경영, 거버넌스뿐만 아니라 사회제도의 변화까지 초래할 것으로 보인다.

지구온난화에 대응하기 위한 탄소중립을 위해서는 '그린뉴딜'뿐 아니라 '디지털뉴딜'도 필요하다. 인공지능Artificial Intelligence과 빅데이터Big Data, 그리고 사물인터넷Internet of Things은 4차산업혁명의 대표선수에 해당하는 기술이다. 본서의 저자가 출간한 『성당에서 시장으로: 4차산업혁명과 디지털 트랜스포메이션』은 이들 디지털 기술에 대한 구체적인 설명과 적용사례를 다양하게 소개하고 있다. 여기서는 이들 4차산업혁명의 기술들이 기후대응과 에너지 전환을 위해 어떻게 활용되고 있는지를 알아본다.

기후변화 대응과 인공지능 Artificial Intelligence

지난 2016년 3월 인공지능과 인간과의 바둑대결에서 알파고가 최고의 인간 바둑 기사에게 승리를 거두면서 인공지능은 새로운 역사를 쓰기 시작했다. 인공지능 AI, Artificial Intelligence 은 인간이 지닌 지적 능력의 일부 또는 전체를 컴퓨터를 사용해 인공적으로 구현하는 기술이다. 지난 수십 년 동안 인공지능은 공상과학영화의 단골 소재였다. 1967년 개봉된 '2001 스페이스 오디세이'에서 인공지능은 목성으로 향하는 우주선에서 인간과 대결한다. 영화 '터미네이터'에서는 인공지능 스카이넷이 핵미사일을 발사해 인류를 파멸로 이끄는 장면이 나온다. 영화 '매트릭스'에 등장하는 인공지능은 사람을 인조자궁에 가둔 뒤 매트릭스라는 프로그램을 뇌에 주입해 인간의 뇌를 통제하기도 한다. 알파고의 등장으로 공상과학 영화의 소재로만 생각되었던 인공지능이 이제 더 이상 영화가 아닌 현실로 우리에게 다가온 것이다.

방대한 양의 데이터 분석과 해석, 그리고 이를 사용한 의사결정의 정확도와 속도에서 인공지능은 이미 인간의 능력을 넘어서고 있다. 인공지능이 가지고 있는 이러한 능력 때문에 기후변화 대응과 탄소중립 분야에서도 인공지능이 '게임 체인저' 역할을 할 수 있다. 지구환경에 대한 엄청난 양의 데이터를 빠르고 신속하게 분석하고 예측함으로써 기후변화에 대한 인류의 대응력을 높일 수 있기 때문이다. 그뿐만 아니라 인공지능은 미래에 재생에너지원을 주로 사용하는 전력생산의 효율성을 제고하고, 소비자가 에너지를 소비하는 과정에서 온실가스 배출을 최소화하는 데에도 큰 역할을 할 수 있다.

2021년 기준으로 150여 개가 넘는 지구관측Earth Observation 인공위성이 지구궤도를 돌며 대기환경의 물리적, 화학적, 생물학적 현상에 대한 데이터를 수집하고 있다. 기후현상을 설명하는 특정 변수들은 위성촬영을 통해서만 관측할 수 있다. 위성이 수집한 데이터 덕분에 기후변화가 자연 생태계에 미치는 영향을 분석하고 기상변화에 미리 대응하는 것이 가능해지고 있다. 위성을 통해 수집하는 대기성분, 육지 및 바다 지형(해수면 상승), 산림변화와 같은 데이터를 인공지능의 머신 비전Machine Vision[102] 기술을 통해 분석하면 시시각각 변화하는 기상변화에서 패턴을 찾아낼 수 있다. 이러한 패턴 분석 결과를 활용하면 인간생활과 산업활동과의 연관성을 찾아낼 수 있어 기후변화에 대응하기 위한 전략을 수립할 수 있다.

유럽우주국European Space Agency은 위성을 사용하는 지구관측 분야에 인공지능 기술을 적용해 온실가스 배출량을 줄이는 방법을 모색하고 있다. 인공위성이 확보한 미세먼지와 이산화탄소의 표면농도에 대한 데이터를 분석하기 위해 인공지능을 활용한 예측모델을 개발했다. 유럽우주국은 위성촬영데이터에 인공지능 기술을 접목해 산불이 일어난 지역을

....

102 머신 비전(Machine Vision)이란 기계에 인간이 가지고 있는 시각과 판단기능을 부여한 기술이다. 사람이 인지하고 판단하는 기능을 카메라와 소프트웨어가 대신 수행하는 기술을 뜻하며, 제조공장에서 생산이 완료된 제품 가운데 불량품을 선별해 내는 업무를 인간이 아닌 기계가 대신하는 것이 머신 비전을 사용하는 대표적인 예다. 의료산업에서는 X레이 촬영 이미지에서 암세포와 같은 증상을 찾아내기 위해 머신 비전을 사용한다.

조기에 찾아내는 프로젝트도 함께 수행하고 있다. 이들이 개발한 인공지능 알고리즘을 호주와 프랑스 전역의 13개 지역에 적용한 결과 81%의 정확도로 산불의 발생을 조기에 찾아내는 성과를 거두었다.

영국의 국영전력회사는 인공지능 기술을 사용해 구름의 분포와 이동을 예측한다. 태양광발전에 영향을 미치는 요인 가운데 하나가 구름이므로, 구름의 분포와 이동을 정확하게 분석하면 태양광 발전량 예측치의 정확도를 올릴 수 있다. 구름의 위성 이미지, 기상예측정보, 그리고 지리정보와 같은 다양한 데이터를 인공지능으로 분석해 앞으로 몇 시간 내의 구름 발생 위치와 움직임을 추정함으로써 특정 지역에 설치된 태양광 패널의 발전량 예측의 정확도를 50% 이상 향상시켰다. 미국의 에너지부와 국립대기연구센터도 인공지능 기술을 사용해 지표면 태양열의 복사 조도와 일조량을 예측하고, 이를 기반으로 15분 간격으로 72시간 앞의 태양광 발전량 예측 수치를 업데이트하고 있다.

덴마크 덴포스Danfoss사의 건물 냉난방 시스템은 건물 곳곳에 부착된 센서 데이터와 날씨, 환기, 건물 내 거주자 생활패턴을 스스로 학습함으로써 최적화된 냉난방 제어서비스를 제공하고 있다. 중앙난방으로 유입되는 물 온도를 조절할 때 건물의 온도와 습도 데이터를 활용하며, 실내온도의 목표 값을 설정한 후 건물 제어실의 냉난방 밸브를 제어해 변화하는 기상조건과 건물 거주자의 에너지 사용패턴에 따라 목표온도를 유지하도록 한다. 그 결과 건물에서 소비하는 에너지의 10~20% 정도를 줄이는 성과를 내고 있다.

구글은 자체 데이터센터에 설치된 수많은 서버 컴퓨터의 냉각에 필요한 에너지를 절감하기 위해 알파고로 유명한 딥마인드사의 머신러닝 알고리즘을 사용한다. 구글이 보유한 데이터센터가 필요로 하는 전력을 모두 화석연료로 생산하면 지구 전체 온실가스의 2%에 해당하는 이산화탄소가 배출될 정도로 엄청난 규모다. 구글은 인공지능 기술을 활용해 데이터센터 내의 수천 개 센서에서 수집되는 온도, 전력 등의 데이터와 팬, 냉각시스템, 창문 등 120여 개의 변수로 최적화 모델을 개발했고, 이를 활용해 서버냉각에 가장 적은 에너지가 사용되도록 하고 있다. 인공지능 사용결과 데이터센터 전체 전력소모는 15% 이상 줄어들었고, 데이터센터 냉각에 드는 비용도 40% 이상 절감할 수 있었다.

기상·기후 빅데이터 Big Data

빅데이터란 기존의 데이터베이스 관리 도구의 능력을 넘어서는 대량의 정형 또는 비정형의 데이터[103]를 의미한다. 일반적으로 빅데이터의 특성은 볼륨 Volume, 다양성 Variety, 그리고 속도 Velocity를 의미하는 '3V'로 표현된다. 볼륨은 데이터의 양이 상당히 많다는 뜻이다. 인류가 하루에 생산하는 데이터의 양은 무려 250경 바이트가 넘는다. 하루에 만들어지는 데이터를 DVD에 담아 쌓으면 달까지 왕복할 수 있는 정도의 분량이 된다. 단순히 데이터의 양만 많은 것이 아니라 데이터가 만들어지는 장소

---

103 정형 데이터(Structured Data)는 데이터베이스의 정해진 공간에 저장된 데이터를 의미하며, 통상적으로 기업의 관계형 데이터베이스(Relational Database)나 스프레드시트에 저장된 자료를 의미한다. 비정형 데이터(Unstructured Data)는 고정된 공간에 저장되어 있지 않은 자료를 의미하는데, 페이스북과 트위터 메시지, 유튜브 동영상, 이미지 파일, 음원 파일, 센서 데이터가 비정형 데이터에 해당한다.

와 그에 따른 포맷(형식)도 다양하다. 소셜미디어에서 상호작용하는 데이터나 웹사이트 방문정보 같은 텍스트 데이터뿐 아니라, 디지털 문서, 사진, 동영상, 오디오, 그리고 센서 데이터처럼 다양한 형식의 비정형화된 데이터도 함께 만들어진다. 이러한 데이터들이 실시간으로 수집, 저장, 분석되고 있다는 점에서 속도도 빅데이터의 중요한 속성이 되고 있다.

빅데이터가 주목을 받는 이유는 기술발전으로 데이터를 저장하고 처리하는 비용은 급격히 줄어들고 있는 반면, 저장된 데이터를 처리하는 기술은 빠른 속도로 향상되고 있기 때문이다. 지난 20년간 데이터 저장비용은 매년 40%씩 줄어들었으나, 데이터를 처리하는 컴퓨터의 능력은 매년 50% 이상 증가해왔다. 데이터 저장비용이 급감하면서 대부분의 기업들이 기존의 데이터베이스에 저장해왔던 정보뿐만 아니라 페이스북과 같은 소셜미디어에서 만들어지는 비정형 데이터까지 저장하게 되었고, 데이터 처리능력이 발전하면서 이들 방대하고 다양한 데이터의 분석이 제공하는 새로운 가치에 기업들이 주목하게 된 것이다.

에너지산업에서 사용할 수 있는 대표적인 데이터는 기상·기후 빅데이터다. 기상·기후 빅데이터는 과학을 기반으로 생성될 뿐 아니라, 개인정보보호에 대한 이슈가 없다. 데이터 활용에 거의 제약이 없으므로 대부분 공공데이터의 형태로 제공된다. 공공성과 경제성이라는 두 가지 특성을 가지는 기상·기후 빅데이터는 분석결과인 예측정보를 함께 보여 준다. 이 때문에 날씨에 직접적인 영향을 받는 농수산업, 교통 및 방재분야, 그리고 에너지산업 등에서 빅데이터의 유용성이 아주 큰 편

에너지 민주주의와 디지털 혁신

이다.

기상청은 매일 하늘, 바다, 지상에서 대용량의 관측자료를 수집하고, 10여 개 이상의 수치예보모델을 사용해 다양한 예측정보를 생산하고 있다. 이를 활용해 초단기예보, 동네예보, 주간예보, 장기예보 같은 여러 가지 형태의 날씨 예측정보를 생산해서 서비스한다. 기상·기후 정보는 빅데이터의 크기, 다양성, 속도의 3대 요소를 모두 가지고 있는 데이터다. 기상청에서는 기후 데이터와 다른 산업의 데이터를 융합해 분석할 수 있도록 '날씨 마루'라는 빅데이터 분석플랫폼을 만들어서 운영하고 있다([그림 8-3] 참조).

[그림 8-3] 기상·기후 빅데이터 분석 플랫폼 '날씨 마루' (출처: 기상청)

교통분야에서는 도로이동 경로별 실시간 강우 정보를 제공하거나 도로통제를 안내하고, 선박 이동 최적항로 분석정보를 제공해 선박이 안정적으로 항해할 수 있도록 돕는다. 보험산업에서는 데이터를 활용해 이상 기후가 발생할 경우 피해 농가에 보험금을 지급하는 기후보험 상품을 개발하고 있다. 농업분야에서는 지역의 농업용 토지에 가장 적합한 작물체계를 컨설팅하고, 냉해나 가뭄과 같은 기상이변으로 인한 병충해 방지를 위해 기후 데이터를 사용한다. 유통업계는 날씨에 따라 변하는 주문수요를 사전에 예측해서 재고일수를 줄이고 영업전략을 수립하는데 기후 데이터를 활용하고 있다. 관광산업에서는 다양한 지역을 대상으로 계절별 맞춤형 여행 프로그램을 개발하는데 기후 데이터가 필수적이다.

기상·기후 빅데이터는 에너지산업의 데이터와 함께 탄소배출을 줄이는 데에도 사용되고 있다. 기상·기후 빅데이터와 전력산업 데이터를 통합하면 전력 수요예측 오차율을 줄일 수 있고 연료비 절감도 도모할 수 있기 때문이다. 날씨, 조수간만의 차이, 위성 이미지, 지리 데이터 같은 빅데이터를 활용하면 발전효율이 높으면서 에너지 소비가 적은 발전기를 선택해 가동할 수 있고 발전설비에 대한 최적의 유지보수 일정도 도출할 수 있다.

날씨 변화에 따라 풍력과 태양광을 사용하는 재생에너지의 전력생산이 급변할 수 있기 때문에 정확한 기상·기후 데이터를 활용하면 블랙아웃과 같은 사고를 미연에 방지할 수 있다. 기상청은 일사량 예측정보를 분석해 태양광발전 예측치를 이미 제공하고 있다. 전국 시·군·구의 기상예측 데이터를 활용해 오늘과 내일의 48시간 태양광 예측정보를 보여 준다. 태양광 발전기 시뮬레이션 모델을 사용한 맞춤형 정보도 날씨마루에서 볼 수 있는데, 시뮬레이션 정보를 이용해 태양광 발전기의 설정을 조절함으로써 발전효율을 늘릴 수 있다.

에너지산업과 사물인터넷Internet of Things

사물인터넷의 개념이 처음 등장한 것은 1999년이다. 당시 글로벌 기업 피엔지P&G에서 근무하던 케빈 애슈턴Kevin Ashton[104]은 모든 사물에 컴퓨터가 탑재되어 스스로 알고 판단할 수 있다면 제품의 고장이나 교체, 유통기한 등을 고민하지 않아도 될 것이라고 역설하면서 사물인터넷이란 용어를 처음 사용했다. 사물인터넷IoT, Internet of Things은 각종 사물에 센서와 네트워크 기능을 내장하고 통신을 통해 무선 네트워크나 인터넷에 연결하는 기술을 의미한다.

사물인터넷은 이미 우리 생활 깊숙이 들어와 있다. 자동차 문을 원격으로 개폐하거나 자동차 시동을 원격으로 걸 수 있는 것은 자동차 열쇠에 칩과 무선통신장비가 들어가 있기 때문이다. 고속도로에서 하이패스를 장착한 자동차가 톨게이트를 지나가면 하이패스 단말기와 톨게이트 단말기가 무선통신을 통해 통행료를 자동적으로 정산해 고속도로 진출입 시간을 줄일 수 있는 것도 사물인터넷 기술 덕분이다. 일부 커피숍

---

104 피엔지(P&G)의 브랜드 매니저였던 케빈 애슈턴(Kevin Ashton)은 재고관리를 위해 전자태그를 연구하게 되었고, 이를 계기로 1999년 MIT대학 학자들과 함께 오토아이디센터(Auto-ID Center)를 설립해 모든 물건에 전자태그를 부착해 서로 소통하게 하는 사물인터넷의 개념을 창안했다.

은 고객이 커피숍에 들어오는 순간 고객의 스마트폰을 인식해서 과거의 고객정보에 기반해 메뉴를 추천하거나 쿠폰까지 제공하고 있다.

2012년 미국 백악관이 시작한 '그린버튼Green Button'은 소비자가 전기, 가스, 수도 등의 사용량을 손쉽게 온라인을 통해 확인하고, 원하는 경우 자신의 데이터를 신뢰할 수 있는 제3자와 공유해 새로운 부가가치 서비스를 창출할 수 있도록 만든 프로그램이다. 2022년 기준 미국 26개 주 및 캐나다의 6천만 고객을 대상으로 운영 중이며, 유틸리티 기업 70여개 사가 참여하고 있다. 각 가정에 설치된 스마트계량기(사물인터넷 제품)를 통해 수집된 에너지 소비량을 전기나 가스, 수도 공급업체에 보내면 해당 기업들은 전송받은 에너지 사용데이터를 소비자들이 볼 수 있도록 서비스한다. 소비자는 앱을 통해 자신의 전력소비 패턴을 분석해 낭비되는 전기를 줄일 수 있다. 그린버튼 시행 이후 미국 캘리포니아 주에서만 1,500만 kW의 전력소비가 줄었는데, 이는 우리나라 원전 15기가 생산하는 전력량과 유사한 규모다.

재생에너지 발전이 늘어나면서 태양광 발전량을 실시간으로 제공하는 '오렌지버튼Orange Button' 서비스도 2016년에 미국에서 시작했다. 태양광 패널을 통해 전력을 생산하는 가정이나 사업장에 사물인터넷 센서를 부착해 실시간으로 전력생산량에 대한 데이터를 모으고, 이를 소비자들에게 알려주는 서비스다. 우리나라 서울시도 2020년 7월부터 '태양광 미니발전소 모니터링' 서비스를 도입해 유사한 정보를 제공하고 있다. 사물인터넷 기능이 탑재된 태양광 측정기를 각 가정에 설치해 2시간에 1회씩 발전량을 측정하고, 수집된 데이터를 중앙서버로 전송한다. 이전에는 발전량을 알아내기 위해 각 세대를 직접 방문하거나 전화, 문자 등으로 확인해야 했고, 시민이 신고하기 전까지는 태양광 발전 시스템의 고장을 인지하기 어려웠다. 사물인터넷을 활용한 새로운 모니터링 시스템 덕분에 태양광 발전시스템의 고장을 쉽게 찾아내고 있을 뿐 아니라, 발전량을 당사자에게 알려주고 있다. 태양광 패널을 설치한 고객이 스마트폰으로 태양광 발전량을 실시간으로 확인할 수 있는 시대가 된 것이다.

산업차원에서 사물인터넷을 가장 적극적으로 활용하고 있는 기업은 제너럴 일렉트릭GE, General Electric이다. 소위 굴뚝 산업이라고 불렸던 제조업에서 산업기계에 스마트 센서를 부착하고, 각종 기계로부터 수집한 빅데이터를 분석, 가공함으로써 설비의 운영체계를 최적화하는 기술을 일컬어 GE는 '산업인터넷Industrial Internet'이라 부른다. GE는 센서를 통해 수집된 빅데이터를 분석하기 위해 '프리딕스Predix'라는 플랫폼을 만들어 산업인터넷 시장을 선도하고 있다. 프리딕스 내에서 에너지산업을 위한 다양한 소프트웨어가 설치되어 운영되고 있다. 예를 들어 윈드파워업Wind Power Up은 풍력발전소에 설치된 센서정보를 분석해 최적의 발전성능을 이끌어내는 서비스로, 연간 풍력발전 생산성을 5% 이상 향상시키고 있다.

일본의 마루베니 신전력은 GE의 프리딕스 플랫폼을 사용한다. 마루베니는 천연가스 화력발전소에 센서를 장착하고 이들을 GE의 프리딕스에 연결해 발전 신뢰성과 생산성을 동시에 향상시키고 있다. 프리딕스의 자산성과관리APM, Asset Performance Management 프로그램은 마루베니가 운영하는 가스터빈과 보일러에 장착된 센서를 통해 온도, 진동, 압력을 실시간으로 측정해서 분석한다. 사람의 능력으로는 감지가 어려운 미세한 이상 징후도 조기에 식별할 수 있어 성능저하나 고장, 예상치 못한 설비의 정지를 미연에 방지하고 있다. 발전설비의 상태를 정확히 파악해 유지관리 계획을 세워 다운 타임(전력생산이 불가능한 가동중지 기간)을 최소화하는 성과도 내고 있다. 마루베니는 프리딕스의 운영 최적화Operation Optimization 프로그램을 통해 발전소의 생산성도 향상시키고 있다. 이 프로그램을 통해 연료 가격과 날씨에 따른 전력 수요변동 예측치를 활용하고, 온실가스 배출을 최소화하는 발전계획을 세워 적은 연료비용으로 전력을 생산하고 있다.

아마존은 미국 텍사스 서부 풍력발전 단지에 설치한 풍력터빈 100기의 운영을 위해 GE의 프리딕스를 활용하고 있다. RE100에 가입한 아마존은 자체 전력수요를 100% 재생에너지로 충당하기 위해 풍력발전소를 건설했다. 아마존이 프리딕스를 선택한 이유는 육상 및 해상 풍력발전에서 쌓은 오랜 노하우와 첨단 ICT 경쟁력 때문이다. GE는 미국 최초의 해상풍력 발전단지인 로드아일랜드 블록섬에 초대형 풍력 터빈 5기를 공급했는데, 이들 풍력설비의 날개 지름은 보잉 747 여객기 2대를 합친 크기(150m)로 엄청난 규모다. 블록섬 전체 1만 7,000여 가구가 GE의 풍력발전이 만든 전력을 이용하고 있는데, 과거 화력발전을 사용할 때보다 전기료가 40% 이상 저렴해졌고, 연간 이산화탄소 배출도 4만 톤 정도 줄어들었다. 풍력터빈에 장착된 사물인터넷 센서가 실시간으로 온도와 바람의 흐름을 감지하고 발전효율이 최적화되도록 날개 각도를 조절한다. 바람이 한쪽에 강하게 쏠리는 등 비정상적인 흐름을 보일 때는

에너지 민주주의와 디지털 혁신

공기 흐름을 자동으로 분산시키기도 한다. 아마존은 GE의 프리딕스 플랫폼을 사용해 풍력력발전 생산량을 20% 정도 늘리는 효과를 기대하고 있다.

에너지 민주주의와 스마트그리드

그러면 4차산업혁명을 대표하는 인공지능, 빅데이터, 사물인터넷 같은 디지털 기술이 에너지 민주주의를 위해 어떻게 활용될 수 있을까? 에너지 민주주의는 다양한 분산전원과 프로슈머, 그리고 에너지 소비자가 서로 소통하며 필요하면 전력거래도 수행할 수 있는 플랫폼을 필요로 한다. 에너지산업에서 다수의 공급자와 소비자가 양방향으로 정보를 공유하고 거래할 수 있는 플렛폼을 '스마트그리드'라고 한다. 스마트그리드란 '똑똑한'을 뜻하는 'Smart'와 전기와 가스의 공급용 배급망이란 뜻의 'Grid'가 합쳐진 단어로 기존의 전력망Grid에 4차산업혁명의 대표적인 디지털기술인 사물인터넷, 인공지능, 빅데이터를 접목해 공급자와 수요자가 양방향으로 실시간 전력정보를 교환할 수 있도록 함으로써 에너지 효율을 최적화하는 차세대 전력망을 의미한다.

[그림 8-4]는 스마트그리드의 개념을 그림으로 보여주고 있다. 차세대 전력망 플랫폼인 스마트그리드에는 다양한 분산자원이 연결된다. 기존의 발전소는 물론이고, 재생에너지 사업자, 소규모 재생에너지원(프로슈머)을 모아서 전력을 공급하는 가상발전소, 수요반응DR을 제공하는 수요관리사업자, 에너지저장장치ESS와 전기자동차 충전 인프라, 그리고 최종적으로 지능형 소비자까지 모두 스마트그리드에 연결된다. 기존의 전력망에서는 발전사업자가 전기를 생산해서 보내면, 소비자가 그 전기

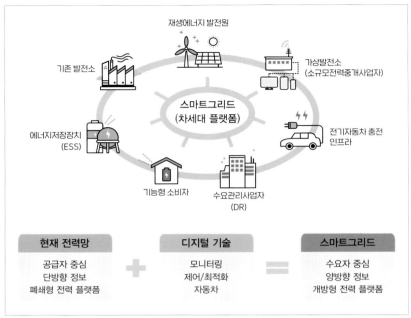

[그림 8-4] 스마트그리드

를 필요할 때마다 받아서 쓰는 일방적인 구조였다. 하지만 스마트그리드는 기존의 전력공급자와 소비자뿐 아니라, 새로이 그리드에 참여하는 모든 분산전원 간에 양방향으로 정보를 소통하며, 서로 전기를 주고받으며 거래도 할 수 있는 플랫폼이다.

전력망 운용에 사물인터넷, 빅데이터, 인공지능과 같은 디지털 기술을 적용하면 전력망 운영의 모니터링, 제어 및 최적화 그리고 자동화가 가능해진다. 전력망 곳곳에 장착된 센서와 지능형 소비자 사이트에 설치된 첨단계량기 덕분에 전력망의 컨디션, 작동상태, 고객의 전력사용

에너지 민주주의와 디지털 혁신

현황, 그리고 외부환경 등에 대해 모니터링을 할 수 있다. 모니터링 데이터가 만들어지면 네트워크 상황에 따라 고객에게 필요한 정보(전력사용현황 및 실시간 요금정보 등)를 알려 줄 수도 있고, 네트워크 운영에 관한 과거의 빅데이터를 분석해 다양한 방법으로 관리할 수 있다.

모니터링을 통해 모집된 빅데이터는 인공지능 소프트웨어를 사용해 전력망을 제어Control하고, 나아가 최적화Optimization하는데 이용된다. 소프트웨어를 사용하면 전력망의 컨디션이나 외부 환경에 특정한 변화가 일어날 경우 전력망이 어떻게 대응해야 하는지를 미리 설정해 둘 수 있다. 예를 들면 전력망에 제공되는 전력공급이 부족할 때 에너지저장장치ESS에 저장되어 있는 전력을 방전해 공급하거나, 전력의 과부하가 걸릴 때 특정 재생발전기의 전원을 네트워크에서 탈락시키는 것이 제어에 해당한다. 모니터링을 통해 만들어진 데이터를 사용해 전력망을 제어할 수 있다면 전력망의 효율을 최적화하는 소프트웨어의 사용도 가능하다. 즉 전력의 수요와 공급의 불균형이 발생했을 때 전력의 공급증가나 수요조절을 위해 가장 비용이 적게 들고 효율적인 대안을 선택해 전력망을 운용하는 것이 가능해지는 것이다.

전력망 운용을 인공지능 소프트웨어가 스스로 수행하는 자동화도 가능하다. 자동화의 대표적인 예가 최근 자동차 업계가 추진하고 있는 자율주행 자동차다. 모빌리티 시장이 휘발유 자동차에서 전기자동차로 전환되면서, 완성차 업계는 자율주행 자동차 개발에 주력해 왔다. 자율주행 자동차는 자동차에 설치된 다양한 센서(카메라, 레이더, 라이더 등)[105]에서 수집되는 데이터로 자동차 주위의 환경을 실시간으로 모니터링하면서, 가속페달이나 브레이크를 밟는 속도 조절이나, 좌회전이나 우회전과 같은 방향전환(조향)을 인공지능 소프트웨어가 수행한다. 인공지능기술이 자동화를 위해 사용되면 주위 환경에 대해 학습하는 기능뿐 아니라 스스로 서비스를 수행하는 것이 가능하다. 전력망에서 전기는 빛의 속도로 움직이므로, 전력망 운영을 위한 대응도 신속하게 이루어질 필요가 있다. 따라서 사람이 수동으로 운영하는 것이 아니라 모니터링 데이터에 기반해 자율적으로 판단하고 신속하게 대응하는 인공지능 기술이 큰 도움이 된다.

기존 전력망의 문제점은 소비자들에게 현재 공급되고 있는 전기에 대한 정보가 전혀 전달되지 않는다는 점이다. 이러한 정보의 부재는 소비자들로 하여금 비효율적인 소비를 조장해 전기사용에 대한 통제를 어렵게 만든다. 소비에 대한 정보가 없는 전력공급자는 전기사용량이 가장 많은 때(피크 시간대)를 기준으로 전력을 생산할 수밖에 없다. 전력망의 특징은 생산된 전기와 소비되는 전기의 양이 동일해야 한다. 따라서 피크 수요를 기준으로 생산한 전기는 수요가 많지 않은 다른 시간대에는 모두 버려지게 된다. 반대로 전기사용량이 급증해 공급이 부족하게 될 경우에는 소비자들에게 전기사용을 자제해 줄 것을 요구하는 방법 외에는 뾰족한 수가 없다(남는 전기를 ESS에 저장해 두었다가, 필요할 때 사용

---

105 자율주행 자동차가 사용하는 센서는 카메라, 레이더, 그리고 라이더(LIDAR)가 있다. 카메라는 도로표지판이나 신호등을 식별하기 위해 필요하며, 전파를 쏴서 물체와 부딪친 뒤 되돌아오는 속도로 사물을 인식하는 레이더는 안개가 끼거나 야간에 어두울 때 카메라만으로 인식하지 못하는 물체를 식별하기 위해 사용한다. 라이더(LIDAR)는 빛(Light)과 레이더(RADAR)의 합성어로 빛(레이저)을 쏴서 차량 주변의 물체 형태와 거리를 측정한다.

에너지 민주주의와 디지털 혁신

하는 방법으로 이 문제를 일부 해결할 수 있다).

이에 반해 스마트그리드는 다양한 전력공급자와 소비자가 서로 양방향 통신을 이용해 정보를 공유함으로써 에너지사용의 효율을 크게 늘린다. 스마트그리드는 공급되는 전기에 대한 요금과 예비율과 같은 모든 정보를 제공하므로 소비자들은 주어진 정보에 기반해 선택적으로 전기를 사용할 수 있다. 반면 전력망Grid 운영자는 소비자들의 시간대별 전력 수요량을 정확히 파악해 전력수급에 활용한다.

전력망 운영자와 소비자 간에 쌍방향으로 정보를 주고받을 수 있다면 전기사용량이 급증해 공급량 부족이 예상될 경우에는 실시간으로 전기요금을 올려, 소비자들이 피크 시간대를 피해 전기요금이 낮은 시간대에 전력을 사용하도록 수요를 이동시킬 수 있다. 반대로 전력공급이 수요를 초과해 전기가 남게 될 경우에는 요금을 싸게 책정함으로써 피크 시간대에 사용하려던 전기를 공급량이 여유로울 때 더 많이 사용하도록 유도할 수 있다. 여기서 더 나아가 스마트그리드에서는 전기요금이 쌀 때 전기를 에너지저장장치ESS에 저장해 두었다가 전기요금이 비쌀 때 사용하는 것도 가능하다. 이러한 과정들이 축적되면 '부하의 평준화'를 이룰 수 있게 되고, 결국 불필요한 전기의 생산을 줄일 수 있게 되는 것이다.

스마트그리드의 또 다른 장점은 늘어나는 분산전원의 증가로 야기되는 전력망의 불안정성을 디지털 기술을 활용해 해소할 수 있다는 점이다. 태양광이나 풍력발전은 미래예측이 어려운 태양과 바람 등을 이용하기에 출력이 불안정하다. 스마트그리드는 다양한 재생에너지원과 가상발전소, 수요반응 자원, 그리고 에너지저장장치와 전기자동차 충전과 같은 분산전원들을 자유롭고 안전하게 기존의 전력망에 연결한다. 전력망에 설치된 센서(사물인터넷)와 양방향으로 실시간 정보를 주고받으면서 전력의 공급과 소비를 모니터링할 수 있기 때문에 전력망의 안정성을 도모할 수 있는 것이다.

스마트그리드를 위해서는 현재의 전기사용을 실시간으로 모니터링하는 장치와 모니터링으로 얻어진 데이터를 사용해 제어하고 최적화하는 소프트웨어가 필요하다. 가정이나 공장 같은 소비지에 설치되는 대표적인 모니터링 기기는 AMI_{Advanced Metering Infrastructure}라고 불리는 첨단 디지털 계량기다. AMI는 양방향 정보통신망을 이용해 전력사용량, 시간대별 요금정보 같은 전기 사용정보를 공급자뿐 아니라 소비자에게 제공함으로써 전력소비를 효율적으로 유도하는 장치다.

AMI는 원격으로 전기 사용량을 측정하는 자동검침과 빅데이터를 응용한 전기이용 패턴 분석, 그리고 전력시스템의 경제성과 안정성의 최적화를 위해 소비자 측에 설치된 전자기기를 제어하는 데 사용된다. AMI에 전력시스템의 가격정보를 보내고 전기사용자가 자신이 선호하는 옵션을 사전에 미리 입력해 두면 가격신호에 따라 에너지 이용 기기(가전제품 등)를 가동하거나 대기시킬 수 있다. 즉 AMI를 통해 전기공급자가 현재의 전기사용량과 실시간 시간대별 요금을 소비자에게 제공함으로써 합리적인 전기소비를 유도하는 것이다. AMI 덕분에 일반 소비자가 지능형 소비자로 바뀌는 셈이다.

스마트그리드는 전력망 운영차원에서도 다양한 센서(사물인터넷)를 설치하고 이들 센서와 양방향으로 정보를 주고받으며 전력수요와 공급 사이의 균형을 도모한다. 공급 측 센서로 가장 대표적인 장치는 감시제어와 데이터 획득이라는 뜻을 가진 SCADA_{Supervisory Control And Data Acquisition}인데, 이는 산업시설에서 작업공정을 감시하고 제어하는 디지털 기술을 의미한다. 발전소에서 생산된 전기는 송전과정과 배전과정에서 다양한 문제가 발생할 수 있다. SCADA는 전력망 곳곳에 설치된 센서로부터 데이터를 받아 중앙에서 전기의 원활한 흐름을 원격으로 제어할 수 있게 해 준다.

SCADA를 통해 모집된 데이터는 중앙에너지관리시스템_{EMS}이 사용한다. 가정이나 빌딩, 공장 등에서 에너지관리시스템을 활용하듯이 전력망 운영자도 전력네트워크를 제어하고 관리하기 위해 중앙에서 EMS를 사용한다. 중앙에너지관리시스템은 SCADA가 취합해서 보낸 자료를 소프트웨어로 분석한 후 발전기 등을 제어할 수 있는 신호를 만들어 다시 SCADA로 보낸다.

중앙에너지관리시스템은 전력망의 전압이나 부하를 측정하고, 전력망의 안전도를 유지하기 위해 '경제급전'을 지시하기도 한다. 경제급전 Economic Dispatch이란 가장 저렴한 비용으로 에너지를 공급할 수 있도록 발전기별 출력을 계산해 운용하는 것을 의미한다. 이외에도 EMS는 전력 운영을 위한 예비력이 적정한지를 관리하며 필요할 경우 예비력 확보를 위한 추가발전도 지시한다. 이처럼 스마트그리드에서는 소비자와 전력 공급자 모두 사물인터넷(AMI, SCADA 등)을 설치해 전력사용을 모니터링하고 에너지관리시스템을 통한 제어와 최적화로 전력망의 효율을 최대화하고 있다.

실시간 요금제와 산업구조의 개편

스마트그리드가 성공적으로 실현되기 위해서는 기존의 전력망과 디지털 기술을 접목한 기술적인 인프라만으로는 부족하다. 전력망 운영자와 소비자간 양방향 정보소통으로 에너지 효율을 극대화하기 위해서는 실시간 요금제RTP, Real-Time Pricing의 도입이 반드시 필요하다. 우리나라는 아직 실시간 요금제에 이르지 못하고 중간단계인 '계시별 요금제TOU, Time-Of-Use'와 '피크타임 요금제CPP, Critical-Peak Pricing'에 머물러 있다.

계시별 요금제는 전력소비가 급증하는 계절(여름과 겨울)과 시간대(최대 부하 시간대)에는 높은 요금을 적용하고, 상대적으로 전력소비가 적은 계절(봄과 가을)과 시간대(경부하 또는 중간부하 시간대)에는 낮은 요금을 적용하는 제도다. 피크타임 요금제는 전기사용이 몰리는 피크 시간대에 사전에 계약한 전력량을 초과해서 사용한 수요자에게 1년간 높은 기본요금(일종의 페널티)을 부과하는 제도로, 피크타임에 몰리는 전력수요를 낮추기 위해 도입된 것이다. 하지만 이들 요금제는 실시간으로 변하는 수요와 공급으로 요금이 결정되는 것이 아니라 미리 정해진 약관에 있는 요금표에 따라 가격이 결정되는 구조다. 소비자들이 적극적으로 참여하는 에너지 민주주의를 위한 스마트그리드를 구현하기 위해서는 전력소비가 가격에 반응할 수 있도록 실시간 요금제를 도입해야 한다.

에너지 생태계의 소매판매 부문에 더 많은 민간사업자가 다양한 비

에너지 민주주의와 디지털 혁신

즈니스 모델로 진입할 수 있도록 전력산업의 구조를 개편하는 작업도 병행해야 한다. 재생에너지를 사용하는 분산전원이 증가하고, 전력 소비자가 프로슈머로 전환되면 개인 간 전기를 거래하는 P2P 전력거래 시장이 활성화될 필요가 있다. 아직은 태양광 패널과 같은 자가에너지원을 설치한 대부분의 소비자는 사용하고 남은 전력을 한전에 역송하고 전기사용량을 상계하는 차감요금제Net Metering에 의존하고 있다. 차감요금제는 전기를 한전에 판매하는 것이 아니라 한전이 공급하는 전기량에서 자신이 생산한 전력을 차감한 최종 사용량에 요금을 부과하는 것으로 (따라서 전기 요금의 할인 효과가 있다.) P2P 전력거래와는 거리가 있다.

전기사업이 취급하는 재화는 판매자에 따라 품질에 큰 차이가 없기 때문에 새로운 사업자가 소매부문에 진입하기가 쉽지 않다. 소비자의 입장에서 보면 태양광 발전설비에서 만들어진 전력이든 원자력발전에서 만들어진 전력이든 동일한 재화이고 하나의 가격으로 제공되기 때문이다. 전기에 차별성이 없다는 특성 때문에 소매시장에서 차별화된 재화(전기)로 경쟁하기보다는 전달하는 서비스 방식으로 경쟁할 수밖에 없다. 즉 전기 판매자는 EaaSEnergy as a Service라는 새로운 개념으로 다양한 비즈니스 모델을 적용하는 것이 필요하다. EaaS는 사업자가 에너지 소비 효율화를 통해 고객의 에너지 비용을 절감하고 이를 고객과 공유하는 방식으로 서비스를 제공한다. 과거의 사업모델과 달리 장비설치와 관리까지 사업자가 책임지는 새로운 비즈니스 모델이다.

한전이 소매시장을 독점하고 있는 체제에서는 이러한 신규 비즈니스의 태동을 기대하기 어렵다. 그런 의미에서 2021년 10월에 도입된 '직접 PPA_{Power Purchase Agreement}' 제도는 전력 소매시장에서 의미가 크다. 한전의 개입 없이 재생에너지 생산자가 다른 소비자에게 직접 전력을 판매할 길을 열었기 때문이다. 전력 소매시장에서 P2P 거래가 활성화되면 국내 전력소비자도 가격 등 다양한 요인을 고려해 전력공급자를 선택하는 시장이 될 수 있다. 전력 소매부문의 개방을 확대해 경쟁체제를 구축하는 전력산업 구조개편이 필요한 이유다.

해킹과 프라이버시 침해에 대한 대비

인류가 개발한 새로운 기술은 항상 양면성을 가지고 있다. 인류의 삶을 더 나은 방향으로 이끄는 혜택을 제공하면서도, 잘못 사용하면 이전에는 존재하지 않았던 심각한 사회적 문제를 만들어 내거나, 때에 따라서는 재앙수준의 피해를 가져오기도 한다. 원자력기술은 석유가 나지 않는 국가가 안정적으로 전기를 생산할 수 있도록 혜택을 주지만, 사고로 방사선이 유출되면 치명적인 환경피해를 초래할 수 있고, 핵무기 개발에 활용되어 국제평화에 위협을 주기도 한다. 전국에 설치된 CCTV는 범죄예방이나 범인 검거에 큰 역할을 하고 있지만, 개인의 사생활 침해라는 새로운 사회적 문제를 야기하고 있다.

스마트그리드는 기존의 전력망에 디지털 기술을 접목한 개방형 전력 플랫폼이다. 따라서 해킹으로 인한 보안위협이라는 새로운 리스크에 대한 대비가 필요하다. 스마트그리드는 폐쇄적인 네트워크인 기존의 전력망과 달리 개방형 구조로 되어 있다. 해커가 AMI와 같은 디지털 계량기를 통해 스마트그리드 전체를 대상으로 악성 코드를 사용한 사이버 공격을 감행할 수 있다. 이는 대규모 정전을 포함한 국가적 재난으로 이어질 위험이 그만큼 커졌다는 의미다.

미국의 경제학자 스콧 버그_{Scott Burg}는 동시다발적인 사이버 공격으로 전력망이 마비되어 정전이 계속될 경우 나타날 수 있는 국가적 재앙의 모습을 단계적으로 제시하고 있다. 1단계는 정전 후 1일째로 국민불편이 본격화된다. 2단계는 정전 후 3일째로 생필품 사재기가 시작된다. 정전 후 10일이 지난 3단계가 되면 인구 대이동과 함께 사상자가 발생하고, 정전 후 3개월이 지난 마지막 단계에 도달하면 국민폭동과 같은 재앙수준의 피해가 일어난다. 실제로 1977년 뉴욕에서 25시간 정전이 계속되었을 때 상점 1,700여 곳이 약탈당했고, 4천 명 이상이 체포되었으며 1억 5천만 달러 이상의 재산피해를 기록했다. 스마트그리드에 대한 사이버 공격으로 대정전이 일어나면 국가적 재난을 초래할 수 있음을 보여주는 사례다.

스마트그리드는 소비자의 프라이버시를 위협할 소지도 크다. 스마트그리드에 연결된 디지털 계량기_{AMI}는 가정 내 에너지 사용에 대한 구체적인 정보를 저장하고 전송한다. AMI에 기록되는 정보는 가정 내 개인의 생활패턴을 고스란히 보여준다. 누군가 집에 있는지, 얼마나 샤워를 했는지, 또는 요리하고 있는지에 대한 실시간 정보가 저장되고 전송된다. 저장된 정보가 누출되면 개인의 프라이버시가 위협을 받을 수밖에 없다.

스마트그리드의 성공적인 안착을 위해서는 사이버 공격의 위협이나 개인정보의 침해로부터 자유로워야 한다. 아무리 좋은 시스템이라도 사이버 공격에 취약해 대정전의 위험이 크고 개인정보 침해 가능성이 크다면 이는 사회적으로 받아들이기 어렵다. 스마트그리드 내에서 흐르는 모든 정보는 반드시 암호화 기술을 적용해 개인정보가 누출되더라도 그 내용을 알 수 없도록 안전장치를 마련해야 한다. 국가적인 차원에서 스마트그리드의 안전성을 위한 보안 가이드라인도 필요하다. 보안 가이드라인은 스마트그리드에 적합한 국가단위의 보안체계, 전력망의 보안강화를 위한 보안표준과 보안인증제도를 포함해야 한다.

에너지 민주주의와 디지털 혁신

ENERGY
DEMOCRACY
AND
DIGITAL
TRANSFORMATION

미래학자 제러미 리프킨Jeremy Rifkin은 그의 저서 『제3차산업혁명』[106]에서 21세기는 재생에너지와 디지털의 시대가 될 것이라고 주장했다. 역사상 위대한 경제적 변혁은 새로운 커뮤니케이션 기술이 신新에너지 체계와 만날 때 일어났다. 이때 커뮤니케이션 기술은 경제적 유기체를 감독하고 조정하는 중추신경계 역할을 하며, 새로운 에너지는 경제가 살아서 성장하도록 자연의 산물을 재화와 용역으로 전환하는 데 필요한 자양분을 제공한다.

18세기 제1차산업혁명기에는 인쇄물이라는 매개체가 석탄이라는 화석연료를 사용하는 증기기관을 관리하는 커뮤니케이션 역할을 담당했다. 20세기 초반 전기를 사용하는 새로운 커뮤니케이션 기술(전화, TV, 라디오)의 등장은 석유라는 화석연료를 만나 제2차산업혁명을 일으켰다.

....

106   제러미 리프킨이 발간한 『제3차산업혁명(The Third Industrial Revolution)』(2012년)에서 '3차산업혁명'은 2016년 세계경제포럼에서 제시된 '4차산업혁명'과 유사하다. 그는 디지털 기술과 재생에너지의 결합이 가져올 새로운 변화를 '3차산업혁명'이라고 명명했다.

에너지 민주주의와 디지털 혁신

그리고 21세기에 들어와 인터넷으로 대표되는 디지털 커뮤니케이션 기술이 재생에너지와 결합하며 제3차산업혁명을 일으키고 있다. 제러미 리프킨은 21세기 재생에너지 생태계와 디지털 기술의 융합은 필연적임을 이미 간파했던 셈이다.

2050년까지 탄소중립Net Zero을 달성하기 위해서는 에너지 민주주의를 실현해 '깨끗한 전기'를 생산해야 한다. 태양광과 풍력발전과 같은 재생에너지원이 주도하는 전력시스템은 에너지 생산량이 불안정하고 규모의 경제를 추구하기도 어렵다. 에너지의 안정성과 경제성이라는 두 마리 토끼를 한꺼번에 잡기 위해서는 에너지 생태계와 디지털 기술을 결합하는 방법 외에는 다른 해결책이 없다. 본서는 탄소중립과 순환경제를 위해 에너지 생태계와 4차산업혁명의 대표적인 디지털 기술이 융합되어야 하는 이유와 그 방법을 정리한 것이다.

탄소경제라는 새로운 경제 패러다임에 대응하기 위해 기업들은 '녹색경영'을 위한 거버넌스를 도입해야 한다. 온실가스감축을 위한 계획을 수립하고, 계획의 이행결과를 평가하는 '탄소발자국 전략'을 경영활동에 포함시키는 것이 경쟁력의 원천이 되고 있다. 특히 제조업 위주의 국내 기업들은 제품의 생산단계별 탄소배출을 모니터링하고 온실가스감축을 위한 기술개발과 투자를 진행해야만 시장에서 경쟁력을 유지할 수 있다. 선진국들이 '탄소가격정책'을 정착시키는 무역환경에서 미래의 가격경쟁력을 위해 탄소를 줄이는 것이 중요해졌기 때문이다.

에너지를 사용하는 소비자 그룹도 보다 적극적으로 에너지 생태계에 동참해야 한다. 일반 가정이나 빌딩 등에 에너지관리시스템$_{EMS}$을 설치해 전력사용을 모니터링하고, 전력생산자와 양방향 정보소통을 함으로써 전력의 부하이동(피크 시간대의 전력수요를 다른 시간대로 이동)을 적극적으로 수행해야 한다. 수요관리사업자를 통해 전력수요를 감축하는 수요반응$_{DR}$ 프로그램에 참여하고, 가상발전소를 통해 사용하고 남은 전력을 판매하는 등 '스마트 소비자'로 변신해야만 탄소 경제가 제공하는 기회를 최대한 활용할 수 있다.

에너지 민주주의의 성공적인 안착을 위해서는 정부의 역할변화도 중요하다. 지금까지 독점적으로 행사해 온 에너지 정책 권한을 다양한 주체들에게 대폭 이양해야 하기 때문이다. 에너지 전환과정에서 지역의 역할 강화를 위한 제도를 마련하고, 정부·지자체 간 상호협력적 거버넌스를 구축해야 한다. 에너지 분권화 과정에서 지자체가 지역주도형 사업을 통해 안정적인 자체수입을 확보하고 지역의 에너지 자립을 강화하는 기반조성을 할 수 있도록 중앙의 권한을 대폭 이양해야만 에너지 민주주의가 제대로 실현될 수 있다. 정부는 이 과정에서 일반 소비자와 기업들이 적극적으로 나설 수 있는 장을 마련하고, 공정한 게임의 룰을 설정해 객관적인 시장조정자의 역할을 해야만 한다.

우리는 지금까지 지구온난화가 야기하는 기후재앙에 대처하는 방안의 하나로 에너지 민주주의의 중요성에 대해 논의하였다. 탄소중립의 달성은 결코 쉽지 않지만 불가능한 과제도 아니다. 심각하게 훼손되었던 오존층이 국제사회의 공동노력으로 회복되고 있다는 사실도 우리에게 희망을 주고 있다. 지표면에서 11~30㎞ 떨어진 성층권에 있는 오존층은 인체에 해로운 자외선을 막아주는 역할을 한다. 하지만 1980년대에 들어와 오존층이 얇아지고 구멍이 나면서 피부 그을림과 시력 손상, 피부주름과 노화 등을 증가시킨다는 우려가 제기되어 왔다. 오존층 파괴는 태양광선의 침투를 증가시켜 지구 기온도 상승시켰다. 에어컨이나 냉장고 냉매, 헤어스프레이 등에 쓰이는 화학물질인 프레온가스가 오존층 파괴의 주범이었다.

국제사회는 1989년 프레온가스 사용을 금하는 '오존층 파괴 물질에 관한 몬트리올 의정서'를 채택하고, 2010년 이후 모든 국가에서 프레온가스의 생산 및 사용을 금지했다. 2022년 현재 프레온가스 사용은 의정서 채택 이전보다 99% 줄어들었고 수십 년 이내에 예전 수준의 오존층을 되찾을 것으로 보인다. 오존층 회복은 인간의 노력으로 기후변화의 경로를 바꿀 수 있다는 희망을 주는 사례다.

기후재앙을 막기 위해서는 온실가스 배출량을 줄여야 한다. 그리고 온실가스 감축을 위해서는 다양한 분야에서 기술혁신이 일어나야 하며, 인류가 공동으로 협력해야 한다. 인류의 역사는 위기를 해결하기 위해 과학과 기술을 개발하고 상호협력하는 인간의 능력을 보여주고 있다. 지구온난화 문제도 결국 인류가 혁신과 공동노력으로 해결할 것이라고 믿는 이유다.

에너지 민주주의와 디지털 혁신

초판 1쇄 인쇄	2023년 08월 17일
초판 1쇄 발행	2023년 08월 24일
지은이	이호근
펴낸이	김양수
책임편집	이정은
교정교열	장하나
펴낸곳	휴앤스토리

출판등록 제2016-000014

주소 경기도 고양시 일산서구 중앙로 1456 서현프라자 604호

전화 031) 906-5006

팩스 031) 906-5079

홈페이지 www.booksam.kr

이메일 okbook1234@naver.com

블로그 blog.naver.com/okbook1234

페이스북 facebook.com/booksam.kr

인스타그램 @okbook_

ISBN   979-11-89254-89-6 (03530)

휴앤스토리, 맑은샘 브랜드와 함께하는 출판사입니다.

이 도서는 한국출판문화산업진흥원의 '2023년 중소출판사 출판콘텐츠 창작 지원 사업'의 일환으로 국민체육진흥기금을 지원받아 제작되었습니다.